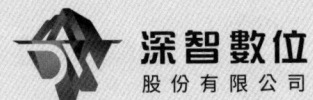

前言

　　隨著晶片技術的高速發展，與之伴隨的編譯器開發也迅速增多，但相關的技術資料卻晦澀難懂。編譯器領域由 AlfredV.Aho 等著的經典名著《編譯原理》偏重理論，缺少範例，入門難度很高。開放原始碼專案 LLVM 和 GCC 的程式架構複雜且技術資料多為英文，不太適合初學者入門。作者根據自己對 Linux 和 C/C++ 的長期使用經驗撰寫了一個簡單編譯器框架（Simple Compiler Framework，SCF），詳細說明一門程式語言的開發過程，為初學者提供了一個編譯器領域的入門途徑。

　　本書以作者撰寫的 SCF 編譯器框架為基礎，以高階語言的編譯連接過程為脈絡，一步步地說明編譯器的架構及其各模組的實現細節。

本書主要內容

　　第 1 章主要說明編譯器的發展史、應用場景和程式架構，讓讀者對該領域有個初步印象。

　　第 2 章由淺入深地說明詞法分析模組的實現細節，以儘量簡單通俗的方式啟動讀者入門。

　　第 3 章拋開了編譯理論，從實踐的角度說明怎麼撰寫語法分析模組，展現把原始程式碼轉換成電腦可以理解的樹形資料結構的過程。該樹形資料結構即通常所講的抽象語法樹。

　　第 4 章說明語義分析和運算元多載的支援方法。

i

第 5 章是三位址碼的生成，說明怎麼把樹形資料結構變成類似組合語言的線性程式序列。

第 6 章是基本區塊的劃分，介紹編譯器內部對程式流程的表示方式。

第 7 章為中間程式最佳化，說明編譯器怎麼生成簡潔高效的程式和怎麼支援自動記憶體管理。

第 8 章介紹在不同類型的 CPU 上怎樣為變數分配暫存器。

第 9 章詳細講解 X86_64 的機器碼生成過程，並簡單描述 ARM64 的機器碼生成過程。

第 10 章以 Linux 為平臺說明連接器的撰寫和可執行程式的執行。

第 11 章說明指令碼語言的位元組碼和虛擬機器。

第 12 章介紹泛編譯器問題的數學模型及其簡單解法，該章的最後兩句為本書的總綱。

閱讀建議

編譯器屬於電腦領域的核心技術，與作業系統和 CPU 指令的連結較多。前 4 章的閱讀需要熟悉 C 語言，第 5 章之後的章節需要讀者具有一定的組合語言基礎，第 10 章需要讀者熟悉 Linux 系統。

致謝

感謝我的父母，感謝北京清華大學出版社趙佳霓編輯的細心指導，感謝我的所有關注者，正是你們的支持才完成了編譯器程式的開發和本書的撰寫。

由於時間倉促，書中難免存在疏漏之處，請讀者見諒，並提出寶貴意見。

于東亮

目錄

入門篇

▌第 1 章　編譯器簡介

1.1　程式語言的發展史 1-2
1.2　編譯器在 IT 產業裡的核心地位 1-2
1.3　編譯器的程式架構 1-3

▌第 2 章　詞法分析

2.1　「理想語言」的詞法分析 2-2
2.2　實際程式語言的詞法擴充 2-3
　　2.2.1　程式語言的標識符號 2-4
　　2.2.2　關鍵字 2-4
　　2.2.3　數字 2-5
　　2.2.4　資料結構 2-7
2.3　詞法分析的數學解釋 2-9

第 3 章 語法分析

3.1	敘述類型的劃分	3-2
3.2	敘述的巢狀結構和遞迴分析	3-5
	3.2.1　變數宣告敘述的分析	3-5
	3.2.2　類型定義敘述的分析	3-7
	3.2.3　順序區塊的分析	3-8
	3.2.4　運算式的分析	3-9
	3.2.5　運算元的優先順序和結合性	3-10
	3.2.6　運算式樹的建構步驟	3-10
	3.2.7　完整的抽象語法樹	3-11
	3.2.8　抽象語法樹的資料結構	3-13
	3.2.9　變數和類型的資料結構	3-14
	3.2.10　變數的語法檢查	3-16
	3.2.11　星號和乘法的區分	3-17
3.3	語法的靈活編輯和有限自動機框架	3-17
	3.3.1　有限自動機的簡介	3-17
	3.3.2　語法的編輯	3-19
	3.3.3　程式語言的語法圖	3-20
	3.3.4　SCF 框架怎麼實現「遞迴」	3-23
	3.5.5　語法分析框架的模組上下文	3-24
	3.3.6　for 迴圈的語法分析模組	3-26
	3.3.7　小括號的多種含義	3-35
3.4	語法分析的數學解釋	3-35

第 4 章 語義分析

4.1	類型檢查	4-2
4.2	語義分析框架	4-4
	4.2.1 語義分析的回呼函數	4-5
	4.2.2 語義分析中的遞迴	4-10
4.3	運算元多載	4-14
	4.3.1 運算元多載的實現	4-14
	4.3.2 函數呼叫	4-15
	4.3.3 多載函數的查詢	4-15
	4.3.4 程式實現	4-16
	4.3.5 SCF 編譯器的類別物件	4-20
4.4	new 關鍵字	4-21
4.5	多值函數	4-27
	4.5.1 應用程式二進位介面	4-27
	4.5.2 語法層面的支援	4-27
	4.5.3 語義層面的支援	4-29

進階篇

第 5 章 三位址碼的生成

5.1 回填技術 5-2
    5.1.1 回填的資料結構 5-2
    5.1.2 三位址碼的資料結構 5-3
    5.1.3 回填的步驟 5-4
5.2 if-else 的三位址碼 5-5
5.3 迴圈的入口和出口 5-9
5.4 指標與陣列的賦值 5-16
5.5 new 關鍵字的三位址碼 5-20
5.6 跳躍的最佳化 5-24
    5.6.1 跳躍的最佳化簡介 5-24
    5.6.2 邏輯運算元的短路最佳化 5-25
    5.6.3 死程式消除 5-28
    5.6.4 程式實現 5-29

第 6 章 基本區塊的劃分

6.1 比較、跳躍導致的基本區塊劃分 6-2
6.2 函數呼叫 6-4
6.3 基本區塊的流程圖 6-4

第 7 章　中間程式最佳化

7.1	程式框架	7-2
7.2	內聯函數	7-5
7.3	有向無環圖	7-12
	7.3.1　公共子運算式	7-12
	7.3.2　資料結構	7-13
	7.3.3　有向無環圖的生成	7-15
7.4	圖的搜尋演算法	7-18
	7.4.1　基本區塊的資料結構	7-18
	7.4.2　寬度優先搜尋	7-19
	7.4.3　深度優先搜尋	7-20
7.5	指標分析	7-21
	7.5.1　指標解引用的分析	7-22
	7.5.2　陣列和結構的指標分析	7-31
7.6	跨函數的指標分析	7-35
7.7	變數活躍度分析	7-43
	7.7.1　變數的活躍度	7-43
	7.7.2　單一基本區塊的變數活躍度分析	7-44
	7.7.3　基本區塊流程圖上的分析	7-47
	7.7.4　程式實現	7-49
7.8	自動記憶體管理	7-52
7.9	DAG 最佳化	7-59
	7.9.1　無效運算	7-59
	7.9.2　相同子運算式的判斷	7-60
	7.9.3　出口活躍變數的最佳化	7-61

7.9.4	後 ++ 的最佳化	7-62
7.9.5	邏輯運算元的最佳化	7-63
7.9.6	DAG 最佳化的程式實現	7-64
7.10	迴圈分析	7-71
7.10.1	迴圈的辨識	7-71
7.10.2	迴圈的最佳化	7-78

第 8 章 暫存器分配

8.1	不同 CPU 架構的暫存器組	8-2
8.2	變數之間的衝突	8-4
8.3	圖的著色演算法	8-9
8.3.1	簡單著色演算法	8-9
8.3.2	改進的著色演算法	8-13

第 9 章 機器碼的生成

9.1	RISC 架構的優勢	9-2
9.2	暫存器溢位	9-2
9.2.1	暫存器的資料結構	9-3
9.2.2	暫存器的衝突	9-3
9.2.3	暫存器的溢位	9-6
9.3	X86_64 的機器碼生成	9-7
9.3.1	X86_64 的機器指令	9-7
9.3.2	機器碼的生成	9-9
9.3.3	目的檔案	9-33

9.4　ARM64 的機器碼生成 9-39
　　9.4.1　指令特點 9-39
　　9.4.2　機器碼生成 9-40

第 10 章　ELF 格式和可執行程式的連接

10.1　ELF 格式 10-2
　　10.1.1　檔案標頭 10-2
　　10.1.2　節標頭表 10-5
　　10.1.3　程式標頭表 10-9
　　10.1.4　ELF 格式的實現 10-11
10.2　連接器 10-23
　　10.2.1　連接 10-23
　　10.2.2　靜態連接 10-31
　　10.2.3　動態連接 10-35
　　10.2.4　編譯器的主流程 10-50
10.3　可執行檔的執行 10-55
　　10.3.1　處理程式建立 10-55
　　10.3.2　程式的載入和執行 10-56
　　10.3.3　動態函數庫函數的載入 10-57
　　10.3.4　原始程式碼的編譯、連接、執行 10-60

第 11 章　Naja 位元組碼和虛擬機器

11.1　Naja 位元組碼 11-2
11.2　虛擬機器 11-8

ix

11.2.1	虛擬機器的資料結構 11-8
11.2.2	虛擬機器的執行 11-10
11.2.3	動態函數庫函數的載入 11-18

▌第 12 章 資訊編碼的數學哲學

12.1	資訊編碼格式的轉換 12-2
12.2	多項式時間的演算法 12-4
12.3	自然指數 e 和梯度下降演算法 12-5
12.4	複雜問題的簡單解法 12-6

入門篇

1

編譯器簡介

　　編譯器是把（類似人類語言的）高階語言程式轉化成可執行機器碼的工具軟體。人們使用高階語言與電腦互動的絕大多數場景離不開編譯器。或許這些模組並不叫編譯器，但至少要用到編譯器的一部分功能，例如語法分析。當在 Shell 裡輸入一行命令時，Shell 也要先把它解析成可執行檔的路徑＋命令列參數，然後才能執行。這個過程也可看作「廣義的」詞法分析，只是 Shell 命令的分隔符號只有空格，分析起來比較簡單罷了。

第 1 章　編譯器簡介

1.1 程式語言的發展史

程式語言經歷了機器語言、組合語言、高階語言共 3 個階段。

機器語言是使用 CPU 的二進位指令程式設計，可以直接在作業系統上執行。當然，手工寫出可執行機器碼的前提是，你非常熟悉 CPU 的指令集和可執行檔的格式，例如 Linux 的 ELF 格式。

組合語言是用單字和數字來代替 CPU 指令的二進位編碼，以降低人們的書寫和記憶難度的一門語言。這些單字和數字（及它們的前尾綴）通常叫作快速鍵。例如 mov $16，%eax，這行組合語言裡有兩個單字（mov 和 eax）、1 個數字（16）、兩個前綴（$ 和 %）。在 Linux 上常用的 AT&T 組合語言裡，暫存器的名稱前面加「%」，常數數字的前面加「$」，它們都是為了讓組合語言器的詞法分析更簡單。

高階語言就是大家程式設計時常用的那些語言了，例如 C、C++、Python、Java、JavaScript 等。它們在執行之前都需要被編譯成 CPU 的機器碼或虛擬機器的位元組碼，這個過程就是編譯器的主要工作。

1.2 編譯器在 IT 產業裡的核心地位

人們與電腦的簡單互動可以透過圖形介面進行，但對於稍微複雜一些的互動則需要使用文字語言，這時就用到了編譯器。例如，在 QQ 聊天軟體裡加個錯別字提示功能，那麼怎樣才能讓電腦發現使用者輸入的是錯別字？這就要對輸入的文字做語法分析。

語法分析是編譯器前端的核心模組。如果要把人們寫成的邏輯程式轉化成晶片電路，則首先要對這段程式做語法分析，由此可知 EDA 裡也蘊含著一個「編譯器」。人們或許對編譯器並不熟悉，甚至很多時候察覺不到它的存在，但它確實在各種軟體裡廣泛存在。當然，人們最熟悉的編譯器是 GCC，它可以把 C 語言編譯成可執行程式。

1.3 編譯器的程式架構

編譯器不是一下子把原始程式碼轉化成可執行程式的，而是按照編譯流程一步步地完成這個轉化。編譯器的程式架構也是按照流程一個模組一個模組進行設計的。

1. 詞法分析

詞法分析是編譯器的第 1 個模組，它的作用是把用高階語言寫成的文字檔轉化成一個個單字。因為文字檔的基本單元是字元（並不是單字），只是人眼附帶詞法分析功能，所以人們才會覺得文字檔是由單字組成的，但是電腦並不會「覺得」，所以電腦對文字的辨識單元還是一個個字元。要想讓電腦會「覺得」，那就得給它增加詞法分析模組。通俗地講，詞法分析是一種怎麼讓電腦覺得「文字的基本單元是單字」的演算法。電腦需要這個演算法，而人不需要，因為人的眼睛天然附帶。

2. 語法分析

語法是單字在句子裡的排列規則。對這種排列規則的辨識，就是語法分析。人類除了語法之外還有語感。說母語時主要靠語感，說外語時主要靠語法。語感可以認為是不經過大腦邏輯中樞的直觀神經反應。語法則是經過大腦邏輯中樞的推理結果。因為電腦不存在「直觀的」神經反應，所以編譯器對句子的辨識靠的是語法分析。

語法分析是編譯器裡最複雜的模組，甚至比編譯器的後端還要複雜。它完成了編譯器裡 60% 的工作，而且直接決定了人們對這門程式語言的觀感。

第 1 章　編譯器簡介

語法分析之後就獲得了一棵表示程式層次結構的樹，即抽象語法樹（Abstract Syntax Tree，AST）。關於語法分析的細節將在第 3 章介紹。

3. 語義分析

語義分析是原始程式碼在進入「編譯器的中段」之前的最後一個關口。因為它必須保證傳遞給後續流程的資訊是絕對正確的，不能有任何歧義，所以語義分析也是編譯器給程式設計師顯示出錯的主要階段。例如，常見的類型錯誤都是在語義分析時報出來的。

類型檢查是語義分析最主要的功能之一。對 C 語言來講，語義分析的主要內容就是檢查變數類型是否匹配。對 C++ 等物件導向的語言來講，運算元多載、函數多載、虛函數都要在這個階段處理。這時編譯器已經獲得了原始程式碼的所有資訊，它要對這些資訊進行檢查以確保它們符合編譯器中段的規則。

4. 三位址碼的生成

三位址碼（3 Address Code，3AC）是類似組合語言的一種簡單程式，也叫中間程式。它沒有高階語言的那些複雜概念，而只有兩個概念：操作碼和運算元。一筆三位址碼的操作碼是唯一的，用來表示這筆程式的功能。運算元分為來源運算元和目的運算元，這點與組合語言是一樣的。不同編譯器框架對三位址碼的設計略有不同。

怎麼用三位址碼表示原始程式碼裡的迴圈結構？跟組合語言一樣，透過比較和跳躍實現。

生成了三位址碼之後，人們已經把充滿了複雜邏輯的高階語言轉換成了很接近組合語言的程式。我們知道，組合語言程式碼與機器指令是一一對應的。到了這裡，已經與機器指令處於同一個層級了。三位址碼的細節將在第 5 章介紹。

5. 基本區塊的劃分

基本區塊（Basic Block，BB）是不包含分支跳躍陳述式而只包含順序敘述的程式區塊。它是一組順序執行的三位址碼序列，也是編譯器中段對程式的層次結構進行分析的基礎。程式結構在編譯器的中段是透過基本區塊的流程圖來表示的。流程圖上的每個點都代表了一個基本區塊。這些點之間的連接由各個基本區塊之間的跳躍陳述式決定。基本區塊的劃分要根據跳躍陳述式的位置來確定（在第 6 章介紹）。

6. 中間程式最佳化

中間程式最佳化是透過各種方法來消除冗餘碼、降低運算複雜度以提高程式執行速度的技術。內聯函數、指標分析、DAG 最佳化、迴圈分析都是常用的技術。另外自動記憶體管理的實現也在這個階段。這時已經完全確定了變數的作用域，可以適時呼叫類別物件的建構函數。中間程式最佳化以基本區塊的流程圖為基礎，常用演算法是寬度優先搜尋（Breadth First Search，BFS）和深度優先搜尋（Depth First Search，DFS）。

7. 暫存器分配和圖的著色演算法

暫存器分配是把三位址碼轉化成 CPU 機器碼的關鍵。因為 CPU 只能讀寫暫存器和記憶體，並且暫存器的個數是很缺乏的，所以要為每個變數在合適的時機分配一個暫存器。過了這個時機該變數還要把暫存器讓出來以供其他變數使用。什麼時間點哪個變數使用哪個暫存器就是暫存器的分配，它的常用演算法是圖的著色演算法（在第 8 章介紹）。

8. 機器碼的生成

到了這裡，生成機器碼已經是自然而然的過程了。根據機器指令的格式，把分配好的暫存器跟 CPU 的指令碼組合起來就是機器碼。每種 CPU 的機器指令格式不一樣，這需要查閱 CPU 手冊。

第 1 章　編譯器簡介

完成了機器碼的生成之後，需要把它寫入一個目的檔案裡（Linux 上為 .o 檔案）。目的檔案是連接之前的檔案，它裡面的函數和全域變數的位址並不是真實的記憶體位址。連接器在連接時會把這些位址填寫為真實位址，這個過程也叫「重定位過程」，所以目的檔案也叫可重定位檔案。

到這裡編譯器的內容就結束了，接下來是連接器的內容。

9. 可執行程式的連接

把一系列目的檔案和動態函數庫、靜態程式庫連接成可執行程式的過程叫作連接。連接器的編寫牽扯到目的檔案函數庫檔案、可執行檔的格式，在 Linux 上就是 ELF 檔案格式。第 10 章將介紹這部分內容。

10. 虛擬機器

虛擬機器是為了提供更好的偵錯環境或跨平臺需求而開發的一種 CPU 模擬軟體，它的指令集通常叫作位元組碼。第 11 章將介紹一種簡單的位元組碼及其虛擬機器的實現。

詞法分析

　　詞法分析的作用是把文字檔的基本單元從字元轉化成單字。對於英文來講，詞法分析的主要步驟就是根據空格來劃分單字。因為英文的格式是單字之間有空格、從句的末尾有逗點、整句的末尾有點號，所以英文的詞法分析只需把逗點、點號都當作空格來拆分就可以了。詞法分析的本質就是拆分字串。

第 2 章　詞法分析

2.1「理想語言」的詞法分析

學過高中物理的人都知道，人們在研究複雜問題時總是簡化次要因素，先舉出一個初步的理想模型，然後考慮在非理想情況下的誤差修正。這裡也參考一下物理的想法：什麼是「理想語言」？

對於詞法分析來講，「理想語言」是只需一個字元（作為標識）就可以拆分的語言。這個作為標識的字元就是分隔符號。

從編譯原理的角度看，英文是一種近似理想的語言，它的詞法分析只需空格、逗點、點號、分行符號，程式如下：

```c
// 第 2 章 /English.c
#include < stdio.h>
  int main(){
char text[]= "English lexer is simple.";  // 一行英文句子
char*p0    = text;                        //p0 用於記錄單字末尾的分隔符號
char*p1    = text;                        //p1 用於記錄單字的起始字元
  while(*p0){                             // 迴圈
    if(' '== *p0 || ','== *p0 || '.'== *p0 ||'\n'== *p0){// 分隔符號列表
        char c = *p0;                     // 儲存當前的分隔符號
        *p0 = '\0';                       // 把分隔符號換成位元組 0 以備 printf() 列印
        printf("get word：%s\n", p1);     // 列印分析到的單字
        *p0 = c;                          // 恢復原文的分隔符號
        p1 = ++ p0;                       //p1 指向下一個單字
    }else
        ++ p0;                            // 在不是分隔符號的情況下，p0 指向下一個字元，繼續查詢
  }
  return 0;
}
```

如果進一步去掉 text 字串末尾的點號，只保留那 3 個空格，則它就是一門「理想語言」了。

在分析完每個英文單字時，指標 p1 指向的是單字的第 1 個字母，也就是單字的起始符號。指標 p0 指向單字之後的空格（或逗點、點號、分行符號），它就是結束字元。這個例子的結束字元不包含在單字內。在實際程式中，結束字元有時包含在單字內，有時不包含在單字內。

因為實際程式語言的詞法分析比英文更複雜，所以要在上面程式的基礎上做深入的改進。

2.2 實際程式語言的詞法擴充

如上所述，已經獲得了一個「理想語言」的詞法分析程式。現在要在它的基礎上進一步擴充，以適應「非理想的」程式。

考慮這麼一個場景：假設使用者書寫的英文並不規範，可能在一句話的開頭或中間多寫了幾個空格，那麼該怎麼處理呢？可以對 2.1 節的 English.c 程式稍做修改，程式如下：

```
// 第 2 章 /English2.c
#include < stdio.h>
  int main(){
char text[]= "English lexer is simple.";   // 一行英文句子
char*p0    = text;              //p0 用於記錄單字末尾的分隔符號
char*p1    = NULL;              //p1 用於記錄單字的起始字元，開始為 NULL 表示還沒發現單字
    while(*p0){              // 迴圈
        if(!p1&&(('a'< = *p0&&'z' > = *p0)||('A'< = *p0&&'Z' > = *p0)))
            p1 = p0;             // 單字的首字母必須是英文字母，不區分大小寫
        if(' '== *p0 || ','== *p0 || '.'== *p0 || '\n'== *p0){
            if(p1){              // 在已經發現了新單字的情況下，列印它
                char c = *p0;
                *p0 = '\0';
                printf("get word：%s\n", p1);// 列印單字
                *p0 = c;
```

第 2 章　詞法分析

```
                    p1 = NULL;        // 將 p1 設置為 NULL 等待下一個單字
                }
            }
            ++ p0;                    //p0 指向下一個字元，繼續查詢
        }
        return 0;
}
```

程式 English2.c 的 while 迴圈裡的第 1 個 if 敘述就是詞法分析器對單字合法性的檢測：它要求所有的英文單字都由 26 個字母中的開始，即英文單字的起始符號是 a~z 或 A~Z。

2.2.1 程式語言的標識符號

程式語言的標識符號比起英文單字來，起始符號還多了一個底線(_)，可以把它加在第 1 個 if 的條件裡。經過進一步修改的程式如下：

```
if(!p1&&('_'== *p0
        ||('a'< = *p0&&'z'> = *p0)
        ||('A'< = *p0&&'Z'> = *p0)))// 增加了底線的條件運算式
p1 = p0;
```

用這行 if 條件代替 English2.c 裡的第 1 個 if 條件就是程式語言的標識符號分析。大多數程式語言規定，變數名稱、函數名稱、類別名稱、結構名稱、關鍵字名字都以大小寫英文字母或底線開頭，這就是標識符號的起始符號。

2.2.2 關鍵字

關鍵字是編譯器保留的、不允許程式設計師用作普通用途的標識符號。關鍵字的詞法與標識符號是一樣的，區別只在於它被保留在關鍵字列表裡。在關鍵字列表裡能查到的標識符號就是關鍵字，查不到的標識符號就可用作普通用途，例如類別名稱、變數名稱、函數名稱等。

2.2 實際程式語言的詞法擴充

在已經分析出單字之後,怎麼判斷它是不是關鍵字?用 for 迴圈遍歷關鍵字列表,程式如下:

```c
// 第 2 章 /keyword.c
#include < stdio.h >
#include < string.h >
  int main(){
char text[]= "int a;";          // 一行程式
char *p0= text;                 //p0 用於記錄單字末尾的分隔符號
char *p1= NULL;                 //p1 用於記錄單字的起始字元,開始為 NULL 表示還沒發現單字
  while(*p0){                   // 迴圈
    if(!p1&&(('a'< = *p0&&'z'>= *p0)||('A'< = *p0&&'Z'>= *p0)))
       p1 = p0;                 // 單字的首字母必須是英文字母,不區分大小寫

    if(' '== *p0 || ','== *p0 || '.'== *p0 || '\n'== *p0){
       if(p1){                  // 在已經發現了新單字的情況下,列印它
          char c = *p0;
          *p0 = '\0';
//----------------- 新增加的關鍵字辨識程式
          char*keys[]= {"char","int","double","if","else","for"};
          int i;
          for(i= 0;i< sizeof(keys)/sizeof(keys[0]);i++){
             if (!strcmp(keys[i], p1))
                break;
          }
          if (i<sizeof(keys)/sizeof(keys[0]))
             printf("get key: %s\n", p1); // 列印關鍵字
          else
             printf("get identity: %s\n", p1); // 列印標識符號
//----------------- 關鍵字識別代碼的結束
          *p0 =c;
          p1 =NULL;             // 將 p1 設置為 NULL 等待下一個單字
       }
    }
```

```
        ++p0;                      //p0 指向下一個字元，繼續查詢
    }
    return 0;
}
```

現在，已經從一個簡單的英文詞法程式，擴充得可以辨識關鍵字了。

當然，程式語言的分隔符號比英文複雜得多。在分析標識符號（包括關鍵字）時，任何不屬於英文字母、底線或數字的字元都是分隔符號。

數字不可用於標識符號的首字元，但可用於之後的字元。針對這一點，可以繼續在上述程序 keyword.c 的基礎上增加詞法檢查，並對不符合詞法規則的程式顯示出錯（讀者可以自己寫一下程式）。

2.2.3 數字

因為程式語言的數字是以 0~9 開頭的，所以數字不能用作標識符號的第 1 個字元，否則會發生詞義衝突。

大多數程式語言的數字分為十進位整數、浮點數、十六進位整數、八進位整數、二進位整數。因為二進位整數通常以 0b 開始，八進位整數通常以 0 開始，十六進位整數通常以 0x 開始，所以字元 0 在分析數字時具有多種語義，需要根據它之後的第 2 個字元來判斷。

如果 0 之後跟數字 0~7，則是八進位整數。

如果 0 之後跟字母 x 或 X，則是十六進位整數。

如果 0 之後跟其他東西，則是十進位的數字 0。

如果 0 之後跟小數點，則是浮點數，例如 0.5。浮點數也可以 1~9 開始，只要它們後面有且只有一個小數點（點號 .），例如 31.41。

2.2 實際程式語言的詞法擴充

如果數字以 1~9 開始但沒有小數點，則是十進位的整數。舉出一個十進位整數的辨識程式，程式如下：

```c
// 第 2 章/number.c
# include < stdio.h>
  int main(){
    char text[] = "int a = 123;";
    char*  p0    = text;           //p0 用於記錄單字末尾的分隔符號
    char*  p1    = NULL;           //p1 用於記錄單字的起始字元, 開始為 NULL 表示還沒發現單字
    int value = 0;                 // 記錄數位的值
    while (*p0){                   // 迴圈
        if ('0' < = *p0 && '9' >= *p0) {
            if (!p1)
                p1 = p0;
            value *= 10;
            value += *p0 - '0';
        } else {                   // 當不是 0~9 的字元時表示當前數位的分析結束
            if (p1) {
                char c = *p0;
                *p0 = '\0';
                printf("get number: % s, % d\n", p1, value); // 列印它的文字和數值
                *p0   = c;
                value = 0;
                p1    = NULL;      // 將 p1 設置為 NULL, 等待下一個單字
            }
        }
        ++ p0;                     //p0 指向下一個字元, 繼續查詢
    }
    return 0;
}
```

實際編譯器中的數字分析還是比較複雜的，需要考慮各種進位和浮點數的情況（讀者可以參考 SCF 編譯器框架裡的詞法分析程式）。

2.2.4 資料結構

現在已經實現了標識符號、關鍵字、數字的詞法分析,接下來應該給單字設計一個資料結構了。SCF 編譯器框架的單字資料結構如圖 2-1 所示。

(1) 它內嵌了一個雙鏈結串列 scf_list_t list,用於把所有的單字掛載為一個先進先出(First In First Out,FIFO)的佇列,並且可以執行取出和放回操作(這在語法分析時經常使用)。

(2) 接下來是 inttype 欄位,它用一個整數表示單字的類型,例如關鍵字、常數數字、標識符號、運算元等。

(3) 聯合體 data 是它的資料部分,除了數字之外還可以是字串。如果是字串,則要把其中的跳脫字元(例如分行符號 \n)轉化成對應的數字。

(4) scf_string_t*text 是它在原始程式碼裡的文字。

注意:在原始程式碼裡分行符號就是兩個可見字元「\」和「n」,而非數字 10。編譯器對跳脫字元(\n)處理之後才是數字 10(分行符號的 ASCII 碼)。

(5) 單字在原始程式碼裡的檔案名稱和行號也是要記錄的,因為在生成目的檔案時需要增加偵錯資訊,在發現語法錯誤時要列印資訊。

```
typedef struct {
    scf_list_t      list;      // 管理所有單字的雙鏈結串列,即先進先出佇列

    int             type;      // 單字的類型,例如關鍵字、運算子、標識符號、常數等

    union {                    // 單字的資料部分
        int32_t     i;
        uint32_t    u32;
        int64_t     i64;
        uint64_t    u64;
        float       f;
        double      d;
        scf_complex_t  z;
        scf_string_t*  s;
    } data;

    scf_string_t*   text;      // 原始程式碼裡的文字

    scf_string_t*   file;      // 原始程式碼的檔案名稱
    int             line;      // 行號
    int             pos;       // 列號

} scf_lex_word_t;
```

▲ 圖 2-1 單字的資料結構

其中動態字串類型 scf_string_t 可以這樣定義，程式如下：

```
// 第2章 /dstring.h
#include < stdio.h>
typedef struct{                 // 動態字串的資料結構
char*data;                      // 字元緩衝區的指標
int     len;                    // 實際字串長度
int     capacity;               // 緩衝區的容量，可以動態分配
}scf_string_t;
```

有了單字的資料結構之後就可以把每次獲得的單字組成一個鏈結串列，以備之後的語法分析使用。語法分析是編譯器裡最複雜的模組，將在第 3 章介紹。

2.3 詞法分析的數學解釋

對於由 N 個字元組成的字母表，m 個字元組成的字串共有 N^m 種可能，這就是詞法分析的樣本空間。從機率論的角度看，它最多可以表示 N^m 種不同的語義，已經寫好的一段程式（由 m 個字元組成）是其中的語義。

編譯器要做的事情就是確定這段程式的語義，也就是要把語義的不確定度從 $1/N^m$ 提高到 1。編譯器不可能遍歷所有的排列組合(遍歷複雜度為 $O(N^m)$)，而是把語義的確定分成詞法分析＋語法分析兩個階段。

詞法分析經過「理想化」之後（見 2.1 節）就相當於用 s 個空格把字串拆分成 $s+1$ 個單詞，這一步對樣本空間的影響可以這麼計算：

（1）s 個空格的可能位置用式（2-1）表示。

$$C(s) = \frac{m!}{s!(m-s)!} \qquad (2\text{-}1)$$

（2）剩餘的 $m\text{-}s$ 個字元有 $N^{m\text{-}s}$ 種可能的組合。

第 2 章　詞法分析

（3）詞法分析之後的樣本空間是前兩者的乘積，用式（2-2）表示。

$$L(s) = \frac{m!N^{m-s}}{s!(m-s)!} \qquad (2\text{-}2)$$

在（原始程式）字串的長度 m=40、空格個數 s=5、字母表 N=100 的情況下，用 Excel 計算表明，詞法分析之前的樣本空間是分析之後的 15197 倍。也就是說，經過詞法分析之後原始程式碼的不確定度減少了。

因為在實際的詞法分析中，不但可以確定單字的拆分位置，還可以確定關鍵字和絕大多數運算元的語義，所以對語義準確度的提升更為可觀，這也是詞法分析的意義所在。

標識符號的語義無法在詞法分析時確定，它到底是函數、變數、結構（或類別）要在語法分析時確定。

如果編譯器支援函數多載和運算元多載，則到底要呼叫哪個函數要推遲到語義分析時確定。為了降低語法分析的複雜度，一般不在建構抽象語法樹時進行類型檢查，所以函數參數的類型不在語法分析時確定，自然也就無法根據參數清單去確定要呼叫哪個多載函數了。

語法分析

　　語法分析是根據單字在敘述中的排列順序來確定語義並建構抽象語法樹的過程。關鍵字、常數數字、常數字串和絕大多數運算元的語義可以在詞法分析時確定,但標識符號和少量的運算元只能在語法分析時確定,例如星號(*)到底表示乘法還是指標就是在語法分析時確定的。

　　語法分析之前首先要劃分敘述類型,然後對不同類型的敘述使用不同的分析程式。因為原始程式碼的各種敘述可以巢狀結構,所以語法分析也大量使用遞迴。遞迴是語法分析模組的典型特點。

第 3 章 語法分析

3.1 敘述類型的劃分

程式語言的敘述類型可分為變數宣告敘述、類型定義敘述、運算式、順序區塊、if-else 敘述、while 迴圈、for 迴圈、switch-case 敘述、goto 敘述等。

1. 變數宣告敘述

變數宣告敘述是用編譯器內建的基本類型或使用者自訂的類型（結構、類別）宣告變數的敘述。C/C++ 的變數在使用前都得宣告，這樣編譯器才可以對它進行類型檢查和記憶體分配。

變數宣告所需的一組單字是類型、變數名字、逗點、星號 (*)、設定運算元 (=)、初始設定式、分號，其中變數名字是標識符號，類型可以是基本類型關鍵字，也可以是結構或類別名稱的標識符號。變數宣告的語法就是這組單字在敘述中的排列順序，程式如下：

```
// 第 3 章 /var.c
int a,b = 1,*p = NULL,c = 2 + 3*4;
```

這行敘述宣告了 4 個變數 a、b、c、d，互相之間以逗點分隔，其中 3 個帶有初始化表達式，最後以分號結束。這個分號就是語法分析的截止條件，而每個逗點都會導致對下一個變數的遞迴分析。在變數宣告敘述中，每個設定運算元 (=) 之後都要分析初始設定式。

基本類型的變數可以直接宣告，結構或類型的變數在宣告之前首先要定義相關的類型。

2. 類型定義敘述

類型定義敘述一般以 struct 或 class 關鍵字開始，之後跟類型名稱的標識符號，然後是大括號標示的一組成員變數或成員函數，最後以分號結尾，程式如下：

3.1 敘述類型的劃分

```
// 第 3 章 /type.c
struct Point3D// 三維空間中的點
{
    int x;
    int y;
    int z;
};
```

因為大括號中的 3 行敘述也是成員變數的宣告敘述，所以類型定義和變數宣告之間的巢狀結構在原始程式碼中是很普遍的。這種巢狀結構會導致兩個模組之間的遞迴。

3. 運算式

運算式是其他複雜敘述的基礎。

（1）順序區塊就是一組順序執行的運算式。

（2）while 迴圈由條件運算式和作為迴圈本體的順序區塊組成。

（3）for 迴圈由初始設定式、條件運算式、更新運算式、主體順序區塊組成。

（4）if-else 敘述的每個分支也是由條件運算式和順序區塊組成的，不同分支之間以 else if 連結直到最後的 else 分支。

綜上所述，運算式分析是語法分析的基礎，它的程式如下：

```
// 第 3 章 /expr.c
a = 1 + 2*3/4-*p + f(4,5)+ b[i]+(int)c[j][k];
```

以上程式是一個合理的 C 語言運算式，其中包含加減乘除、指標解引用、函數呼叫、陣列取成員、強制類型轉換及對變數 a 的賦值。程式語言的所有運算都要包含在運算式中，編譯器也要支援各種符合語法的運算式，這遠比支援其他敘述類型更複雜。

4. 順序區塊

順序區塊是把各種複雜敘述連結起來的關鍵，它除了包含運算式之外也可以包含其他語句，例如類型定義、變數宣告、if-else 敘述、while 迴圈、for 迴圈、switch-case 敘述、goto 敘述等。順序區塊也是各類敘述之間解耦合的基礎，例如 for 迴圈裡巢狀結構 if 敘述、if 敘述裡再巢狀結構 while 迴圈，這樣的巢狀結構會導致各模組之間的遞迴呼叫。N 種敘述類型的巢狀結構組合有 N^2 種可能，但經過順序區塊的解耦之後只有 $N+1$ 種可能，大大降低了語法分析的複雜度。

5. if-else 敘述

if-else 是程式設計中使用頻率很高的控制敘述，它的每個分支由 3 部分組成：條件運算式、if 主體部分、else 主體部分（可能省略）。除了最開始作為語法提示的 if 關鍵字之外，後續的每個 else if 都表示還有新的後續分支，而單純的 else 表示最後一個分支。如果最後沒有 else，則表示 else 部分被省略了，接下來是其他敘述的程式。

對 if-else 敘述的分析關鍵在於查看有沒有下一個 else 關鍵字。除了這點之外，對條件運算式和 if 主體部分、else 主體部分的分析都是運算式和順序區塊的內容。

6. 其他敘述

while 迴圈、for 迴圈、switch-case 的分析與 if-else 類似，這些關鍵字都專注於程式流程的控制，真正的程式部分由運算式和順序區塊來處理。goto、break、continue 敘述都是簡單的控制敘述，它們的作用要到三位址碼生成時才能表現。

3.2 敘述的巢狀結構和遞迴分析

原始程式碼的各類敘述大多是互相巢狀結構的，但編譯器並不能預知巢狀結構細節，只能一層層地遞迴直到分析完最內層為止。最內層控制敘述的主體區塊是遞迴分析的截止條件。如果最內層的主體區塊是單行敘述，則末尾的分號或分行符號就是最終的截止條件。如果最內層的主體區塊是順序區塊，則末尾的大括號是最終的截止條件。程式如下：

```
// 第 3 章 /loop.c
int i;
int j;
for(i= 0;i< 10;i++){
    for(j= 0;j< 10;j++){
        if(j > 5)
            break;// 遞迴分析的截止條件，是最內層控制敘述的末尾分號
    }
}
```

上述程式是由 3 層控制敘述組成的，其中最內層 if 敘述的 break 之後的分號就是遞迴的截止條件。它的截止會導致語法分析函數的層層返回，從而完成整段程式的分析。

3.2.1 變數宣告敘述的分析

變數宣告敘述以類型關鍵字或類型標識符號開始，以末尾的分號為截止條件，每個逗點都會導致對後續變數的遞迴分析，程式如下：

```
// 第 3 章 /parse_var.c
# include < stdio.h>
# include < string.h>
    int parse_var(char* type, char* text[], int* pi){
        char* p = text[*pi];
```

```c
            if (';' == *p)                              // 遞迴截止條件
                return 0;
            if ('_' == *p ||('a' < = *p && 'z' >= *p)
                         ||('A' < = *p && 'Z' >= *p)){  // 變數名字是標識符號，這裡只判斷首字元
                printf("get var: % s of type % s\n", p, type);
                ++(*pi);                                // 指向下一個單字
                return parse_var(type, text, pi);       // 遞迴分析，直到分號截止
            } else if (',' == *p){
                ++(*pi); // 指向下一個單字
                return parse_var(type, text, pi);
            }
            printf("syntax error: %s\n", p);            // 其他情況暫時當語法錯誤
            return -1;
}
int main(){
char* text[] ={"int", "a", ",", "b", ";"};              // 詞法分析後的單字序列
char* type =NULL;
char* var0 =NULL; // 第 1 個變數
int i;
    for (i=0; i<sizeof(text)/sizeof(text[0]);) {
        if (!strcmp(text[i], ";")) // 截止條件
            break;
        if (!type) {
            if (!strcmp(text[i], "int"))
                type =text[i];                          // 獲取類型關鍵字，這裡只支援 int 類型
            i++;
            continue;
        }
        parse_var(type, text, &i);                      // 獲得類型之後，開始變數的遞迴分析
    }
    return 0;
}
```

上述程式雖然簡短，但把語法分析的特點都包含進去了，即由於編譯器既不知道敘述在哪裡結束也不知道原始程式的具體結構，所以只能按照語法規則查詢類型和變數，直到遇到結束字元為止。

3.2.2 類型定義敘述的分析

類型定義敘述以 struct 或 class 關鍵字開始，之後是類別名稱或結構的標識符號，然後是大括號表示的順序區塊。該順序區塊中包含成員變數的宣告，也可能包含成員函數的宣告和成員類型的定義。

注意：SCF 編譯器框架為了降低類型分析的複雜度，沒有支援成員類型的定義而只支援成員變數和成員函數的宣告，也就是說用到的所有類型都需要在全域作用域裡定義。

類型定義分析的精髓就在於它只需分析 struct（或 class）關鍵字和類別名稱的標識符號，之後的內容全部當作順序區塊來分析，這樣成員變數和成員函數的分析就完全被順序區塊給解耦了。成員函數的定義、成員陣列的宣告等複雜語法問題由順序區塊呼叫相關模組的分析程式，與類型分析的主流程無關。類型定義的分析流程如圖 3-1 所示。

（1）第 1 排的 struct 或 class 關鍵字是分析的起始符號，右大括號是結束字元，即遞迴的截止條件。

（2）在順序區塊分析時會透過遞迴呼叫來觸發對成員函數和成員變數（含陣列）的分析，成員變數和成員函數的宣告以分號結尾。

（3）成員函數的定義會觸發對順序區塊的遞迴分析，即函數本體的分析。

（4）多維陣列是透過右中括號到左中括號的互聯而觸發的，例如原始程式碼 int a[2][2] 的第 1 個右中括號與第 2 個左中括號互聯表示陣列還有下一個維度。

第 3 章 語法分析

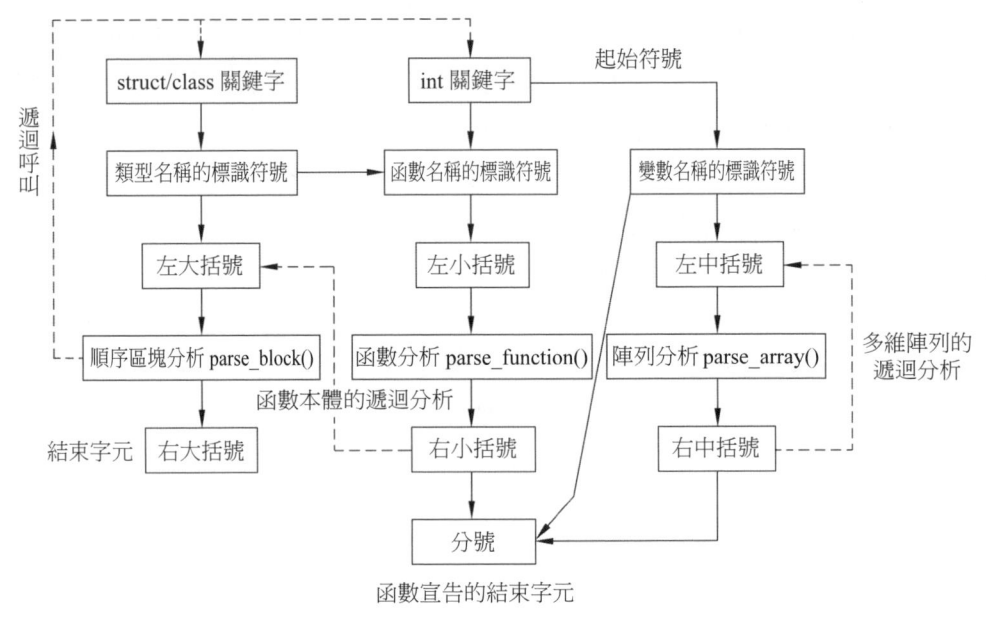

▲ 圖 3-1 類型定義的分析流程

在 if-else 敘述、while 迴圈、for 迴圈的語法分析中也存在類似的情況，即透過順序區塊來解耦原始程式碼中的複雜巢狀結構，從而把控制敘述與主體程式分隔開。

3.2.3 順序區塊的分析

圖 3-1 也是順序區塊分析的主要流程圖，它展示了原始程式碼的作用域裡可以包含哪些內容，例如類型定義、函數宣告、變數宣告等。

順序區塊是編譯器對作用域進行控制的基礎，類別的主體部分、函數的主體部分都是一個順序區塊。當然整個檔案也是一個順序區塊，檔案裡沒加 static 的變數或函數的作用域是全域順序區塊。

圖 3-1 並不包含運算式的分析，運算式是由變數、函數、一元運算元開始的一行敘述。從詞法分析的角度看變數和函數都是一個標識符號，它的語義在運算式分析時確定。

3.2.4 運算式的分析

運算式分析是語法分析中最複雜的模組,它的主要流程如圖 3-2 所示。

(1) 變數、函數名稱、一元運算元都可以是運算式的開始,其中變數可以是(多維)陣列變數,陣列的索引是一個子運算式。

(2) 函數的實際參數是一個子運算式,多個實際參數之間以逗點分隔,最後一個實際參數之後的右小括號表示實際參數列表的結束,該小括號也是函數呼叫分析的截止條件。

(3) 二元運算元的前後各是一個子運算式,這兩個子運算式既可以簡單到一個變數,也可以複雜到非常離譜,但它們都是子運算式的不同形式。

(4) 每個子運算式都會導致遞迴分析,即運算式模組對它自己的遞迴呼叫。

(5) 多個連續的一元運算元也會導致一元運算元之間的遞迴分析。

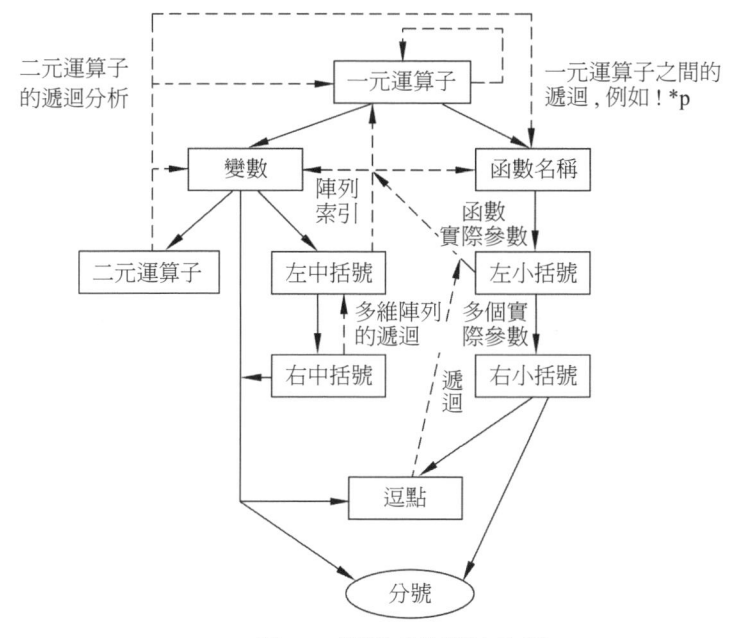

▲ 圖 3-2 運算式的語法分析

整個運算式的分析結果會根據變數、函數、運算元在原始程式碼中的順序及運算元的優先順序和結合性，展現在一棵運算式樹上。遍歷這棵運算式樹並對不同的運算元使用不同的回呼函數，就可以計算出運算式的值。

3.2.5 運算元的優先順序和結合性

運算元在組成運算式時的計算順序取決於它的優先順序和結合性。在建構抽象語法樹時優先順序越高的運算元越接近葉節點，優先順序越低的運算元越接近根節點。如果優先順序相同，則根據結合性來判斷，左結合的運算元則左邊的優先順序更高，右結合的運算元則右邊的優先順序更高。

（1）由於設定運算元採用的是右結合，所以 $a=b=1$ 要先計算 $b=1$，然後才計算 $a=b$，最終結果都是 1。

（2）由於乘法和除法採用的都是左結合，所以 a=2*3/4 要先計算 2*3 得 6，然後計算 6/4 獲得的商是 1。如果先計算 3/4 獲得的商是 0，則 2*0 就是 0 了，這顯然不對。

（3）因為變數和常數是最基礎的運算資料，所以它們的優先順序最高，在抽象語法樹上位於葉節點。

3.2.6 運算式樹的建構步驟

運算式樹是根據變數和運算元的優先順序建構的樹形結構，它的遍歷順序就是運算順序，建構步驟如圖 3-3 所示。

（1）如果語法分析獲得的新節點的優先順序低於樹的根節點，則它成為新的根節點，原根節點成為它的第 1 個子節點。

（2）如果新節點的優先順序高於根節點而根節點的子運算式的個數還沒達到上限（二元運算元是兩個），則將它增加為新的子運算式。

（3）如果新節點的優先順序高於根節點且根節點的子運算式的個數已經達到上限，則它沿著最後一個子運算式樹往葉子方向做遞迴遍歷，直到遇到一個更高優先順序的運算元或成為新的葉節點。

（4）如果新節點 A 在根節點 root 之下遇到了一個更高優先順序的運算元 B，則它將成為該運算元 B 的父節點，運算元 B 將成為 A 節點的子節點，B 下屬的子樹維持原來的結構不變。

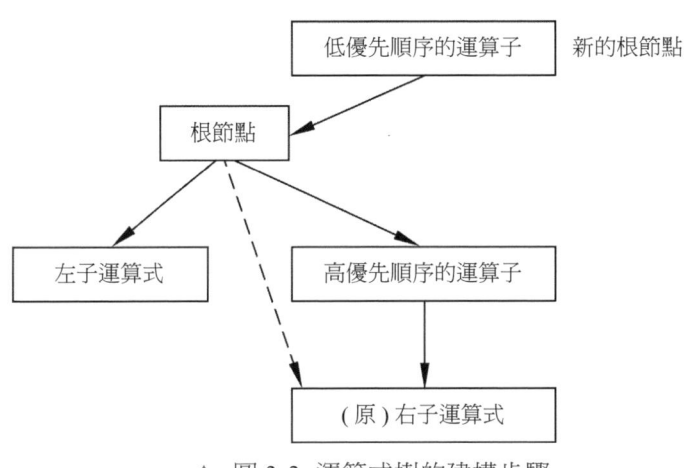

▲ 圖 3-3 運算式樹的建構步驟

如果運算式是 if-else、while、for 等控制敘述的一部分，則把它增加為該敘述的子節點。如果運算式在一組順序執行的程式區塊裡，則把它依次增加為該順序區塊的子節點。

3.2.7 完整的抽象語法樹

完整的抽象語法樹以以下的層級組成：

（1）最上層為全域順序區塊，其中包含基本類型和各個檔案順序區塊。

（2）檔案裡包含類型和全域函數、靜態函數。

第 3 章　語法分析

（3）類別類型的節點包含類別作用域的順序區塊，其中包含成員變數和成員函數。

（4）全域函數、靜態函數、成員函數都包含各自的函數作用域（順序區塊），包括函數形參在內的所有區域變數都在這個順序區塊內。

（5）運算式既可以是控制敘述的子節點，也可以是某個順序區塊的子節點。

（6）變數和運算元由運算式管轄。

這樣整個原始程式碼的邏輯結構就變成了電腦能理解的抽象語法樹，如圖 3-4 所示。

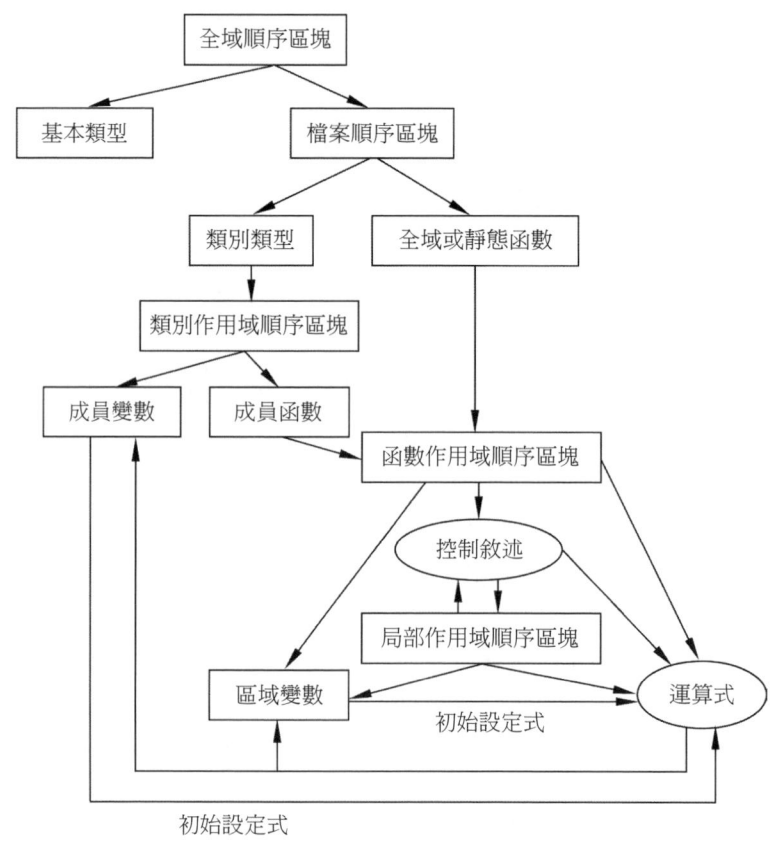

▲ 圖 3-4　完整的抽象語法樹

到了這裡編譯器已經初步完成了對原始程式碼的邏輯分析，在生成可執行程式上走出了最關鍵的一步。

3.2.8 抽象語法樹的資料結構

了解了語法分析的主要想法之後，在撰寫真正的程式之前要先給抽象語法樹的節點定義一個資料結構，程式如下：

```
// 第 3 章 /scf_node.c
typedef struct scf_node_s scf_node_t;     // 抽象語法樹的節點
struct scf_node_s
{
    int                 type;             // 節點類型
    scf_node_t*         parent;           // 父節點的指標
    int                 nb_nodes;         // 子節點的個數
    scf_node_t**        nodes;            // 子節點的指標陣列

    union { // 資料部分的聯合體
        scf_variable_t* var;              // 用於變數
        scf_lex_word_t* w;                // 用於運算子和控制敘述
        scf_label_t*    label;            // 用於標籤
    };

    scf_variable_t*     result;           // 運算結果，僅用於運算子

    scf_vector_t*       result_nodes;     // 一組運算結果，僅用於多值函數
    scf_node_t*         split_parent;     // 這組運算結果的父節點，僅用於多值函數

    int                 priority;         // 節點的優先順序
    scf_operator_t*     op;               // 節點的運算子
    //... 其餘各項省略
};
```

（1）抽象語法樹是一個動態的多叉樹，它的子節點的個數 nb_nodes 是不固定的。變數的子節點的個數為 0，二元運算元的子節點的個數為 2，函數呼叫的子節點的個數取決於參數的個數，順序區塊的子節點的個數取決於它包含的敘述的數量。

（2）parent 指標用於從子節點存取父節點、祖父節點、……、直到根節點，例如 break 必須包含在迴圈或 switch-case 中，如果沿著它的 parent 指標一直上溯到某個函數還沒找到迴圈或 switch-case，則說明存在語法錯誤。

（3）節點類型 int type 表示節點在語義分析時怎麼解釋。

（4）節點的優先順序 int priority 欄位是變數、常數、運算元在組成運算式樹時的依據。

（5）節點的運算元 scf_operator_t*op 必須是編譯器框架支援的運算元之一，否則無法給它生成機器碼。

（6）控制敘述在語義分析和三位址碼生成時也被看作一個運算元，它處理起來與普通運算元的差別不大。

節點資料結構是把原始程式碼表示成抽象語法樹的關鍵，有了它之後就可以把輸入的單字序列建構成抽象語法樹了。

3.2.9 變數和類型的資料結構

變數是程式的基礎，程式的撰寫都是從變數的宣告開始的。在強類型語言中每個變數都有一個明確的類型，並且在宣告之後不再改變。另外，由於結構和類別又透過成員變數讓類型和變數之間有了耦合度，所以在設計它們的資料結構時要進行解耦，程式如下：

3.2 敘述的巢狀結構和遞迴分析

```c
// 第 3 章 /type_variable.h
// 節選自 SCF 編譯器的程式
typedef struct scf_type_s     scf_type_t;
typedef struct scf_scope_s    scf_scope_t;
typedef struct scf_variable_s scf_variable_t;

typedef struct {                        // 基本類型只有這 3 項，是所有類型的基礎
    int         type;                   // 類型編號
    const       char* name;             // 類型名稱
    int         size;                   // 類型大小
} scf_base_type_t;

struct scf_type_s {                     // 結構或類別類型
    scf_node_t      node;               // 結構或類別在抽象語法樹上的節點
    scf_scope_t*    scope;              // 結構或類別的作用域，成員變數和成員函數都在這裡
    scf_string_t*   name;               // 類型名稱
    int             type;               // 類型編號
// 其他省略
};

struct scf_scope_s {                    // 作用域的定義
    scf_vector_t*   vars;               // 變數的動態陣列
    scf_list_t      type_list_head;     // 類型鏈結串列
    scf_list_t      operator_list_head; // 運算子的多載函數鏈結
    scf_list_t      function_list_head; // 成員函數鏈結串列
    scf_list_t      label_list_head;    // 標籤鏈結串列
};

struct scf_variable_s {                 // 變數
    int             refs;               // 引用計數
    int             type;               // 變數類型，透過它查詢對應的類型結構
    scf_lex_word_t* w;                  // 變數對應的單字，變數名稱就是單字名稱

    int             nb_pointers;        // 指標的層級，普通變數為 0，指標變數大於或等於 1
    int*            dimentions;         // 陣列每維的大小
    int             nb_dimentions;      // 陣列的維數
```

3-15

```
        int          size;                   // 變數的位元組數
        int          data_size;              // 每個元素的位元組數，僅用於陣列
        uint32_t     const_literal_flag:1;   // 常數字面額的標識
        uint32_t     const_flag:1;           // 常數標識
        uint32_t     local_flag:1;           // 區域變數標識
        uint32_t     global_flag:1;          // 全域變數標識
        uint32_t     member_flag:1;          // 成員變數標識
        uint32_t     auto_gc_flag:1;         // 自動記憶體管理標識
    // 其他項省略
    };
```

（1）變數中只記錄類型編號而不記錄類型指標，從而讓變數和類型的定義解耦。

（2）類型中只記錄作用域的指標而不記錄作用域的內容，從而與成員變數和成員函數的定義拆分開。

（3）作用域中只記錄動態陣列、雙鏈結串列等管理結構而不記錄具體的資料結構，從而實現類型、作用域、變數之間的徹底解耦。

3.2.10 變數的語法檢查

變數的未宣告和重複宣告是語法分析時最常見的錯誤，那麼該怎麼進行這類檢查呢？

（1）查詢當前作用域的 vars 陣列，如果找到名稱相同變數，則存在重複宣告。

（2）從當前作用域開始一直查詢到全域作用域，如果都找不到某個變數，則該變數未宣告。

原始程式碼在使用變數時遵循鄰近原則，即使用最近的作用域裡宣告的變數，上述第 2 筆可以保證這點。

3.2.11 星號和乘法的區分

因為鍵盤上的運算元有限，C語言使用星號（*）同時表示指標和乘法導致在詞法分析時無法確定星號的具體語義。這個問題在語法分析時怎麼處理呢？星號是一元運算元，乘法是二元運算元，前者只能出現在單一運算式的前面，後者只能出現在兩個運算式的中間。根據出現位置的差異來確定星號表示的是指標還是乘法。

3.3 語法的靈活編輯和有限自動機框架

按照3.2節的想法寫成的語法分析器（Syntax Parser）很直觀，它的程式設計想法直接表現了原始程式碼的邏輯結構，並且透過運算式和順序區塊對複雜敘述進行了解耦。撰寫這樣的語法分析器並不用熟悉編譯原理，只需熟悉目的語言的語法。

以函數的遞迴呼叫鏈為核心寫成的語法分析器的缺點是不能靈活地編輯語法。因為各個函數之間互相遞迴，對其中任何一個的修改都可能導致其他函數也不得不修改，即框架程式與語法規則之間的耦合度很大，模組化程度不夠。確定型有限自動機（Deterministic Finite Automaton，DFA）是語法分析模組化的基礎。

3.3.1 有限自動機的簡介

有限自動機的每個節點都有兩個回呼函數，其中一個用於判斷是否接收輸入的單字，另一個用於在判斷成立之後建構抽象語法樹。每個節點都屬於某個模組，各模組之間以名稱和索引號區分。資料結構部分的程式如下：

```
// 第 3 章 /scf_dfa.h
#include "scf_vector.h"
#include "scf_list.h"
```

第 3 章　語法分析

```
typedef struct scf_dfa_s          scf_dfa_t;        // 自動機框架的上下文
typedef struct scf_dfa_node_s     scf_dfa_node_t;   // 節點的資料結構
// 以下是兩個回呼函數的指標
typedef int (*scf_dfa_is_pt    )(scf_dfa_t* dfa, void* word);
typedef int (*scf_dfa_action_pt)(scf_dfa_t* dfa, scf_vector_t* words,
                                 void* data);

struct scf_dfa_node_s {                    // 語法節點的資料結構
    char*              name;               // 語法節點的名稱
    scf_dfa_is_pt      is;                 // 判斷單字是否接收的函數指標
    scf_dfa_action_pt  action;             // 建構語法樹的函數指標
    scf_vector_t*      childs;             // 子節點陣列
    int                refs;
    int                module_index;       // 所在模組的索引號
};

struct scf_dfa_module_s {                  // 語法模組的資料結構
    const char*   name;  // 模組名稱
    int           (*init_module)(scf_dfa_t* dfa);   // 模組初始化函數
    int           (*init_syntax)(scf_dfa_t* dfa);   // 語法初始化函數
    int           (*fini_module)(scf_dfa_t* dfa);   // 模組釋放函數
    int           index;                            // 索引號
};
```

注意：在 SCF 框架的 DFA 模組中每個節點的判斷函數叫作 is()，建構語法樹的函數叫作 action()。

語法規則表現為節點之間的連接，各種類型的節點互相連接之後組成了一個語法圖。在單字輸入之後，有限自動機框架會根據 is() 和 action() 函數的傳回值做狀態切換以匹配合適的語法規則。對語法錯誤或暫不支援的語法予以顯示出錯。

3.3 語法的靈活編輯和有限自動機框架

（1）自動機的每個節點是語法圖上的頂點，節點之間的連接是圖上的一條邊，邊的方向由父節點指向子節點。

（2）語法圖上的迴路表示遞迴分析，例如星號（*）節點的自遞迴可以分析多級指標。

（3）語法圖是按照敘述類型分模組建構的，圖上的每個節點都屬於某個模組，用模組索引號 module_index 表示。

（4）每個模組都有一個模組上下文，透過模組的索引號獲取。

3.3.2 語法的編輯

在 3.3.1 節框架的基礎上透過節點之間的連接編輯語法。例如 inta=1 對應的語法規則就是「關鍵字＋標識符號＋設定運算元＋運算式」。

（1）關鍵位元組點在發現 int 是一個關鍵字之後記錄類型。

（2）標識符號節點在發現 a 是一個標識符號之後記錄它的名稱，這時並不能確定它是變數還是函數。

（3）設定運算元節點在發現「=」之後確定 a 是一個變數且之後跟著初始設定式，這時它的 action() 函數可以在抽象語法樹上增加一個新的運算式，然後發起對後續子運算式的解析直到遇到逗點或分號。變數宣告的各節點之間的連接如圖 3-5 所示。

箭頭由父節點指向子節點，表示單字的輸入順序和有限自動機的狀態轉移順序。實線箭頭表示正常流程，虛線箭頭表示遞迴分析，例如多級指標 int***p 就是星號的自遞迴。如果在編輯語法規則時假設 star 表示星號節點，則多級指標的編輯程式如下：

第 3 章　語法分析

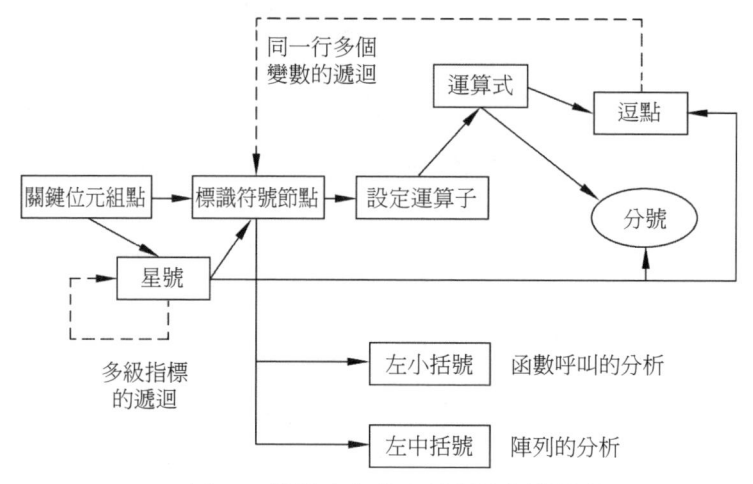

▲ 圖 3-5　變數宣告的各節點之間的連接

```
// 第 3 章 /dfa_pointer.c
#include "scf_dfa.h"
// 把星號設置為它自己的子節點，當然同時它也是自己的父節點
scf_dfa_node_add_child(star, star);
```

　　如果某程式語言不允許使用高於 2 級的指標，則在 star 節點所在的模組上下文裡記錄星號的個數 n_pointers 並在 action() 函數中對 n_pointers> 2 的情況顯示出錯。

3.3.3　程式語言的語法圖

　　語法圖中最關鍵的兩個模組是運算式和順序區塊，它們是複雜敘述的基礎。運算式分析的終止條件是逗點或分號，順序區塊分析的終止條件是它的最後一行敘述的結束。單行敘述組成的順序區塊末尾的分號就是順序區塊的結束，程式如下：

```
// 第 3 章 /single_block.c
#include <stdio.h>
if (i<10)
    i++; // 這個分號就是 if 的主體順序區塊的結束
```

3.3 語法的靈活編輯和有限自動機框架

即使上述程式的 if 主體部分只有 i++ 一行運算式,它也是一個順序區塊。這行運算式的結束就表示 if 主體順序區塊的結束,也是整個 if 敘述區塊的結束。

如果是由多行敘述組成的順序區塊,則需要在每行敘述結束後檢查左右大括號是否匹配。如果匹配,則說明當前順序區塊的分析結束,如果不匹配,則說明還有後續敘述。如果右大括號的個數超過了左大括號,則是語法錯誤。一般程式語言的語法結構如圖 3-6 所示。

（1）程式設計語言的語法分析從順序區塊開始,因為全域作用域和檔案作用域也是一個順序塊所以它們只是比類別作用域、結構作用域、函數內的局部作用域更大。

（2）順序區塊內可以有各種敘述,包括運算式、if-else 敘述、for 敘述、while 敘述、類型定義變數宣告等。

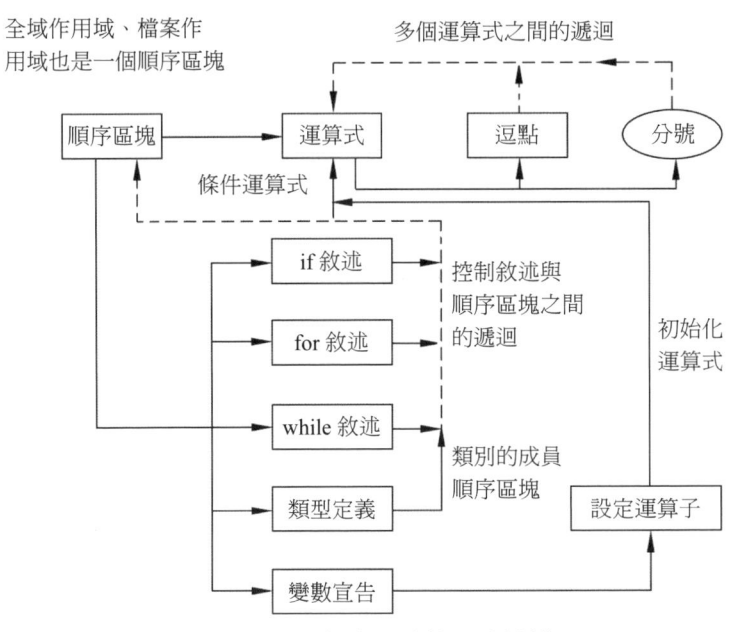

▲ 圖 3-6 程式語言的語法結構

第 3 章 語法分析

（3）if-else、while、for 等複雜敘述的條件運算式由運算式模組處理，只是把分析結果增加到它們的抽象語法樹上。

（4）if-else、while、for 等的主體部分由順序區塊模組處理。

注意：多層 for 迴圈的內層迴圈被巢狀結構在外層迴圈的主體順序區塊裡而非被直接巢狀結構在外層迴圈裡，這樣可以降低複雜敘述之間的耦合度。

SCF 編譯器框架的順序區塊裡包含它支援的所有敘述類型，如圖 3-7 所示。

```
scf_dfa_node_add_child(entry, lb);          // 順序區塊開始的左大括號
scf_dfa_node_add_child(entry, rb);          // 順序區塊結束的右大括號, 可以為空塊 {}

scf_dfa_node_add_child(entry, va_start);
scf_dfa_node_add_child(entry, va_end);
scf_dfa_node_add_child(entry, expr);        // 運算式
scf_dfa_node_add_child(entry, type);        // 類型定義和變數宣告都是以類型開頭的

scf_dfa_node_add_child(entry, _if);         //if 敘述
scf_dfa_node_add_child(entry, _while);      //while 迴圈
scf_dfa_node_add_child(entry, _do);         //do-while 迴圈
scf_dfa_node_add_child(entry, _for);        //for 迴圈

scf_dfa_node_add_child(entry, _break);
scf_dfa_node_add_child(entry, _continue);
scf_dfa_node_add_child(entry, _return);
scf_dfa_node_add_child(entry, _goto);
scf_dfa_node_add_child(entry, label);       // 標籤
```

▲ 圖 3-7 SCF 編譯器框架的順序區塊語法

在圖 3-7 的基礎上 while 迴圈的語法就變得非常簡單了，它只需按照原始程式碼的順序把 while 關鍵字＋左小括號＋條件運算式＋右小括號＋主體順序區塊連接起來，如圖 3-8 所示。

3.3.4 SCF 框架怎麼實現「遞迴」

不管語法分析框架怎麼修改，它本質上還是對原始程式碼的遞迴分析。如果直接使用函數的遞迴呼叫鏈分析原始程式碼，則內層迴圈的分析截止（被調函數 Callee）之後自然就返回了外層迴圈（主呼叫函數 Caller），從而繼續之後的分析，但把語法分析寫成框架之後，內層迴圈的分析結束後只能返回框架程式，因為框架內的語法分析函數都是回呼函數（Callback）而非被調函數。

```
SCF_DFA_GET_MODULE_NODE(dfa, expr,  entry,      expr);  // 運算式模組的入口
SCF_DFA_GET_MODULE_NODE(dfa, block, entry,      block); // 順序區塊模組的入口

//while 迴圈的開始
scf_vector_add(dfa->syntaxes,  _while);

// 條件運算式
scf_dfa_node_add_child(_while, lp);
scf_dfa_node_add_child(lp,     expr);
scf_dfa_node_add_child(expr,   rp);

// 主體順序區塊
scf_dfa_node_add_child(rp,     block);
```

▲ 圖 3-8 SCF 框架的 while 語法

注意：被調函數是被直接呼叫的，回呼函數是被間接呼叫的。

為了在內層迴圈結束後成功地回到外層迴圈，可以給框架增加一個「鉤子機制」（Hook）。外層程式在進入內層迴圈之前先掛載一個截獲內層結束的 Hook，在內層結束後框架會觸發這個 Hook，從而回到外層迴圈的下一個語法節點。

SCF 框架的 while 模組在進入迴圈本體之前會增加一個截獲迴圈本體結束的 Hook 如果迴圈本體中包含內層迴圈，則會被截獲，如圖 3-9 所示。

第 3 章　語法分析

```
static int _while_action_rp(scf_dfa_t* dfa, scf_vector_t* words, void* data)
{
    scf_parse_t*        parse = dfa->priv;
    dfa_parse_data_t*   d     = data;
    scf_lex_word_t*     w     = words->data[words->size - 1];
    scf_stack_t*        s     = d->module_datas[dfa_module_while.index];
    dfa_while_data_t*   wd    = scf_stack_top(s);

    if (!d->expr) {
        scf_loge("\n");
        return SCF_DFA_ERROR;
    }

    wd->nb_rps++;

    if (wd->nb_rps == wd->nb_lps) {

        assert(0 == wd->_while->nb_nodes);

        scf_node_add_child(wd->_while, d->expr);
        d->expr = NULL;

        d->expr_local_flag = 0;

        // 擷取迴圈本體的結束，如果迴圈本體是內層迴圈，則會被擷取
        wd->hook_end = SCF_DFA_PUSH_HOOK(scf_dfa_find_node(dfa, "while_end"), SCF_DFA_HOOK_END);

        return SCF_DFA_SWITCH_TO; // 通知框架切換到 Hook 指向的節點
    }
    SCF_DFA_PUSH_HOOK(scf_dfa_find_node(dfa, "while_rp"),      SCF_DFA_HOOK_POST);
    SCF_DFA_PUSH_HOOK(scf_dfa_find_node(dfa, "while_lp_stat"), SCF_DFA_HOOK_POST);

    return SCF_DFA_NEXT_WORD;
}
```

▲ 圖 3-9　SCF 框架 while 迴圈的 action() 函數

增加了 Hook 機制之後就能用語法節點的回呼函數來代替被調函數實現「遞迴」。

3.5.5　語法分析框架的模組上下文

一個語法分析框架一般具有一個總上下文，另外各模組也有自己的模組上下文。總上下文用於儲存在多個模組之間傳遞的資料，各模組的上下文用於儲存只在該模組內部使用的資料。SCF 編譯器的總上下文是 scf_parse_t，它是整個框架的總結構，後續的三位址碼生成、機器碼生成都以它作為基礎資料結構。dfa_parse_data_t 是語法分析的上下文，其中 void**module_datas 成員變數是各模組的上下文。模組上下文的排列位置由模組的索引號決定，程式如下：

3-24

3.3 語法的靈活編輯和有限自動機框架

```c
// 第 3 章 /scf_parse.h
typedef struct scf_parse_s       scf_parse_t;
typedef struct dfa_parse_data_s  dfa_parse_data_t;

struct scf_parse_s
{
    scf_lex_t*          lex;            // 詞法分析器
    scf_ast_t*          ast;            // 抽象語法樹
    scf_dfa_t*          dfa;            // 有限自動機框架
    dfa_parse_data_t*   dfa_data;       // 語法分析的總上下文
    scf_vector_t*       symtab;         // 符號表
    scf_vector_t*       global_consts;  // 全域常數表
    scf_dwarf_debug_t*  debug;          // 偵錯資訊
};
struct dfa_parse_data_s {                // 語法分析的總上下文
    void**              module_datas;    // 各模組的上下文
// 後續其他項省略
};
```

在 for 迴圈的語法分析模組中獲取模組上下文的程式如下：

```c
// 第 3 章 /scf_dfa_for.c
static int _dfa_fini_module_for(scf_dfa_t* dfa)
{
    scf_parse_t*        parse =dfa->priv;           // 全域總上下文
    dfa_parse_data_t*   d =parse->dfa_data;         // 語法分析的總上下文
    scf_stack_t*        s =d->module_datas[dfa_module_for.index];
                                                    // 透過模組的索引號獲取模組上下文
    if (s) {
        scf_stack_free(s);
        d->module_datas[dfa_module_for.index] =NULL;
    }
    return SCF_DFA_OK;
}
```

第 3 章　語法分析

（1）因為 for 迴圈可以巢狀結構，所以它的模組上下文必須是一個堆疊，這樣才能分層儲存循環資訊。

（2）對於多層巢狀結構的 for 迴圈，越是內層的越接近堆疊頂，越是外層的越接近堆疊底。內層分析完之後移出堆疊就可以繼續外層的分析了。

（3）如果敘述類型可以巢狀結構，則模組上下文必須是一個堆疊，例如 if-else、while、for 等。

（4）如果不需要巢狀結構，則模組上下文是一個普通的結構。

有了語法節點、Hook 機制、模組上下文之後，有限自動機框架就可以靈活地編輯語法了。如果要增加新的敘述類型，則只需增加新模組，不用修改其他程式。

3.3.6　for 迴圈的語法分析模組

接下來以 for 迴圈為例子說明怎麼在框架的基礎上撰寫語法分析程式。首先為 for 循環撰寫一個模組結構，程式如下：

```
// 第 3 章 /scf_dfa_for.c
#include"scf_dfa.h"
#include"scf_dfa_util.h"
#include"scf_parse.h"
#include"scf_stack.h"
scf_dfa_module_t dfa_module_for =                    // 模組結構
{
    .name           ="for", // 名稱
    .init_module    =_dfa_init_module_for,           // 模組初始化函數
    .init_syntax    =_dfa_init_syntax_for,           // 語法初始化函數
    .fini_module    =_dfa_fini_module_for,           // 模組釋放函數
};
```

3.3 語法的靈活編輯和有限自動機框架

每個模組都有一個模組初始化函數 init_module() 和一個語法初始化函數 init_syntax()，一個釋放函數 fini_module()。在 init_module() 函數中定義所需的語法節點，程式如下：

```c
// 第 3 章 /scf_dfa_for.c
#include "scf_dfa.h"
#include "scf_dfa_util.h"
#include "scf_parse.h"
#include "scf_stack.h"
int _dfa_init_module_for(scf_dfa_t* dfa){
    scf_parse_t*         parse =dfa->priv;
    dfa_parse_data_t*    d =parse->dfa_data;
    scf_stack_t*         s =d->module_datas[dfa_module_for.index];

    SCF_DFA_MODULE_NODE(dfa, for, semicolon,      // 定義 for 迴圈中的分號節點
                        scf_dfa_is_semicolon, _for_action_semicolon);
    SCF_DFA_MODULE_NODE(dfa, for, comma,          // 逗點節點
                        scf_dfa_is_comma, _for_action_comma);
    SCF_DFA_MODULE_NODE(dfa, for, end,            // 定義迴圈結束節點
                        _for_is_end, _for_action_end);
    SCF_DFA_MODULE_NODE(dfa, for, lp,             // 定義迴圈中的左小括號
                        scf_dfa_is_lp, _for_action_lp);
    SCF_DFA_MODULE_NODE(dfa, for, lp_stat,        // 定義統計左小括號個數的節點
                        scf_dfa_is_lp, _for_action_lp_stat);
    SCF_DFA_MODULE_NODE(dfa, for, rp,             // 定義迴圈中的右小括號節點
                        scf_dfa_is_rp, _for_action_rp);
    SCF_DFA_MODULE_NODE(dfa, for, _for,           // 定義 for 關鍵位元組點
                        _for_is_for, _for_action_for);
    s =scf_stack_alloc();                         // 申請作為模組上下文的堆疊
    if (!s)
        return SCF_DFA_ERROR;
    d->module_datas[dfa_module_for.index] =s;     // 設置到模組上下文中
    return SCF_DFA_OK;
}
```

第 3 章　語法分析

　　然後在語法初始化函數 init_syntax() 中編輯語法規則，程式如下：

```
// 第 3 章 /scf_dfa_for.c
int _dfa_init_syntax_for(scf_dfa_t* dfa){

    SCF_DFA_GET_MODULE_NODE(dfa, for, semicolon, semicolon);    // 獲取迴圈的分號節點
    SCF_DFA_GET_MODULE_NODE(dfa, for, comma,     comma);        // 逗點節點
    SCF_DFA_GET_MODULE_NODE(dfa, for, lp,        lp);           // 左小括號
    SCF_DFA_GET_MODULE_NODE(dfa, for, lp_stat,   lp_stat);      // 統計左小括號的個數
    SCF_DFA_GET_MODULE_NODE(dfa, for, rp,        rp);           // 右小括號
    SCF_DFA_GET_MODULE_NODE(dfa, for, _for,      _for);         //for 關鍵字
    SCF_DFA_GET_MODULE_NODE(dfa, for, end,       end);          // 迴圈結束

    SCF_DFA_GET_MODULE_NODE(dfa, expr, entry, expr);            // 引用運算式節點
    SCF_DFA_GET_MODULE_NODE(dfa, block, entry, block);          // 引用順序區塊節點

    scf_vector_add(dfa->syntaxes, _for);                        // 將 for 關鍵字增加到語法規則陣列

    // 無運算式時的語法規則 , 例如 for(;;)
    scf_dfa_node_add_child(_for,      lp);
    scf_dfa_node_add_child(lp,        semicolon);
    scf_dfa_node_add_child(semicolon, semicolon);
    scf_dfa_node_add_child(semicolon, rp);

    // 含運算式時的語法規則 , 例如 for(i =0; i<10; i++)
    scf_dfa_node_add_child(lp,        expr);
    scf_dfa_node_add_child(expr,      semicolon);              // 運算式與分號之間的遞迴
    scf_dfa_node_add_child(semicolon, expr);
    scf_dfa_node_add_child(expr,      rp);                     // 右小括號為運算式組的截止條件
    scf_dfa_node_add_child(rp,        block);                  // 迴圈本體的順序區塊
    return 0;
}
```

3.3 語法的靈活編輯和有限自動機框架

for 迴圈中的初始設定式、條件運算式、更新運算式之間以分號分隔，因為運算式和分號在原始程式碼中的互相連接組成了語法分析時的遞迴，所以上述程式中的運算式節點 expr 和分號節點 semicolon 互為子節點。當框架程式沿著子節點陣列處理單字序列時可以實現表達式和分號之間的自動切換。

最後撰寫各節點的回呼函數。在這之前先聲明一個結構記錄每層 for 迴圈的資訊，程式如下：

```
// 第 3 章 /scf_dfa_for.c
typedef struct {    // 記錄 for 迴圈的結構
    int               nb_lps;           // 左小括號的個數
    int               nb_rps;           // 右小括號的個數
    scf_block_t*      parent_block;     // 父節點所在的順序區塊
    scf_node_t*       parent_node;      // 父節點
    scf_node_t*       _for;             //for 迴圈節點
    int               nb_semicolons;    // 分號個數
    scf_vector_t*     init_exprs;       // 初始設定式組
    scf_expr_t*       cond_expr;        // 條件運算式
    scf_vector_t*     update_exprs;     // 更新運算式組
    scf_dfa_hook_t*   hook_end;         // 截獲迴圈結束的鉤子函數
} dfa_for_data_t;
```

因為 for 迴圈可以巢狀結構，所以在開始分析時每層 for 迴圈的資訊要依次存入模組上下文的堆疊中，在分析結束後再依次移出堆疊。壓堆疊順序與移出堆疊順序相反，即後進先出。接下來先看 for 關鍵字的回呼函數，程式如下：

```
// 第 3 章 /scf_dfa_for.c
int _for_action_for(scf_dfa_t* dfa, scf_vector_t* words, void* data){
scf_parse_t*       parse =dfa->priv;
dfa_parse_data_t*  d =data;                                       // 語法分析的總上下文
scf_lex_word_t*    w =words->data[words->size-1];                 // 當前單字
    scf_stack_t*   s =d->module_datas[dfa_module_for.index];      // 模組上下文
    scf_node_t*    _for =scf_node_alloc(w, SCF_OP_FOR, NULL);     // 申請抽象語法樹節點
    if (!_for)
```

第 3 章　語法分析

```
        return SCF_DFA_ERROR;
    dfa_for_data_t* fd =calloc(1, sizeof(dfa_for_data_t)); // 迴圈資訊
    if (!fd)
        return SCF_DFA_ERROR;
    if (d->current_node) // 若抽象語法樹的當前節點不為空,則將 for 迴圈增加到當前節點
        scf_node_add_child(d->current_node, _for);
    else                 // 否則將 for 迴圈增加到抽象語法樹的當前順序區塊
        scf_node_add_child((scf_node_t*)parse->ast->current_block, _for);
    // 記錄迴圈資訊
    fd->parent_block =parse->ast->current_block;
    fd->parent_node  =d->current_node;
    fd->_for         =_for;
    d->current_node  =_for;
    scf_stack_push(s, fd);                    // 存入堆疊
    return SCF_DFA_NEXT_WORD;                 // 傳回值為讀取下一個單字
}
```

在回呼函數的末尾傳回 SCF_DFA_NEXT_WORD,以便通知框架繼續讀取下一個單詞。在原始程式碼正確的情況下接下來讀到的單字是左小括號,它的回呼函數的程式如下:

```
// 第 3 章 /scf_dfa_for.c
int _for_action_lp(scf_dfa_t* dfa, scf_vector_t* words, void* data){
    scf_parse_t*        parse =dfa->priv;
    dfa_parse_data_t*   d =data;
    scf_lex_word_t*     w =words->data[words->size-1];    // 當前單字
    scf_stack_t*        s =d->module_datas[dfa_module_for.index]; // 模組上下文
    dfa_for_data_t*     fd =scf_stack_top(s);             // 當前迴圈的資訊在堆疊
    assert(!d->expr);                                     // 運算式必須為空
    d->expr_local_flag =1; // 設置局部運算式標識,說明之後的運算式隸屬於 for 迴圈

    // 按照符號在原始程式碼中的反序增加鉤子函數,依次為右小括號、分號、逗點、左小括號
    // 真正的分析由運算式模組處理
    SCF_DFA_PUSH_HOOK(scf_dfa_find_node(dfa, "for_rp"), SCF_DFA_HOOK_POST);
```

```
    SCF_DFA_PUSH_HOOK(scf_dfa_find_node(dfa, "for_semicolon"),
                      SCF_DFA_HOOK_POST);
    SCF_DFA_PUSH_HOOK(scf_dfa_find_node(dfa, "for_comma"),
                      SCF_DFA_HOOK_POST);
    SCF_DFA_PUSH_HOOK(scf_dfa_find_node(dfa, "for_lp_stat"),
                      SCF_DFA_HOOK_POST);
    return SCF_DFA_NEXT_WORD;                          // 繼續讀取下一個單字
}
```

左小括號之後的分析由運算式模組完成,它的回呼函數只需增加鉤子函數(Hook)去截獲運算式分析的結果。運算式分析以 for 迴圈的右小括號為截止條件,因為三類運算式的分隔以分號為標識,同類運算式之間的分隔以逗點為標識,所以鉤子函數的增加順序為右小括號、分號、逗點。子運算式中的小括號要統計個數,其中左小括號在 for_lp_stat 節點的回呼函數中統計,程式如下:

```
// 第 3 章 /scf_dfa_for.c
int _for_action_lp_stat(scf_dfa_t* dfa, scf_vector_t* words, void* data){
dfa_parse_data_t*      d =data;
scf_stack_t*           s =d->module_datas[dfa_module_for.index]; // 模組上下文
dfa_for_data_t*        fd =scf_stack_top(s);       // 當前迴圈的資訊在堆疊
    SCF_DFA_PUSH_HOOK(scf_dfa_find_node(dfa, "for_lp_stat"),
                      SCF_DFA_HOOK_POST);           // 再次增加鉤子函數
    fd->nb_lps++;                                    // 統計個數
return SCF_DFA_NEXT_WORD;
}
```

子運算式中的右小括號在 for_rp 節點的回呼函數中統計,程式如下:

```
// 第 3 章 /scf_dfa_for.c
  int_for_action_rp(scf_dfa_t*dfa,scf_vector_t*words,void*data){
scf_parse_t*parse = dfa-> priv;
dfa_parse_data_t*      d = data;
scf_lex_word_t*        w = words-> data[words-> size-1];
scf_stack_t*           s = d-> module_datas[dfa_module_for.index];
```

```c
dfa_for_data_t*         fd = scf_stack_top(s);        // 當前迴圈的資訊
    fd-> nb_rps++;                                    // 統計右小括號的個數
    if(fd-> nb_rps< fd-> nb_lps){// 如果右小括號的個數小於左小括號的個數,則繼續分析
        SCF_DFA_PUSH_HOOK(scf_dfa_find_node(dfa,"for_rp"),
                        SCF_DFA_HOOK_POST);
        SCF_DFA_PUSH_HOOK(scf_dfa_find_node(dfa,"for_semicolon"),
                        SCF_DFA_HOOK_POST);
        SCF_DFA_PUSH_HOOK(scf_dfa_find_node(dfa,"for_comma"),
                        SCF_DFA_HOOK_POST);
        SCF_DFA_PUSH_HOOK(scf_dfa_find_node(dfa,"for_lp_stat"),
                        SCF_DFA_HOOK_POST);
        return SCF_DFA_NEXT_WORD;                     // 讀取下一個單字
    }
    if(2 == fd-> nb_semicolons){                      // 根據分號的個數來判斷運算式的類型
        if(!fd-> update_exprs)
            fd-> update_exprs = scf_vector_alloc();
        scf_vector_add(fd-> update_exprs,d-> expr);
        d-> expr = NULL;
    }else{
        scf_loge("too many';'in for\n");              // 當分號多於兩個時是語法錯誤
        return SCF_DFA_ERROR;
    }
    _for_add_exprs(fd);                               // 增加迴圈的運算式序列
    d-> expr_local_flag = 0;

    // 在開始迴圈本體分析之前,增加截獲結束的鉤子函數
    fd-> hook_end = SCF_DFA_PUSH_HOOK(scf_dfa_find_node(dfa,"for_end"),
                            SCF_DFA_HOOK_END);
    return SCF_DFA_SWITCH_TO;                         // 切換到迴圈本體的分析
}
```

每個鉤子函數被觸發之後,因為框架會清除掉它和它之前的所有鉤子,所以要再次增加才能截獲下一個同類單字。for迴圈中的運算式類型根據分號的個數來判斷。當右小括號與左小括號匹配時截獲的運算式為更新運算式。因為

右小括號之後為迴圈本體,所以這裡使用了傳回值 SCF_DFA_SWITCH_TO,以便通知框架從運算式模組切換到順序區塊模組繼續後續的分析。

初始設定式和條件運算式以分號結束,它們的獲取在分號的回呼函數中,程式如下:

```
// 第 3 章 /scf_dfa_for.c
int _for_action_semicolon(scf_dfa_t* dfa, scf_vector_t* words, void* data){
scf_parse_t* parse =dfa->priv;
dfa_parse_data_t*    d =data;
scf_lex_word_t*      w =words->data[words->size -1];
scf_stack_t*         s =d->module_datas[dfa_module_for.index];
dfa_for_data_t*      fd =scf_stack_top(s);      // 當前迴圈的資訊
    if (0 ==fd->nb_semicolons) {                 // 當分號的個數為 0 時是初始設定式
        if (d->expr) {
            if (!fd->init_exprs)
                fd->init_exprs =scf_vector_alloc();
            scf_vector_add(fd->init_exprs, d->expr);
            d->expr =NULL;
        }
    } else if (1 ==fd->nb_semicolons) {          // 當分號的個數為 1 時是條件運算式
        if (d->expr) {
            fd->cond_expr =d->expr;
            d->expr =NULL;
        }
    } else { // 其他情況為語法錯誤
        scf_loge("too many ';' in for\n");
        return SCF_DFA_ERROR;
    }
    fd->nb_semicolons++;                          // 增加分號的計數
    SCF_DFA_PUSH_HOOK(scf_dfa_find_node(dfa, "for_semicolon"),
                    SCF_DFA_HOOK_POST);           // 增加鉤子函數
    SCF_DFA_PUSH_HOOK(scf_dfa_find_node(dfa, "for_comma"),
                    SCF_DFA_HOOK_POST);
```

第 3 章　語法分析

```
    SCF_DFA_PUSH_HOOK(scf_dfa_find_node(dfa, "for_lp_stat"),
                      SCF_DFA_HOOK_POST);
    return SCF_DFA_SWITCH_TO;
}
```

運算式序列結束後為迴圈本體的分析，它由順序區塊模組完成，在 for 模組中只需截獲分析結果，程式如下：

```
// 第 3 章 /scf_dfa_for.c
int _for_action_end(scf_dfa_t* dfa, scf_vector_t* words, void* data){
    scf_parse_t*        parse   =dfa->priv;
    dfa_parse_data_t*   d       =data;
    scf_stack_t*        s       =d->module_datas[dfa_module_for.index];
    dfa_for_data_t*     fd      =scf_stack_pop(s);           // 當前迴圈資訊移出
    if (3 ==fd->_for->nb_nodes) //for 迴圈的抽象語法樹為 4 個節點，若不足，則補零
        scf_node_add_child(fd->_for, NULL);
    assert(parse->ast->current_block ==fd->parent_block);
    d->current_node =fd->parent_node;                        // 恢復迴圈的父節點
    scf_logi("\033[31m for: %d, fd: %p, hook_end: %p, s->size: %d\033[0m\n",
        fd->_for->w->line, fd, fd->hook_end, s->size); // 列印迴圈資訊
    free(fd);                                                // 釋放迴圈資訊
    fd =NULL;
    return SCF_DFA_OK;                                       // 傳回成功
}
```

迴圈本體的分析結果透過鉤子函數截獲，該鉤子（Hook）在右小括號的回呼函數 _for_rp_action() 中增加。當迴圈本體的分析結束後會觸發 _for_action_end() 函數完成當前迴圈的分析。當前迴圈的分析結束時要把迴圈資訊移出堆疊。若當前迴圈為內層迴圈，則最近的外層迴圈資訊會成為新的堆疊頂，從而實現迴圈的巢狀結構分析。若當前迴圈含有內層迴圈，則在迴圈本體的分析中會透過順序區塊模組再次啟動 for 模組形成遞迴分析，見圖 3-7 的順序區塊語法。

3.3.7 小括號的多種含義

小括號在語法分析時的含義包括子運算式、函數呼叫、函數宣告、類型轉換（Type Cast）、sizeof 關鍵字等。每一對小括號都要根據它在原始程式碼中的位置來確定。

（1）函數呼叫和函數宣告的區分在於傳回數值型態，傳回數值型態 + 函數名稱 + 小括號就是函數宣告，沒有傳回數值型態做前綴的函數名稱 + 小括號則是函數呼叫。

（2）類型轉換在左小括號之後一定是類型標識符號（可能含有星號，表示指標），類型之後一定是右小括號，該右小括號要單獨定義一個語法節點以與子運算式的右小括號區分開。

（3）sizeof 的小括號也可以單獨定義一個語法節點，與其他情況區分開。

注意：弱類型語言因為不需要明確宣告函數的傳回值，所以一般給函數宣告提供一個特別的關鍵字，例如 Python 的 def 關鍵字。

3.4 語法分析的數學解釋

語法是單字在敘述中的排列規則。N 個單字的排列組合共有 $N!$ 種，但在程式語言中該敘述的語義只有 1 種。也就是說，語法分析把語義的不確定度從 $1/N!$ 提升為 100%。除了物件導向語言的函數多載、運算元多載的處理要到語義分析階段，C 語言的語義在語法分析之後就已經確定了。

1. 語法風格的爭議

正因為 N 個單字的排列組合是 $N!$，而語義只有一種，存在很大的可選擇範圍，所以不同語言的語法風格經常發生爭議，例如 C 程式設計師喜歡 int a=1 而 Go 程式設計師喜歡 a int=1。

第 3 章　語法分析

2. 語法要素的劃分

因為原始程式碼可以寫出的單字數量是無限的，但編譯器顯然不可能處理無限的單字，所以只能把單字分為有限的幾類，例如標識符號、關鍵字、運算元、常數數字、常數字串等。這個劃分可以看作一個廣義的模運算，透過它把無限的單字限制在有限的幾類中，然後從各類之間的排列組合中選擇語法規則。

3. 關鍵字的使用可以大大降低語法分析的難度

語法分析的困難在於歧義，而歧義產生的原因在於不同語義的一組單字具有相同的前綴，相同的前綴越多，語法分析越難。當兩個敘述的單字類型完全相同而不僅是前綴相同時編譯器就無法區分了，而只能給不同的語法規則制定優先順序。

在懸掛 else 問題中，外層的 if 和內層的 if 都由 3 個語法要素組成，即 if 關鍵字 + 主體塊 +else 關鍵字，那麼 else 該隸屬於哪個 if? 程式如下：

```
// 第 3 章 /near_else.c
#include <stdio.h>
if (i<10)
    if (i<20)           // 第 2 個 if 也是第 1 個 if 的主體區塊
        i++;
    else                // 大多數編譯器規定 else 隸屬於最近的 if
        i--;
```

在敘述 A*a 中，到底是常數 A 乘以變數 a，還是類別類型 A 的指標宣告？因為在語法分析時 A 和 a 都只是標識符號而非類型或變數，所以編譯器也不得不為這種情況制定優先順序。

（1）如果規定類型優先，則先檢查是否存在類別類型 A。

（2）如果規定變數優先，則先檢查是否存在變數或常數 A。

3.4 語法分析的數學解釋

（3）因為不帶賦值運算的敘述 A*a 並沒有意義，所以編譯器應該規定類型優先。

C 語言要求在宣告結構指標時帶上 struct 關鍵字，這樣就可以避免這種情況，程式如下：

```
// 第 3 章 /c_struct.c
#include <stdio.h>
struct A;           // 結構 A 的宣告
struct A * a;       // 宣告 A 的指標
A * a;              // 語法錯誤
```

因為關鍵字只有一個確定的語義，所以以關鍵字開頭可以讓語義儘早明確，從而大大降低語法分析的難度。

前綴相同而導致的歧義，本質上是編碼的資訊太多而敘述的長度不夠。加了 struct 關鍵字之後相當於編碼長度從 3 提高到了 4，自然敘述 A*a 就只能表示乘法了。

一個編碼位元可以表示多少資訊是由字母表的大小確定的。二進位的位元只能表示兩種可能，英文中的 1 個字母只有 26 種可能，語法分析時的標識符號只能表示變數、類型、函數、標號四者之一。

注意：如果讀者寫語法分析時遇到了困難就給你的程式語言增加關鍵字，而且關鍵字要作為敘述的第 1 個單字。

第3章 語法分析

MEMO

4

語義分析

　　語義分析是編譯器前端的最後一步，所有在語法分析時不好處理的內容都會放在這個階段，例如類型檢查、運算元多載、new 關鍵字的實現、多值函數的處理、常數運算式的化簡等。如果編譯器框架支援遞迴，則對函數呼叫鏈的初步分析也在這裡進行。

　　語義分析的主要演算法是抽象語法樹的遞迴遍歷，遍歷的次序是先子節點，後父節點，越靠近葉子的節點的優先順序越高。子節點之間的遍歷順序依據運算元的結合性，左結合則從左到右，右結合則從右到左。按照語法規則對所有節點進行分類，為每類別提供一個回呼函數（Callback）即可實現語義分析。

第 4 章 語義分析

4.1 類型檢查

類型檢查是強類型語言的基礎,也是程式語言提供類型關鍵字的目的,更是大型程式的品質保證。類型檢查是減少程式 Bug 的關鍵,被編譯器從原始檔案裡查出來的是語法錯誤,被偵錯器從可執行程式裡查出來的才是 Bug。

類型檢查的演算法是為每個運算元提供一個回呼函數 (Callback),這個回呼函數可以檢查運算元的每個子運算式的類型是否匹配、邏輯運算元的子運算式的運算結果是否為整數、陣列的常數索引是否越界、設定運算元的左側(左值,Left Value)是否寫入等。

1. 設定運算元的檢查

在比較數字與變數時建議把數字寫在左側,因為數字不能作為賦值的目標。如果錯把比較運算元 (==) 寫成設定運算元 (=),則編譯器會有錯誤訊息。反之,如果把變數寫在左側,則沒有錯誤訊息,因為變數是合理的賦值目標,程式如下:

```
// 第 4 章 /assign_check.c
#include <stdio.h>
int main(int argc, char* argv[]){
if (2 ==argc)            // 如果誤寫成 2 = argc 則會顯示出錯建議這麼寫
    return 0;
if (argc ==2)            // 如果誤寫成 argc = 2,則不會顯示出錯
    return 0;
}
```

當把 2 == argc 誤寫成 2=argc 時,因為常數字面額不能是賦值的目標,所以編譯器會舉出錯誤訊息,這個檢查就是在語義分析時做的。

2. 自動類型升級

　　整數之間、整數與浮點數之間的自動類型升級也在類型檢查時處理。當發現類型不匹配時，能夠自動升級的類型會自動升級，而不能自動升級的則舉出錯誤訊息。類型檢查的主要步驟如圖 4-1 所示。

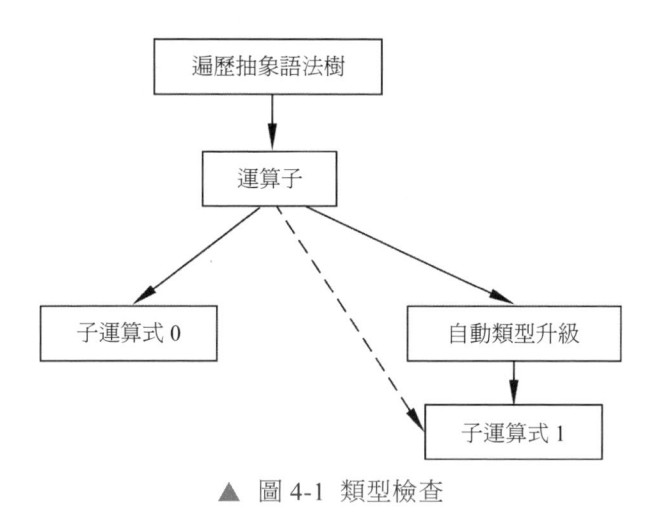

▲ 圖 4-1　類型檢查

（1）圖 4-1 中的虛線是類型檢查之前的抽象語法樹，該運算元有兩個子運算式。

（2）首先對這兩個子運算式做遞迴處理，計算出它們的運算結果類型。

（3）然後比較它們的類型是否匹配，例如加法要求兩邊是同一類型，如果左邊為 double 而右邊為 int，則要把右邊也升級為 double。這個升級在抽象語法樹上表現為增加一個類型轉換（TypeCast）節點，它對應的 C 程式如下：

```
// 第 4 章 /type_cast.c
#include <stdio.h>
    int main(){
```

第 4 章 語義分析

```
double d;
d =3.14 +12;
// 這裡會導致編譯器自動增加類型轉換，程式被改成 d =3.14 +(double)12;
}
```

因為 CPU 的浮點運算和整數運算採用的是兩組不同的指令，而且使用兩組不同的暫存器，所以看上去很簡單的 3.14+12 也包含著一個把整數 12 轉化成浮點數 12.0 的過程，該轉換由編譯器在語義分析時自動增加。

自動類型轉換的前提是可以保留轉換之前的資訊，例如 8 位元整數轉換到 32 位元整數、從整數轉換到浮點數（更高的精度）、從 float 轉換到 double 等。

C 語言允許同樣位元數的有號數到無號數的自動類型轉換，但筆者對這點持保留態度，Bug 程式如下：

```
// 第 4 章 /unsigned_for.c
#include <stdio.h>
int main(){
int a[4] ={1, 2, 3, 4};
unsigned int i;              // 問題程式，i 為不帶正負號的整數，而非有符號整數
for (i=3; i>=0; i--)         // 當 i 為 0 時 i-- 會導致 i 變成無符號數 0xffffff 而非 -1
    printf("%d\n", a[i]);    // 這會導致 for 迴圈無法退出
}
```

注意：當陣列反向遍歷時，不帶正負號的整數會導致單減運算元（--）把索引從 0 變成 0xffffffff，從而導致陣列越界。

4.2 語義分析框架

對抽象語法樹的所有節點進行分類並為每種類型撰寫一個回呼函數，所有回呼函陣列成一個陣列，這就是語義分析框架。

4.2.1 語義分析的回呼函數

為了避免回呼函數在陣列裡的排列與陣列的索引硬連結，這裡為回呼函數封裝了一層結構，程式如下：

```
// 第 4 章 /scf_operator_handler.h
#include "scf_ast.h"

typedef struct scf_operator_handler_s scf_operator_handler_t;
typedef int(*scf_operator_handler_pt)(scf_ast_t* ast, scf_node_t** nodes, int nb_nodes, void* data);

struct scf_operator_handler_s {
    scf_list_t              list;
    int                     type;
    scf_operator_handler_pt func;
};
```

（1）list 欄位用於把節點的回呼函數掛載成一個鏈結串列。

（2）type 欄位是對應的節點類型，當查詢回呼函數時就是檢測這個欄位。

（3）func 欄位是回呼函數的指標，在遍歷抽象語法樹時呼叫它進行語義分析，它的參數有 4 個：抽象語法樹 ast、子節點的陣列指標 nodes、子節點的個數 nb_nodes、語義分析的上下文 data。

if-else、while、for 等控制敘述也像普通運算元一樣實現一個回呼函數，除了回呼函數的細節不同外它們與一般運算元無區別。SCF 編譯器的語義分析陣列如圖 4-2 所示。

語義分析就是填寫陣列中的回呼函數，每個回呼函數完成一類節點的語義分析，例如 if 敘述的語義分析，程式如下：

第 4 章　語義分析

```c
// 第 4 章 /scf_operator_handler_semantic.c
#include "scf_ast.h"
#include "scf_operator_handler_semantic.h"
#include "scf_type_cast.h"

typedef struct {                            // 語義分析的上下文
    scf_variable_t** pret;                  // 運算子結果的變數指標
} scf_handler_data_t;

scf_operator_handler_t semantic_operator_handlers[] =
{
    {{NULL, NULL}, SCF_OP_EXPR,         _scf_op_semantic_expr},         // 運算式
    {{NULL, NULL}, SCF_OP_CALL,         _scf_op_semantic_call},         // 函數呼叫

    {{NULL, NULL}, SCF_OP_ARRAY_INDEX,  _scf_op_semantic_array_index},  // 用索引取陣列成員
    {{NULL, NULL}, SCF_OP_POINTER,      _scf_op_semantic_pointer},      // 用指標取結構成員
    {{NULL, NULL}, SCF_OP_CREATE,       _scf_op_semantic_create},       // 建立類別物件，相當於 C++ 的 new 運算子

    {{NULL, NULL}, SCF_OP_VA_START,     _scf_op_semantic_va_start},     // 可變參數
    {{NULL, NULL}, SCF_OP_VA_ARG,       _scf_op_semantic_va_arg},
    {{NULL, NULL}, SCF_OP_VA_END,       _scf_op_semantic_va_end},

    {{NULL, NULL}, SCF_OP_CONTAINER,    _scf_op_semantic_container},    // 用成員指標取結構的指標

    {{NULL, NULL}, SCF_OP_SIZEOF,       _scf_op_semantic_sizeof},
    {{NULL, NULL}, SCF_OP_TYPE_CAST,    _scf_op_semantic_type_cast},    // 類型轉換
    {{NULL, NULL}, SCF_OP_LOGIC_NOT,    _scf_op_semantic_logic_not},    // 邏輯非
    {{NULL, NULL}, SCF_OP_BIT_NOT,      _scf_op_semantic_bit_not},      // 按位反轉
    {{NULL, NULL}, SCF_OP_NEG,          _scf_op_semantic_neg},
    {{NULL, NULL}, SCF_OP_POSITIVE,     _scf_op_semantic_positive},

    {{NULL, NULL}, SCF_OP_INC,          _scf_op_semantic_inc},          // 前 ++
    {{NULL, NULL}, SCF_OP_DEC,          _scf_op_semantic_dec},

    {{NULL, NULL}, SCF_OP_INC_POST,     _scf_op_semantic_inc_post},     // 後 ++
    {{NULL, NULL}, SCF_OP_DEC_POST,     _scf_op_semantic_dec_post},

    {{NULL, NULL}, SCF_OP_DEREFERENCE,  _scf_op_semantic_dereference},  // 指標解引用
    {{NULL, NULL}, SCF_OP_ADDRESS_OF,   _scf_op_semantic_address_of},   // 取位址

    {{NULL, NULL}, SCF_OP_MUL,          _scf_op_semantic_mul},          // 乘法
    {{NULL, NULL}, SCF_OP_DIV,          _scf_op_semantic_div},          // 除法
    {{NULL, NULL}, SCF_OP_MOD,          _scf_op_semantic_mod},          // 模運算

    {{NULL, NULL}, SCF_OP_ADD,          _scf_op_semantic_add},          // 加法
    {{NULL, NULL}, SCF_OP_SUB,          _scf_op_semantic_sub},          // 減法
```

▲ 圖 4-2　SCF 編譯器的語義分析陣列

4.2 語義分析框架

```c
int _scf_op_semantic_node(scf_ast_t* ast, scf_node_t* node,
                    scf_handler_data_t* d){ // 單一節點的語義分析
scf_operator_t* op =node->op;                    // 節點的運算子
    if (!op) {                              // 若為空，則用節點類型查詢
        op =scf_find_base_operator_by_type(node->type);
        if (!op)
            return -1;
    }
    scf_operator_handler_t* h =scf_find_semantic_operator_handler(op->type);
    if (!h)                        // 獲取運算子的語義分析控制碼，若為空，則不支援
        return -1;

    scf_variable_t**pret =d->pret;          // 臨時儲存上下文中的結果變數
    d->pret =&node->result;                 // 設置為當前節點的結果變數
    int ret =h->func(ast, node->nodes, node->nb_nodes, d); // 語義分析
    d->pret =pret;                          // 恢復上下文的結果變數
    return ret;
}
int _scf_op_semantic_if(scf_ast_t* ast, scf_node_t** nodes, int nb_nodes,
void* data){                                //if 敘述的語義分析
scf_handler_data_t* d =data;                // 語義分析的上下文
scf_variable_t* r =NULL;
int i;
    if (nb_nodes<2)                         // 子節點個數不能少於兩個
        return -1;
    scf_expr_t* e =nodes[0];                //0 號節點為條件運算式
    assert(SCF_OP_EXPR ==e->type);
    if (_scf_expr_calculate(ast, e, &r)<0)  // 運算式的語義分析
        return -1;
    if (!r || !scf_variable_integer(r))     //if 的條件結果必須為整數
        return -1;
    scf_variable_free(r);
    r =NULL;
```

第 4 章 語義分析

```
    for (i =1; i<nb_nodes; i++) {              // 分析 if 主體區塊和 else 分支
        int ret =_scf_op_semantic_node(ast, nodes[i], d);
        if (ret<0)
            return -1;
    }
    return 0;
}
```

if 敘述在抽象語法樹上的子節點不能少於兩個，條件運算式和 if 分支必須存在，else 分支可能不存在。條件運算式的傳回值必須為整數類型，若條件運算式的結果不為整數，則類型檢查不通過。除了 if-else、while、for 敘述的條件運算式之外，邏輯運算元的兩個子運算式也要求結果為整數，例如邏輯與運算 (&&) 的語義分析，程式如下：

```
// 第 4 章 /scf_operator_handler_semantic.c
#include "scf_ast.h"
#include "scf_operator_handler_semantic.h"
#include "scf_type_cast.h"
    int _scf_op_semantic_binary_interger(scf_ast_t* ast, scf_node_t** nodes,
                int nb_nodes, void* data){    // 二元整數運算子的語義分析
scf_handler_data_t* d =data;
scf_variable_t* v0 =_scf_operand_get(nodes[0]);     // 第 1 個變數
scf_variable_t* v1 =_scf_operand_get(nodes[1]);     // 第 2 個變數
scf_node_t* parent =nodes[0]->parent;               // 運算子節點
scf_lex_word_t* w =parent->w;                       // 運算子的單字
scf_type_t* t;                                      // 結果類型
scf_variable_t* r;                                  // 結果變數
    if (scf_variable_is_struct_pointer(v0)          // 若為類別物件的指標
       || scf_variable_is_struct_pointer(v1) {      // 則考慮運算子多載
        int ret =_semantic_do_overloaded(ast, nodes, nb_nodes, d);
        if (0 ==ret)
            return 0;
        if (-404 !=ret) {
            scf_loge("semantic do overloaded error\n");
```

```c
                return -1;
            }
        }
        // 以下必須是廣義的整數類型，包括指標
        if (scf_variable_interger(v0) && scf_variable_interger(v1)) {
            int const_flag =v0->const_flag && v1->const_flag;
            if (!scf_variable_same_type(v0, v1)) {     // 如果類型不同，則自動升級
                int ret =_semantic_do_type_cast(ast, nodes, nb_nodes, data);
                if (ret<0)
                    return ret;
            }
            v0 =_scf_operand_get(nodes[0]);
            t =NULL;
            int ret =scf_ast_find_type_type(&t, ast, v0->type);// 結果類型
            if (ret<0)
                return ret;
            r =SCF_VAR_ALLOC_BY_TYPE(w, t, const_flag, v0-> nb_pointers, v0-> func_ptr);
            if (!r)
                return -ENOMEM;
            *d->pret =r;                                // 結果變數
            return 0;
        }
        return -1;
}
int _scf_op_semantic_logic_and(scf_ast_t* ast, scf_node_t**nodes,
            int nb_nodes, void* data){          // 邏輯與運算的語義分析

    return _scf_op_semantic_binary_interger(ast, nodes, nb_nodes, data);
}
int _scf_op_semantic_logic_or(scf_ast_t* ast, scf_node_t**nodes,
            int nb_nodes, void* data){          // 邏輯或運算的語義分析

    return _scf_op_semantic_binary_interger(ast, nodes, nb_nodes, data);
}
```

第 4 章　語義分析

語義分析中的大部分程式在處理類型檢查和自動升級，而且很多運算元的語義分析函數完全相同。分析邏輯與運算（&&）的函數同樣可以分析邏輯或運算（||），這裡讓它們都呼叫 _scf_op_semantic_binary_integer() 函數實現。

4.2.2　語義分析中的遞迴

抽象語法樹的遍歷要透過遞迴實現，在語義分析中它們被放在了運算式和順序區塊的回呼函數中。在語法分析時透過運算式和順序區塊實現了各類複雜敘述的解耦合，這裡也透過它們實現遞迴，程式如下：

```c
// 第 4 章 /scf_operator_handler_semantic.c
#include "scf_ast.h"
#include "scf_operator_handler_semantic.h"
#include "scf_type_cast.h"
int _scf_op_semantic_block(scf_ast_t* ast, scf_node_t**nodes, int nb_nodes,
                           void* data){                    // 順序區塊的語義分
    scf_handler_data_t* d =data;
    scf_block_t* prev_block =ast->current_block;
    int i =0;
    if (0 ==nb_nodes)
        return 0;
    ast->current_block =(scf_block_t*)(nodes[0]->parent); // 切換為當前順序區塊
    while (i<nb_nodes) { // 遍歷子節點
        scf_node_t* node =nodes[i];
        if (scf_type_is_var(node->type)) {                 // 變數不需要處理
            i++;
            continue;
        }
        scf_variable_t**pret;
        int ret;
        if (SCF_FUNCTION ==node->type) {                   // 函數的語義分析
            pret =d->pret;
            ret =_ _scf_op_semantic_call(ast, (scf_function_t*)node, data);
```

4.2 語義分析框架

```
            d->pret =pret;
        } else // 其他子節點的語義分析，若子節點也為順序區塊，則遞迴
            ret =_scf_op_semantic_node(ast, node, d);
        if (ret<0) {
            ast->current_block =prev_block;
            return -1;
        }
        i++;
    }
    ast->current_block =prev_block;
    return 0;
}
```

順序區塊的語義分析函數會遍歷子節點並呼叫它們的回呼函數，若子節點為順序區塊，則組成遞迴。運算式的語義分析與順序區塊類似，它會按照運算元的結合性遞迴遍歷各個子節點，程式如下：

```
// 第 4 章 /scf_operator_handler_semantic.c
#include "scf_ast.h"
#include "scf_operator_handler_semantic.h"
#include "scf_type_cast.h"
int _scf_expr_calculate_internal(scf_ast_t* ast, scf_node_t* node,
                                 void* data){              // 運算式的語義分析
scf_operator_handler_t* h;
scf_handler_data_t*  d  =data;
int i;
    if (!node)
        return 0;
    if (SCF_FUNCTION ==node->type)                         // 函數的處理
        return _ _scf_op_semantic_call(ast, (scf_function_t*)node, data);
    if (0 ==node->nb_nodes) {                              // 變數或標籤的處理
        if (scf_type_is_var(node->type))
            _semantic_check_var_size(ast, node);
        assert(scf_type_is_var(node->type) || SCF_LABEL ==node->type);
```

4-11

第 4 章　語義分析

```
            return 0;
    }
    assert(scf_type_is_operator(node→type));            // 以下為運算元的處理
    assert(node->nb_nodes >0);
    if (!node->op) {
        node->op =scf_find_base_operator_by_type(node->type);
        if (!node->op)
            return -1;
    }
    if (node->result) {                                  // 釋放結果變數
        scf_variable_free(node->result);
        node->result =NULL;
    }
    if (node->result_nodes) {                            // 若為多值，則釋放結果變數陣列
        scf_vector_clear(node->result_nodes, scf_node_free);
        scf_vector_free(node->result_nodes);
        node->result_nodes =NULL;
    }
    scf_variable_t**pret =d->pret;
    if (SCF_OP_ASSOCIATIVITY_LEFT ==node->op->associativity) {
        for (i =0; i<node->nb_nodes; i++) {  // 如果為左結合，則從左到右遍歷子節點
            d->pret =&(node→nodes[i]→result);
            // 遞迴呼叫運算式函數
            if (_scf_expr_calculate_internal(ast, node->nodes[i], d)<0)
                goto _error;
        }
        h =scf_find_semantic_operator_handler(node->op->type);
        if (!h)
            goto _error;
        d->pret =&node->result;
        if (h->func(ast, node->nodes, node->nb_nodes, d)<0)  // 當前運算元節點
            goto _error;
    } else {  // 如果為右結合，則從右到左遍歷子節點
        for (i =node->nb_nodes -1; i >=0; i--) {
```

4.2 語義分析框架

```
            d->pret =&(node->nodes[i]->result);
            if (_scf_expr_calculate_internal(ast, node->nodes[i], d)<0)
                goto _error;
        }
        h =scf_find_semantic_operator_handler(node->op->type);
        if (!h)
            goto _error;
        d->pret =&node->result;
        if (h->func(ast, node->nodes, node->nb_nodes, d)<0)        // 當前運算子節點
            goto _error;
    }
    d->pret =pret;
    return 0;
_error:
    d->pret =pret;
    return -1;
}
```

　　運算元的結合性在語義分析時表現為子節點之間的遍歷順序，例如設定運算元 (=) 從右到左遍歷就會先處理它右邊的子運算式，即與原始程式碼要求的計算順序相同。也可以說抽象語法樹上的子節點遍歷順序就是結合性的語義。

　　順序區塊和運算式的回呼函數實現了抽象語法樹的遞迴遍歷和運算元的結合性，再加上其他節點的回呼函數就組成了語義分析框架。為了避免把回呼函數寫得太複雜，語義分析可以分多步完成，每步對應一個回呼函數陣列。SCF 編譯器把類型檢查、運算元多載、new 關鍵字、多值函數的語義分析放在了第 1 步，而把常數運算式的化簡和函數呼叫鏈的分析放在了第 2 步。

4-13

4.3 運算元多載

運算元多載是物件導向語言的一種機制，透過 operator 關鍵字為運算元在類別裡定義一個成員函數，當運算元的運算元為該類別的指標或引用時，自動把運算元替換成對這個成員函數的呼叫。運算元多載可以簡化程式的書寫，提高程式的可讀性。

4.3.1 運算元多載的實現

因為運算元多載的前提是類型檢查，所以對它的支援也放在圖 4-2 的回呼函數裡。在抽象語法樹上分析過運算元的子運算式之後，如果子運算式的類型是類別類型且定義了多載函數，則把運算元節點修改為函數呼叫節點，如圖 4-3 所示。

圖 4-3 中的虛線是運算元多載之前的抽象語法樹，實線是多載之後的抽象語法樹。該運算元有兩個子運算式，多載之後運算元被轉化成了函數呼叫。

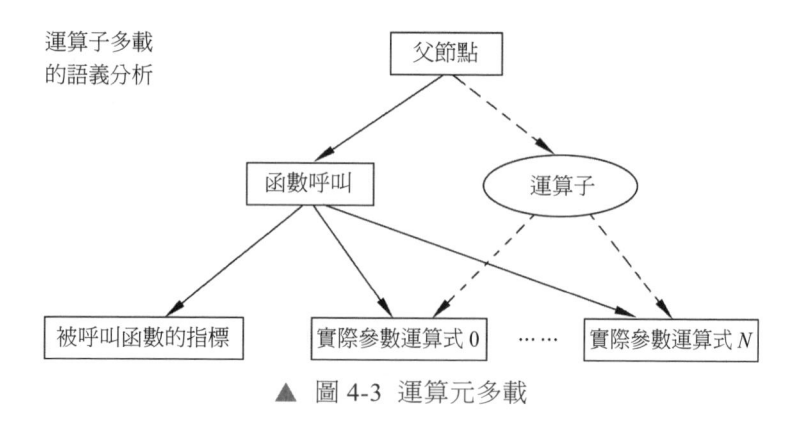

▲ 圖 4-3 運算元多載

注意：SCF 編譯器並不區分類別物件和結構，因為 class 和 struct 這兩個關鍵字完全等同，所以它們定義的資料結構都可使用運算元多載。

4.3.2 函數呼叫

函數呼叫分為普通函數呼叫和函數指標呼叫，前者只需記錄函數名稱，後者是一個指標變數甚至一個複雜運算式的計算結果。為了統一這兩種情況，SCF 框架也為普通函數生成了一個指標，它指向被調函數在抽象語法樹上的節點。普通函數的指標是一個常數字面額，它的 const_literal_flag 標識被置為 1（見 3.2.9 節變數的資料結構）表示它跟常數字串一樣，也是唯讀的。函數呼叫在抽象語法樹上的子節點的個數比實際參數多 1 個，被調函數的指標要佔據第 0 號位置，其他實際參數從 1 號位置往後排。

4.3.3 多載函數的查詢

多載函數的查詢是用實際參數列表去搜尋類別的成員函數，從中找出類型最匹配的那個。實際參數和形參的類型要一致，多載函數與運算元的類型要一致。SCF 編譯器中函數的資料結構，程式如下：

```
// 第 4 章 /scf_function.h
#include "scf_node.h"
// 節選自 SCF 編譯器的程式
struct scf_function_s {
    scf_node_t        node;              // 抽象語法樹節點
    scf_scope_t*      scope;             // 函數作用域，區域變數全在這裡
    scf_string_t*     signature;         // 函數簽名
    scf_list_t        list;              // 掛載到父作用域的鏈結串列
    scf_vector_t*     rets;              // 傳回值列表
    scf_vector_t*     argv;              // 形參列表
    int               op_type;           // 多載的運算子類型
    scf_vector_t*     callee_functions;  // 被調函數列表，用於遞迴分析
    scf_vector_t*     caller_functions;  // 主呼叫函數列表，用於遞迴分析

    uint32_t          vargs_flag:1;      // 可變參數
    uint32_t          static_flag:1;     // 靜態函數
```

第 4 章　語義分析

```
    uint32_t            extern_flag:1;          // 外部函數
    uint32_t            inline_flag:1;          // 內聯函數
    uint32_t            member_flag:1;          // 成員函數
};
```

（1）上述程式的 intop_type 欄位表示多載運算元的類型，scf_vector_t*argv 欄位表示形參列表，只要這兩個欄位完全一致就是最合適的多載函數。

（2）如果找不到完全匹配的多載函數，則對實際參數自動類型升級（見4.1.2 節）之後選一個最接近的。

（3）如果還是找不到，則使用普通的指標運算，例如 p0 == p1，如果 p0 和 p1 是類別物件的指標且多載了 == 運算元，則呼叫多載函數，如果找不到多載函數，則簡單比較兩指標是否相等。

4.3.4　程式實現

在各個運算元的語義分析函數中都會檢查子節點的運算結果是否為類別物件的指標，若是，則呼叫 _semantic_do_overloaded() 函數進行運算元多載。該函數會查詢合適的多載函數並修改抽象語法樹，程式如下：

```
// 第 4 章 /scf_operator_handler_semantic.c
#include "scf_ast.h"
#include "scf_operator_handler_semantic.h"
#include "scf_type_cast.h"
int _semantic_do_overloaded(scf_ast_t* ast, scf_node_t** nodes,int nb_nodes,
                            scf_handler_data_t* d){        // 運算子多載
scf_function_t*         f;                                 // 多載函數
scf_variable_t*         v;                                 // 實際參數
scf_vector_t*           argv;                              // 實際參數陣列
scf_vector_t*           fvec    =NULL;                     // 可能的多載函數陣列
scf_node_t*             parent  =nodes[0]->parent;         // 運算子節點
scf_type_t*             t       =NULL;                     // 類別或結構類型
```

```
int ret;
int i;
    argv =scf_vector_alloc();
    if (!argv)
        return -ENOMEM;
    for (i =0; i<nb_nodes; i++) {                    // 遍歷子節點獲取實際參數變數
        v =_scf_operand_get(nodes[i]);
        if (!t && scf_variable_is_struct_pointer(v)) {    // 獲取類類型
            t =NULL;
            ret =scf_ast_find_type_type(&t, ast, v->type);
            if (ret<0)
                return ret;
            assert(t->scope);
        }
        ret =scf_vector_add(argv, v);                // 增加到實際參數
        if (ret<0) {
            scf_vector_free(argv);
            return ret;
        }
    }

    ret =scf_scope_find_overloaded_functions(&fvec, t->scope,
                        parent->type, argv);        // 查詢可能的多載函數
    if (ret<0) {
        scf_vector_free(argv);
        return ret;
    }
    ret =_semantic_find_proper_function2(ast, fvec, argv, &f); // 選擇多載函數
    if (ret<0)
        scf_loge("\n");
    else                                             // 運算子多載
        ret =_semantic_do_overloaded2(ast, nodes, nb_nodes, d, argv, f);
    scf_vector_free(fvec);
    scf_vector_free(argv);
```

```
        return ret;
}
```

　　對抽象語法樹的修改由 _semantic_do_overloaded2() 函數完成，它首先檢查實際參數和多載函數的形參是否類型一致並在必要時做類型升級，然後把運算元節點修改為函數呼叫，程式如下：

```
// 第 4 章 /scf_operator_handler_semantic.c
#include "scf_ast.h"
#include "scf_operator_handler_semantic.h"
#include "scf_type_cast.h"
int _semantic_do_overloaded2(scf_ast_t* ast, scf_node_t** nodes,
                    int nb_nodes, scf_handler_data_t* d,
                    scf_vector_t* argv, scf_function_t* f){ // 修改語法樹
scf_variable_t* v0;
scf_variable_t* v1;
int i;
    for (i =0; i<argv->size; i++) {
        v0 =f->argv->data[i];                      // 多載函數的形參
        v1 =argv->data[i];                         // 實際參數
        if (scf_variable_is_struct_pointer(v0))    // 若參數為類別物件，則跳過
            continue;
        if (scf_variable_same_type(v0, v1))        // 類型檢查
            continue;
        // 若類型不一致，則自動升級
        int ret =_semantic_add_type_cast(ast, &nodes[i], v0, nodes[i]);
        if (ret<0)
            return ret;
    }
    return _semantic_add_call(ast, nodes, nb_nodes, d, f); // 修改為函數呼叫
}
```

4.3 運算元多載

　　在以上程式中自動類型升級是肯定符合語法規則的，因為在查詢合適的多載函數時已經檢查過參數類型了，_semantic_do_overloaded2() 函數要做的只是修改抽象語法樹。把運算元節點修改為函數呼叫的方法是為它增加一個指向多載函數的節點，該節點要放在子節點陣列的 0 號位置，原來的子節點要依次後移，最後把父節點的類型從運算元改成 SCF_OP_CALL，程式如下：

```c
// 第 4 章 /scf_operator_handler_semantic.c
#include "scf_ast.h"
#include "scf_operator_handler_semantic.h"
#include "scf_type_cast.h"
int _semantic_add_call(scf_ast_t* ast, scf_node_t**nodes, int nb_nodes,
                    scf_handler_data_t* d, scf_function_t* f){ // 修改為函數呼叫
    scf_variable_t* var_pf   =NULL;
    scf_node_t*     node_pf  =NULL;                    // 多載函數節點
    scf_node_t*     node     =NULL;
    scf_node_t*     parent   =nodes[0]->parent;
    scf_type_t*     pt       =scf_block_find_type_type(ast→current_block,
                              SCF_FUNCTION_PTR);       // 函數指標類型
    int i;
    var_pf =SCF_VAR_ALLOC_BY_TYPE(f->node.w, pt, 1, 1, f); // 申請指向多載函數的
                                                       // 指標變數
    if (!var_pf)
        return -ENOMEM;
    var_pf->const_flag =1;
    var_pf->const_literal_flag =1;                     // 常數字面額標識
    node_pf =scf_node_alloc(NULL, var_pf->type, var_pf); // 多載函數的節點
    if (!node_pf)
        return -ENOMEM;
    parent->type =SCF_OP_CALL;                         // 將運算元節點改為函數呼叫節點
    parent->op =scf_find_base_operator_by_type(SCF_OP_CALL);

    scf_node_add_child(parent, node_pf);               // 增加多載函數節點
    for (i =parent->nb_nodes -2; i >=0; i--)           // 其他節點依次後移
        parent->nodes[i +1] =parent->nodes[i];
```

```
    parent->nodes[0] =node_pf;                // 將多載函數移到 0 號位置
    return 0;
}
```

經過以上程式的處理之後，運算元節點就變成了對多載函數的呼叫，如圖 4-3 所示。

4.3.5 SCF 編譯器的類別物件

為了減少記憶體複製，SCF 編譯器要求類別物件作為函數參數時只能使用指標，其他情況下也儘量使用類別物件的指標，而非類別物件本身。傳遞指標遠比傳遞整個類別物件要簡單高效。

如果確實需要在兩個同類別物件之間複製資料，則使用賦值解引用 *dst= *src，其中 dst 是目標物件的指標，src 是來源物件的指標。這時編譯器的類型檢查會發現設定運算元的兩邊是類別物件（而非它們的指標），然後自動把賦值運算替換成對複製建構函數的呼叫。如果不為類別物件提供建構函數、複製建構函數、建構函數，則它是一個 C 風格的結構，這時的賦值解引用會呼叫 memcpy() 函數。

除了指標的賦值解引用之外，SCF 編譯器在其他情況下都只傳遞類別物件的指標。指標在 64 位元機上只有 8 位元組，只要 1 行組合語言指令，而類別物件的複製需要多行指令。

注意：SCF 編譯器不支援引用，引用與指標的作用重疊且不能賦值為 NULL，記憶體風險比指標還高。C++ 可以直接使用類別物件，但實際參數到形參的傳遞會呼叫複製建構函數產生一次記憶體複製。

SCF 編譯器的建構函數和複製建構函數都為類別的 __init() 函數，它的第 1 個參數為 this 指標且傳回一個 int 類型的錯誤碼，如果錯誤碼為負數，則預設建構函數出錯。SCF 編譯器並不支援異常。C++ 的異常在實際使用中並不如錯誤碼更簡單，甚至很多時候為了避免建構函數拋出例外而只能在其中進行簡單清零工作，反而透過額外增加 init() 函數進行真正初始化。

4.4 new 關鍵字

物件導向語言用 new 建立類別物件，它先申請物件記憶體，然後呼叫建構函數初始化，其作用過程相當於兩層 if 判斷，程式如下：

```
// 第 4 章 /new.c
#include <stdio.h>
#include <stdlib.h>
#include "T.h"                              // 類型 T 的標頭檔
int main() {
// 以下為 T* p = new T() 的實現步驟
T* p =calloc(1, sizeof(T));                 // 申請物件記憶
if (p) {
    int ret =T_ _init(p);                   // 呼叫無參建構函數
    if (ret<0) {                            // 異常處理
        free(p);
        p =NULL;
    }
}
return 0;
}
```

語義分析對 new 關鍵字的處理與以上程式類似，但實現方式略有不同。

（1）查詢類別 T 在抽象語法樹上的節點，獲取類別的位元組數。

（2）根據實際參數清單查詢合適的建構函數，因為建構函數的參數個數不固定且可能有多個多載函數，所以要根據實際參數清單去匹配。

4-21

第 4 章 語義分析

（3）在生成三位址碼時把 new 關鍵字展開為以上程式的三位址碼序列。

因為直接在抽象語法樹上增加兩個函數呼叫和兩層 if 判斷對樹的結構影響較大，所以把 new 關鍵字的第（3）步放到三位址碼生成階段，在語義分析時只查詢類別的位元組數、記憶體申請函數和建構函數並把它們增加為 new 的子節點，程式如下：

```c
// 第 4 章 /scf_operator_handler_semantic.c
#include "scf_ast.h"
#include "scf_operator_handler_semantic.h"
#include "scf_type_cast.h"
int _scf_op_semantic_create(scf_ast_t* ast, scf_node_t**nodes,
                    int nb_nodes, void* data){      //new 關鍵字的實現
    scf_handler_data_t*      d       =data;              // 語義分析上下文
    scf_variable_t**         pret    =NULL;
    int ret;
    int i;
    scf_variable_t*          v0;
    scf_variable_t*          v1;
    scf_variable_t*          v2;
    scf_vector_t*            argv;                       // 實際參數陣列
    scf_type_t*              class;                      // 類別類型
    scf_type_t*              t;
    scf_node_t*              parent  =nodes[0]->parent;  //new 關鍵字
    scf_node_t*              ninit   =nodes[0];          // 初始化節點
    scf_function_t*          fmalloc;                    // 記憶體分配函數
    scf_function_t*          finit;                      // 初始化函數
    scf_node_t*              nmalloc;                    // 記憶體分配節點
    scf_node_t*              nsize;                      // 位元組數節點
    scf_node_t*              nthis;                      //this 指標節點
    scf_node_t*              nerr;                       // 錯誤碼節點
    v0 =_scf_operand_get(nodes[0]);
    assert(v0 && SCF_FUNCTION_PTR ==v0->type);
    class =NULL;
```

4-22

4.4 new 關鍵字

```
ret =scf_ast_find_type(&class, ast, v0->w->text->data); // 獲取類別類型
if (ret<0)
    return ret;
assert(class);
fmalloc =NULL;
ret =scf_ast_find_function(&fmalloc, ast, "scf_ _auto_malloc");  // 獲取記憶體
if (ret<0)                                                        // 申請函數
    return ret;
if (!fmalloc)
    return -EINVAL;
argv =scf_vector_alloc();                                         // 實際參數陣列
if (!argv)
    return -ENOMEM;
ret =_semantic_add_var(&nthis, ast, NULL, v0->w, class->type, 0, 1, NULL);
                                                                  // 申請 this 指標
if (ret<0) {
    scf_vector_free(argv);
    return ret;
}
ret =scf_vector_add(argv, nthis->var); // 將 this 指標增加到實際參數陣列的 0 號位置
if (ret<0) {
    scf_vector_free(argv);
    scf_node_free (nthis);
    return ret;
}
for (i =1; i<nb_nodes; i++) {           // 增加建構函數的其他參數
    pret    =d->pret;
    d->pret =&(nodes[i]->result);
    ret     =_scf_expr_calculate_internal(ast, nodes[i], d);
    d->pret =pret;
    if (ret<0) {
        scf_vector_free(argv);
        scf_node_free (nthis);
        return ret;
```

```c
        }
        ret =scf_vector_add(argv, _scf_operand_get(nodes[i]));
        if (ret<0) {
            scf_vector_free(argv);
            scf_node_free (nthis);
            return ret;
        }
    }
    // 根據實際參數陣列查詢類別的建構函數
    ret =_semantic_find_proper_function(ast, class, "__init", argv, &finit);
    scf_vector_free(argv);
    if (ret<0) {
        scf_node_free(nthis);
        return -1;
    }
    v0->func_ptr =finit;                        // 將 0 號節點修改為類別的建構函數節點

    ret =_semantic_add_var(&nsize, ast, parent, v0->w, SCF_VAR_INT,
        1, 0, NULL);                            // 將類別的位元組數增加為 new 的子節點
    if (ret<0) {
        scf_node_free(nthis);
        return ret;
    }
    nsize->var->const_literal_flag =1;          // 類別的位元組數為常數
    nsize->var->data.i64 =class->size;

    ret =_semantic_add_var(&nmalloc, ast, parent, fmalloc->node.w,
                    SCF_FUNCTION_PTR, 1, 1, fmalloc);
                                                // 將記憶體申請函數增加為 new 的子節點
    if (ret<0) {
        scf_node_free(nthis);
        return ret;
    }
    nmalloc->var->const_literal_flag =1;
```

4.4 new 關鍵字

```
    ret =scf_node_add_child(parent, nthis);        // 將 this 節點增加為 new 的子節點
    if (ret<0) {
        scf_node_free(nthis);
        return ret;
    }
    for (i =parent->nb_nodes -4; i >=0; i--)       // 調整子節點排序
        parent->nodes[i +3] =parent->nodes[i];
    parent->nodes[0] =nmalloc;                     //0 號為記憶體申請節點
    parent->nodes[1] =nsize;                       //1 號為位元組數
    parent->nodes[2] =ninit;                       //2 號為建構函數
    parent->nodes[3] =nthis;                       //3 號為 this 指標，其他參數後移

    for (i =0; i<finit->argv->size; i++) {         // 實際參數到形參的自動類型升級
        v1 =finit->argv->data[i];
        v2 =_scf_operand_get(parent->nodes[i +3]);
        if (scf_variable_is_struct_pointer(v1))
            continue;
        if (scf_variable_same_type(v1, v2))
            continue;
        ret = _semantic_add_type_cast(ast, &parent-> nodes[i + 3], v1, parent->nodes[i +3]);
        if (ret<0)
            return ret;
    }
    if (v0->w)
        scf_lex_word_free(v0->w);
    v0->w =scf_lex_word_clone(v0->func_ptr->node.w);
    if (!parent->result_nodes) {                   // 清空傳回值陣列
        parent->result_nodes =scf_vector_alloc();
        if (!parent->result_nodes) {
            scf_node_free(nthis);
            return -ENOMEM;
        }
    } else
```

第 4 章　語義分析

```
            scf_vector_clear(parent->result_nodes, scf_node_free);
    if (scf_vector_add(parent->result_nodes, nthis)<0) {   // 將 this 指標增加為傳回值
        scf_node_free(nthis);
        return ret;
    }
    ret =_semantic_add_var(&nerr, ast, NULL, parent->w, SCF_VAR_INT, 0, 0, NULL);
                                                          // 將錯誤碼增加為傳回值
    if (ret<0)
        return ret;
    if (scf_vector_add(parent->result_nodes, nerr)<0) {
        scf_node_free(nerr);
        return ret;
    }
    nthis->op            =parent->op;
    nthis->split_parent  =parent;
    nthis->split_flag    =1;
    nerr->op             =parent->op;
    nerr->split_parent   =parent;
    nerr->split_flag     =1;
    *d->pret =scf_variable_ref(nthis->var);
    return 0;
}
```

　　以上程式只是把記憶體申請函數、類別的位元組數和建構函數增加為 new 運算元的子節點，並不影響抽象語法樹的結構。到了三位址碼生成時程式已經從樹形結構變成了線性結構，那時更容易增加 new 關鍵字的完整流程。關於 new 關鍵字的最終實現將在第 5 章繼續介紹。

　　注意：SCF 編譯器的 new 關鍵字比 C++ 要弱，因為它只用於建立類別物件並不用於其他情況下的記憶體申請，因此改用關鍵字 create 代替了 new。讀者若想沿用 new 關鍵字，則只需修改詞法分析模組的關鍵字清單。

4.5 多值函數

C 語言的函數只有一個傳回值，在需要多個傳回值時會把形參宣告為更高一級的指標，以實現從被調函數（Callee）到主呼叫函數（Caller）的多值傳遞。Python 的函數有多個傳回值，但它是用 C 語言實現的更上層語言。在最接近組合語言的層面，多值函數該怎麼實現呢？

4.5.1 應用程式二進位介面

C 函數的傳回值屬於應用程式二進位介面（Application Binary Interface，ABI），因為函數的傳回伴隨著堆疊（Stack）的清理，所以函數用暫存器（Register）傳遞傳回值。因為英特爾 32 位元機的暫存器個數很少，所以函數的傳回值只有一個，透過 eax 暫存器傳遞。到了 64 位元機時代，暫存器個數增多並用來傳遞前 6 個參數，但傳回值依然只有一個，並且透過 rax 暫存器傳遞。

但是，CPU 本身是支援多個傳回值的。CPU 只關注堆疊頂暫存器（rsp）、指令暫存器（rip）、標識暫存器（eflags）的用途，並不關注程式語言怎麼使用其他暫存器（通用暫存器）。如果把多個其他暫存器用於傳遞函數的傳回值，則可實現多值函數。

一般應該從 6 個參數暫存器（rdi、rsi、rdx、rcx、r8、r9）中選擇，因為它們都是由主呼叫函數儲存的，使用它們傳遞多於 1 個的傳回值可以簡化被調函數的機器碼，這點將在第 9 章介紹。

4.5.2 語法層面的支援

函數的多個傳回值之間以逗點分隔，在語法分析時必須把它們看作一組變數而非多個運算式，另外 return 敘述也要傳回多個值，程式如下：

第 4 章 語義分析

```
// 第 4 章 /multi_rets.c
#include <stdio.h>
int, int, int ret3(int a, int b, int c){        // 多值函數
    return a, b, c;                              // 傳回 3 個值
}
int main(){
int i;
int j;
int k;
i, j =ret3(1, 2, 3);                             // 多值函數的呼叫
    printf("%d, %d\n", i, j);
}
```

（1）return 敘述從傳回一個值變成傳回以逗點分隔的多個值，即需要增加對逗點的遞迴分析，分號依然是結尾的結束字元，如圖 4-4 所示。

```
scf_dfa_node_add_child(_return,   semicolon);
scf_dfa_node_add_child(_return,   expr);
scf_dfa_node_add_child(expr,      comma);
scf_dfa_node_add_child(comma,     expr);
scf_dfa_node_add_child(expr,      semicolon);
```

▲ 圖 4-4 多值函數的 return 語法

注意：逗點（Comma）為運算式（Expr）的語法子節點，同時運算式又是逗點的語法子節點，在沿著子節點鏈做語法分析時形成遞迴，最後的分號（Semicolon）是遞迴截止條件。

（2）多值函數的呼叫敘述在分析完之後，需要根據函數的傳回值的個數往前查詢逗點分隔的多個變數，直到遇到前一個分號為止。

（3）因為上述程式的 ret3() 函數雖然有 3 個傳回值，但實際上 i 和 j 只接收了兩個，所以是 i=1、j=2 而非 k=1、i=2、j=3。

（4）如果要忽略的傳回值不是最後一個，則可使用底線（_）作為預留位置。

4-28

4.5.3 語義層面的支援

在生成抽象語法樹時，函數的多個傳回值可以先作為一個順序區塊增加到設定運算元的左子節點，然後在語義分析時分別對應到函數的多個傳回值，如圖 4-5 所示。

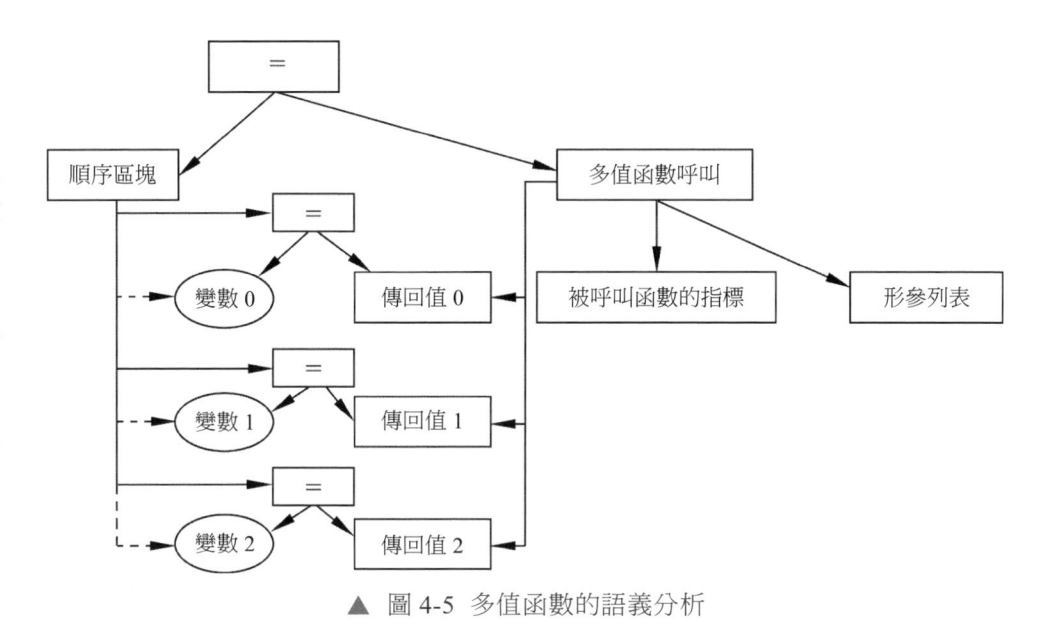

▲ 圖 4-5 多值函數的語義分析

在語義分析之前設定運算元左邊的順序區塊中只有 3 個變數，在語義分析之後它們與函數的傳回值連結起來，左邊的順序區塊中變成了 3 個運算式。因為設定運算元是右結合的，所以優先處理多值函數呼叫並傳回 3 個臨時變數，然後把這 3 個臨時變數賦值給接收變數，程式如下：

```c
// 第 4 章 /scf_operator_handler_semantic.c
#include "scf_ast.h"
#include "scf_operator_handler_semantic.h"
#include "scf_type_cast.h"
int_semantic_add_call_rets(scf_ast_t* ast, scf_node_t* parent,
          scf_handler_data_t* d, scf_function_t* f){      // 增加多個傳回值節點
```

第 4 章　語義分析

```
scf_variable_t*        fret;                    // 傳回值
scf_variable_t*        r;
scf_type_t*            t;
scf_node_t*            node;
int i;
    if (f->rets->size >0) {                     // 準備傳回值陣列
        if (!parent->result_nodes) {
            parent->result_nodes =scf_vector_alloc();
        if (!parent->result_nodes)
            return -ENOMEM;
        } else
            scf_vector_clear(parent->result_nodes, scf_node_free);
    }

    for (i =0; i<f->rets->size; i++) {          // 遍歷並增加傳回值節點
        fret =f->rets->data[i];
        t =NULL;
        int ret =scf_ast_find_type_type(&t, ast, fret->type);
        if (ret<0)
            return ret;
        assert(t);
        r =SCF_VAR_ALLOC_BY_TYPE(parent->w, t, fret->const_flag,
                            fret->nb_pointers, fret->func_ptr);
        node =scf_node_alloc(r->w, parent->type, NULL);
        if (!node)
            return -ENOMEM;

        node->result         =r;
        node->op             =parent->op;
        node->split_parent   =parent;
        node->split_flag     =1;
        if (scf_vector_add(parent->result_nodes, node)<0) {
            scf_node_free(node);
            return -ENOMEM;
```

4.5 多值函數

```
        }
    }
    if (d->pret && parent->result_nodes->size >0) {
        r =_scf_operand_get(parent->result_nodes->data[0]);
        *d->pret =scf_variable_ref(r);
    }
    return 0;
}
int _semantic_multi_rets_assign(scf_ast_t* ast, scf_node_t**nodes,
                                int nb_nodes, void* data){ // 增加賦值運算式
    scf_handler_data_t* d =data;
    scf_node_t* parent =nodes[0]->parent;
    scf_node_t* gp =parent->parent;
    scf_node_t* rets =nodes[0];                    // 接收傳回值的變數清單
    scf_node_t* call =nodes[1];                    // 函數呼叫
    scf_node_t* ret;
    int i;
        while (SCF_OP_EXPR ==gp->type)
            gp =gp->parent;
        if (gp->type !=SCF_OP_BLOCK && gp->type !=SCF_FUNCTION)
            return -1;
        while (call) {
            if (SCF_OP_EXPR ==call->type)
                call =call->nodes[0];
            else
                break;
        }
        if (SCF_OP_CALL !=call->type && SCF_OP_CREATE !=call->type)
            return -1;
        assert(call->nb_nodes >0);
        assert(rets->nb_nodes <=call->result_nodes->size);

        for (i =0; i<rets->nb_nodes; i++) {            // 增加設定陳述
            scf_variable_t* v0 =_scf_operand_get(rets->nodes[i]);
```

第 4 章　語義分析

```
        scf_variable_t* v1 =_scf_operand_get(call->result_nodes->data[i]);

        if (!scf_variable_same_type(v0, v1))
            return -1;
        if (v0->const_flag)
            return -1;
        scf_node_t* assign =scf_node_alloc(parent->w, SCF_OP_ASSIGN, NULL);
        if (!assign)
            return -ENOMEM;
        scf_node_add_child(assign, rets->nodes[i]);
        scf_node_add_child(assign, call->result_nodes->data[i]);
        rets->nodes[i] =assign;
    }
    scf_node_add_child(rets, nodes[1]);            // 將多值函數呼叫移動到 0 號位置
    for (i =rets->nb_nodes -2; i >=0; i--)         // 賦值運算依次右移
        rets->nodes[i +1] =rets->nodes[i];
    rets->nodes[0] =nodes[1];

    parent->type        =SCF_OP_EXPR;
    parent->nb_nodes    =1;
    parent->nodes[0]    =rets;
    return 0;
}
```

_semantic_add_call_rets() 函數負責增加多個傳回值節點，_semantic_multi_rets_assign() 函數負責在傳回值和對應的接收變數之間增加設定運算元，然後傳回值和接收變數都變成設定運算元的子節點，而設定運算元代替原來接收變數的位置。因為舊的設定運算元的左邊是順序區塊，所以把多值函數呼叫設置為該順序區塊的 0 號節點、把傳回值和接收變數之間的賦值設置為後續節點不會影響程式之間的執行順序。這樣舊的設定運算元就可簡化為小括號（子運算式），在生成三位址碼時可以忽略。

進階篇

5

三位址碼的生成

　　從本章開始進入編譯器的中段。在語義分析之後，抽象語法樹已經包含原始程式碼的所有資訊，接下來要把它轉化成三位址碼的雙鏈結串列。三位址碼是類似組合語言的程式，比抽象語法樹更接近機器指令。生成三位址碼的演算法也是為每類節點定義一個回呼函數，然後在遍歷語法樹時呼叫它並把生成的三位址碼掛載在一個雙鏈結串列上。

第 5 章 三位址碼的生成

5.1 回填技術

通常三位址碼的生成只需遍歷抽象語法樹，但在為 break、continue、goto、return 等生成跳躍時則要使用回填技術。分析當前敘述時還沒分析到跳躍的目標位置，只能先增加一筆三位址碼等獲得目標位置之後再回寫跳躍位址叫作回填（Refill）。

5.1.1 回填的資料結構

（1）break 要跳到當前迴圈結束後的第 1 行程式，因為在生成它的三位址碼時還沒分析完整個迴圈，並不知道迴圈結束後的程式在哪裡，所以只能回填。

（2）continue 要跳回去檢測迴圈條件，但 do-while 的迴圈條件在末尾，for 在下次檢測之前要更新變數，這兩種敘述的跳躍目標也只能回填。

（3）goto 可能跳到當前函數內的任意一個標籤（Label），它的目標位置更難確定，只能回填。

（4）標籤不用回填，但要記錄下來給 goto 回填。

（5）return 表示退出當前函數，它的跳躍位置是函數的末尾，只能在分析完函數的程式之後回填。

綜上所述，回填的資料結構需要包含 5 種情況，程式如下：

```
// 第 5 章 /scf_operator_handler_3ac.c
// 節選自 SCF 編譯器
#include "scf_ast.h"
#include "scf_operator_handler.h"
#include "scf_3ac.h"
typedef struct { // 記錄分支跳躍的結構，動態陣列裡是需要回填的三位址碼的指標
```

```
    scf_vector_t*  _breaks;
    scf_vector_t*  _continues;
    scf_vector_t*  _gotos;
    scf_vector_t*  _labels;          // 標籤
    scf_vector_t*  _ends;            // 跳躍到函數尾的回填 例如 return
} scf_branch_ops_t;
```

5.1.2 三位址碼的資料結構

三位址碼的資料結構，程式如下：

```
// 第 5 章 /scf_3ac.c
// 節選自   SCF 編譯器
#include "scf_node.h"
#include "scf_dag.h"
#include "scf_graph.h"
#include "scf_basic_block.h"

typedef struct scf_3ac_operator_s scf_3ac_operator_t;
typedef struct scf_3ac_operand_s  scf_3ac_operand_t;

struct scf_3ac_operator_s {           // 三位址碼的操作碼
    int                type;          // 類型
    const char*        name;          // 名稱
};
struct scf_3ac_operand_s {            // 三位址碼的運算元
    scf_node_t*        node;          // 對應的抽象語法樹節點
    scf_dag_node_t*    dag_node;      // 對應的有向無環圖節點
    scf_3ac_code_t*    code;          // 對應的三位址碼，僅用於跳躍指令
    scf_basic_block_t* bb;            // 對應的基本區塊，僅用於跳躍指令
    void*              rabi;
};
struct scf_3ac_code_s {
    scf_list_t         list;          // 用於雙鏈結串列的元素
```

第 5 章　三位址碼的生成

```
    scf_3ac_operator_t*    op;                  // 三位址碼的操作碼

    scf_vector_t*          dsts;                // 目的運算元的動態陣列
    scf_vector_t*          srcs;                // 來源運算元的動態陣列

    scf_label_t*           label;               // 標籤，僅用於 goto 指令
    scf_3ac_code_t*        origin;

    scf_basic_block_t*     basic_block;         // 所屬的基本區塊
    uint32_t               basic_block_start:1; // 是否是基本區塊的開頭
    uint32_t               jmp_dst_flag :1;     // 是否是跳躍的目標
    scf_vector_t*          active_vars;         // 活躍變數的動態陣列
    scf_vector_t*          dn_status_initeds;   // 變數的初始化狀態
    scf_vector_t*          instructions;        // 機器指令的動態陣列
    int                    inst_bytes;          // 機器指令的位元組數
    int                    bb_offset;           // 機器指令在基本區塊內的偏移量
    scf_graph_t*           rcg;                 // 變數衝突圖
};
```

三位址碼的定義包含整個編譯器中後段的所有需求，在回填技術裡用到的是它的操作碼和目的運算元。

（1）op 欄位是操作碼，只有操作碼是跳躍指令時才需要回填，其他指令不需要。

（2）dsts 欄位是目的運算元的動態陣列，跳躍指令的目的運算元只有一個，目的運算元的 code 欄位即為跳躍的目標位置，它是另一筆三位址碼。

5.1.3 回填的步驟

（1）continue 敘述在生成完當前迴圈的所有三位址碼之後回填為真正的跳躍位址，因為 continue 會跳躍到迴圈的條件或更新運算式，其目標位置可以確定。

（2）break 敘述即使在生成完當前迴圈的所有三位址碼之後也無法確定真正的跳躍地址，只能確定為迴圈末尾的下一筆三位址碼，所以先回填為迴圈末尾，等處理完整個函數之後再下移一筆。

（3）當發現 goto 敘述時查詢它的標籤位置，當發現標籤時回填它的 goto 敘述，兩者必然一先一後。

（4）因為標籤是下一筆三位址碼的位置，但剛發現它時只能確定上一筆的位置，所以 goto 的回填位址也是目標位置的上一筆。

（5）break、goto、return 的回填位置都要在處理完整個函數之後下移一筆。

注意：return 是跳躍到函數末尾而非直接返回主呼叫函數，因為被調函數退出之前要清理堆疊。

5.2 if-else 的三位址碼

if-else 是最常用的控制敘述，它在抽象語法樹上有 2~3 個子節點，其中條件運算式和 if 主體順序區塊的節點是必需的，else 節點可能不存在。

1. if 的三位址碼

if 的三位址碼是在條件運算式之後增加條件跳躍（Jump Code with Condition，JCC）。因為條件運算式的結果在執行時期才能確定且每次可能不一樣，所以這筆跳躍是不能省略的，除非條件運算式為常數。

（1）當條件運算式成立時該跳躍不會被觸發，程式順勢執行到 if 的主體順序區塊。

（2）當條件運算式不成立時若 else 節點存在，則跳躍到 else，若不存在，則跳躍到整個 if 敘述區塊的下一筆三位址碼。

（3）若 else 存在，則 if 主體順序區塊之後要增加一筆絕對跳躍（Jump Absolutely，匯編碼 JMP）以跳過隨後的 else 部分，到達整個 if 敘述區塊之後的下一筆三位址碼。

注意：因為這時整個 if 敘述區塊之後的三位址碼還沒生成，所以只能回填，類似 break 敘述。

2. 條件運算式的三位址碼

條件運算式可以簡單到一個常數，也可以複雜到由多個比較和邏輯運算元組成。

（1）如果含有二元邏輯運算元，則要處理與運算（&&）或運算（||）的短路，此時需要增加條件跳躍。

（2）如果只含比較運算元，則跳躍條件與比較運算元相反，即 if（a= =b）的跳躍為 JNZ，因為比較結果為 False 時才需要跳躍，而比較結果為 True 時不需要跳躍。

（3）邏輯非運算（!）和純運算式都等價於比較目標是否為 NULL，只是二者的跳躍條件相反，例如 if（!p）的跳躍為 JNZ 而 if（p）的跳躍為 JZ。

注意：JNZ 是非零跳躍，JZ 是零跳躍，比較在組合語言指令中是先做減法，然後看結果，即查看是大於 0、等於 0，還是小於 0。

3. else 的三位址碼

else 不需要生成跳躍指令，只需把它的內容依次轉化成三位址碼。巢狀結構的 else if 在抽象語法樹上屬於 else 的子節點，它是新的 if 敘述且會觸發對生成函數的遞迴呼叫，如圖 5-1 所示。

5.2 if-else 的三位址碼

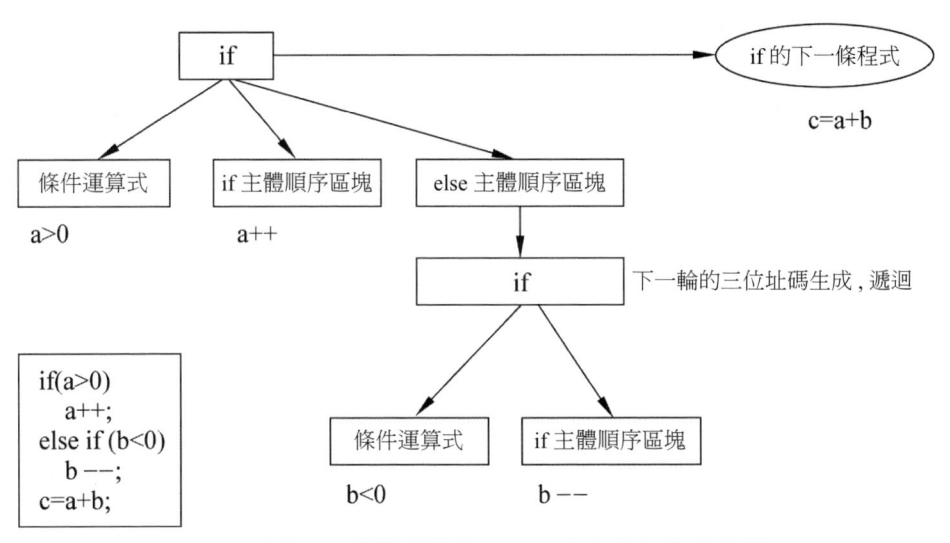

▲ 圖 5-1 巢狀結構的 else if 和它的抽象語法樹

圖 5-1 的抽象語法樹轉化成的三位址碼序列,程式如下:

```
// 第 5 章 /if_else_3ac.c
CMP a, 0          // 第 1 個 if 的條件運算式
JLE _else         // 若不成立 , 則跳躍到 else
INC a             // 第 1 個 if 的主體順序區塊
JMP _next         // 跳躍到整個 if 敘述區塊的下一行
_else:            // 第 1 個 if 的 else 分支
CMP b, 0          // 第 2 個 if 的條件運算式
JGE _next         // 若不成立 , 則跳躍到 else 的下一行 , 實際為 _next
DEC b             // 第 2 個 if 的主體順序區塊 , 其 else 分支不存在
_next:            // 整個 if 敘述區塊的下一行
ADD c; a, b
```

可以看出三位址碼與組合語言的不同在於它不需要確定每個變數佔用的暫存器。

4. 程式實現

在 SCF 編譯器中 if-else 的三位址碼由 _scf_op_if() 函數生成，程式如下：

```c
// 第 5 章 /scf_operator_handler_3ac.c
#include "scf_ast.h"
#include "scf_operator_handler.h"
#include "scf_3ac.h"
    int _scf_op_if(scf_ast_t* ast,scf_node_t**nodes,int nb_nodes, void* data){
scf_handler_data_t* d =data;                    // 三位址碼生成的上下文
scf_3ac_operand_t* dst;
scf_list_t* l;
int i;
    if (2 !=nb_nodes && 3 !=nb_nodes)            // 子節點必須為 2 個或 3 個
        return -1;
    scf_expr_t* e =nodes[0];                     //0 號子節點為條件運算式
    scf_node_t* parent =e->parent;
    int jmp_op =_scf_op_cond(ast, e, d);         // 生成條件運算式的三位址碼
    if (jmp_op<0)
        return -1;

    // 增加到 else 分支的跳躍陳述式
    scf_3ac_code_t* jmp_else =scf_branch_ops_code(jmp_op, NULL, NULL);
    scf_3ac_code_t* jmp_endif =NULL;
    scf_list_add_tail(d->_3ac_list_head, &jmp_else->list);

    for (i =1; i<nb_nodes; i++) {
        scf_node_t* node =nodes[i];
        if (_scf_op_node(ast, node, d)<0)
            return -1;
        if (1 ==i) {                             //1 號子節點為 if 主體部分
            if (3 ==nb_nodes) {                  // 若存在 else 分支 , 則跳過
                jmp_endif =scf_branch_ops_code(SCF_OP_GOTO, NULL, NULL);
                scf_list_add_tail(d->_3ac_list_head, &jmp_endif->list);
            }
```

```
            l =scf_list_tail(d->_3ac_list_head);
            dst =jmp_else->dsts->data[0];          // 設置到 else 的跳躍目標
            dst->code =scf_list_data(l, scf_3ac_code_t, list);
        }
    }
    int ret =scf_vector_add(d->branch_ops->_breaks, jmp_else);// 增加到回填陣列
    if (ret<0)
        return ret;

    if (jmp_endif) { // 設置跳過 else 分支的目標位置並增加到回填陣列
        l =scf_list_tail(d->_3ac_list_head);
        dst =jmp_endif->dsts->data[0];
        dst->code =scf_list_data(l, scf_3ac_code_t, list);
        ret =scf_vector_add(d->branch_ops->_breaks, jmp_endif);
        if (ret<0)
            return ret;
    }
    return 0;
}
```

在上述程式中，_scf_op_cond() 函數為條件運算式生成三位址碼，其傳回值是條件不成立時的跳躍類型，在這裡用於到 else 分支的跳躍。當 else 分支存在時 if 分支末尾要增加絕對跳躍，跳躍類型為 SCF_OP_GOTO。在語義完全相同時三位址碼的操作碼都使用了與抽象語法樹節點相同的類型，高階語言中的 GOTO 與絕對跳躍 JMP 語義相同。

5.3 迴圈的入口和出口

原始程式碼中除了 if-else 之外最多的是 for 迴圈。迴圈是程式中最耗時間的程式，是執行速度的瓶頸所在，迴圈的最佳化是生成高效機器碼的關鍵。

第 5 章 三位址碼的生成

1. 結構化迴圈

迴圈可分為結構化迴圈和非結構化迴圈，其中入口和出口都唯一的迴圈是結構化迴圈，而不唯一的是非結構化迴圈。while、do-while、for 都是結構化迴圈，goto 形成的迴圈可能是結構化的，也可能不是。

依照《編譯原理》，如果把 while、do-while、for 都變成 if{do{}while} 的形式，則 if 與 do-while 之間的兩個位置就分別是迴圈的入口和出口，程式如下：

```
// 第 5 章 /if_do_while.c
if (cond0) {
// 迴圈的入口
   do {
       // 迴圈本體
       } while (cond1);        //cond0 和 cond1 都為條件運算式
// 迴圈的出口
}
```

其中 while 和 for 轉換之後的兩個條件運算式與原來的相同，而 do-while 轉換之後只有 cond1 與原來的相同，cond0 恆為 True。

2. while 迴圈的結構化

while 迴圈在抽象語法樹上有 1~2 個子節點，其中條件運算式是必需的，主體順序區塊當迴圈本體為空時可省略。生成 while 迴圈的三位址碼並轉化成 if+do-while 結構的步驟如下：

（1）記錄三位址碼的雙鏈結串列尾部，因為新生成的三位址碼要掛載在它之後，所以它是 while 迴圈的前一筆程式（Start Prev），它之後就是條件運算式的第 1 筆程式。

5.3 迴圈的入口和出口

（2）遍歷條件運算式，把生成的三位址碼依次掛載在雙鏈結串列上，三位址碼的生成順序即為運算式的計算順序。

（3）獲取條件運算式的根運算元，即它在抽象語法樹上的根節點，像 if 敘述一樣確定比較和跳躍條件，並增加條件跳躍的三位址碼（JCC End）。

注意：因為當條件運算式不成立時 JCC End 會跳到迴圈結束（End）之後的下一筆程式，當條件運算式成立時進入迴圈，所以 JCC End 之後即為迴圈入口。

（4）記錄 JCC End 的位置，它和 Start Prev 之間的即為條件運算式的三位址碼（不包含它倆）。

（5）若迴圈本體不為空，則遍歷 while 的主體順序區塊，並把生成的三位址碼掛載在雙鏈結串列上。

（6）把條件運算式的三位址碼序列複製到雙鏈結串列的尾部（Cond Prev），這就是轉換成的 do-while 的迴圈條件。

注意：Cond Prev 既是迴圈本體的結束，也是 do-while 條件運算式之前的第 1 筆三位址碼。

（7）增加一筆到迴圈本體頭部的條件跳躍（JCC Loop）即可組成迴圈，它的跳躍條件與 JCC End 相反。

while 迴圈的三位址碼結構如圖 5-2 所示。

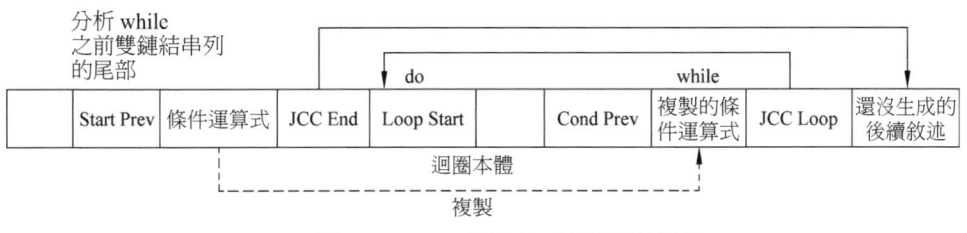

▲ 圖 5-2 while 迴圈的三位址碼結構

如果迴圈中包含 continue 敘述，則需要跳躍到 Cond Prev 的下一筆三位址碼檢查 do-while 的運算式，而非回到開頭去檢查 if 的運算式。如果迴圈中包含 break 敘述，則需要跳躍到迴圈結束後的下一筆三位址碼，因為暫時還沒生成，只能記錄為迴圈的最後一筆程式，以後再下移一筆。迴圈中的 goto 敘述只跟標籤的出現時機有關，與迴圈無關。return 敘述則只能記錄下來，留待函數結束時回填。

3. do-while 迴圈的結構化

只需刪除圖 5-2 中的 if 條件運算式和 JCC End，因為 do-while 要先執行迴圈本體再判斷條件運算式，相當於開頭的 if 條件肯定為真。

4. for 迴圈的結構化

1）for 迴圈的抽象語法樹

for 迴圈在抽象語法樹上有 4 個子節點，編號從 0~3 依次為初始設定式組、條件表達式、更新運算式組、迴圈本體，與它們在原始程式碼中的出現順序一致。for 迴圈的 4 個子節點可能為空，但即使為空也得用 NULL 作為預留位置以保證其他節點的編號正確。若條件運算式為 NULL，則條件恆為 True，若其他子節點為 NULL，則忽略。

2）初始設定式組

初始設定式組可能只包含 1 個運算式，也可能包含多個。它只執行一次，並不是真正的迴圈部分。在生成三位址碼時要把它放在迴圈之前，然後由其他部分組成迴圈結構。

3）continue 敘述

for 迴圈裡的 continue 要跳躍到更新運算式，而非像 while 迴圈一樣跳躍到條件表達式。在生成迴圈本體的三位址碼之後要記錄更新運算式的起始位置，它同時是 continue 敘述的跳躍目標的前一個位置（Continue Prev），它之後是真正的跳躍目標。

4）for 迴圈的三位址碼

（1）先生成初始設定式組的三位址碼並記錄雙鏈結串列的末尾，這是迴圈開始前的上一筆程式（Start Prev）。

（2）生成條件運算式的三位址碼，然後增加一行跳躍指令（JCC End），Start Prev 和 JCC End 之間的是迴圈條件。

（3）生成迴圈本體的三位址碼並記錄雙鏈結串列的末尾，這是更新運算式的上一筆程式，也是 continue 的跳躍目標（Continue Prev）。

（4）生成更新運算式的三位址碼並記錄雙鏈結串列的末尾，這是條件運算式要複製的起始位置。

（5）將條件運算式複製到雙鏈結串列的末尾，然後增加一行跳躍指令（JCC Loop），其目標位置指向迴圈本體的開頭以組成迴圈。

for 迴圈的三位址碼結構如圖 5-3 所示。

第 5 章　三位址碼的生成

5. 程式實現

　　for 迴圈的三位址碼生成由 _scf_op_for() 函數處理，程式如下：

// 第 5 章 /scf_operator_handler_3ac.c
#include"scf_ast.h"
#include"scf_operator_handler.h"

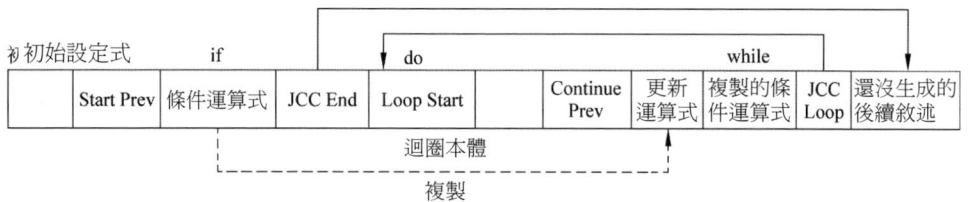

初始設定式		if		do		while		
	Start Prev	條件運算式	JCC End	Loop Start	Continue Prev	更新運算式	複製的條件運算式	JCC Loop	還沒生成的後續敘述

迴圈本體／複製

註釋如下：
Start Prev：迴圈開始前的上一個位置；JCC End：到迴圈之後的跳躍；Loop Start：迴圈的開頭；
Continue Prev：continue 敘述跳躍位置的前一個；JCC Loop：到迴圈開頭的跳躍

▲ 圖 5-3　for 迴圈的三位址碼結構

```
#include "scf_3ac.h"
    int _scf_op_for(scf_ast_t* ast,scf_node_t**nodes,int nb_nodes,void* data){
scf_handler_data_t* d =data;                    // 三位址碼生成的上下文
scf_3ac_operand_t* dst;
scf_3ac_code_t* jmp_end =NULL;                  // 到迴圈結束後的跳躍
scf_list_t* l;
int i;
    assert(4 ==nb_nodes);                       // 子節點必須為 4 個

    if (nodes[0]) {                             //0 號子節點為初始設定式，在迴圈外
        if (_scf_op_node(ast, nodes[0], d)<0)
            return -1;
    }
    scf_list_t* start_prev =scf_list_tail(d->_3ac_list_head); // 迴圈開始位置

    if (nodes[1]) {                             //1 號子節點為條件運算式
        assert(SCF_OP_EXPR ==nodes[1]->type);
```

```
        int jmp_op =_scf_op_cond(ast, nodes[1], d);
        if (jmp_op<0)
            return -1;
        jmp_end =scf_branch_ops_code(jmp_op, NULL, NULL); // 當條件不成立時的跳躍
        scf_list_add_tail(d->_3ac_list_head, &jmp_end->list);
    }

    scf_branch_ops_t* local_branch_ops =scf_branch_ops_alloc();
    scf_branch_ops_t* up_branch_ops =d->branch_ops; // 記錄上層的回填陣列
    d->branch_ops =local_branch_ops;              // 更新為 for 迴圈的回填陣列
    if (nodes[3]) {                               //3 號節點為迴圈主體
        if (_scf_op_node(ast, nodes[3], d)<0)
            return -1;
    }

    // 記錄 continue 敘述的跳躍位置
    scf_list_t* continue_prev =scf_list_tail(d->_3ac_list_head);
    if (nodes[2]) {                               //2 號節點為更新運算式
        if (_scf_op_node(ast, nodes[2], d)<0)
            return -1;
    }

    if (_scf_op_end_loop(start_prev, continue_prev, jmp_end,
                    up_branch_ops, d)<0)     // 回填並結束迴圈
        return -1;

    d->branch_ops =up_branch_ops;                 // 恢復上層的回填陣列
    scf_branch_ops_free(local_branch_ops);
    local_branch_ops =NULL;
    return 0;
}
```

因為 for 迴圈的主體也是一個作用域，所以它也是一個對上層作用域有遮罩作用的回填區域。在生成迴圈本體的三位址碼之前要更新回填陣列 d->branch_ops，在生成結束後再更新回來。因為 for 迴圈在抽象語法樹上的子節點順序與原始程式碼一致，但三位址碼的生成順序要與實際執行順序一致，所以 2 號子節點和 3 號子節點的處理順序是相反的。

6. 迴圈的入口和出口

（1）當迴圈被轉化成 if+do-while 的結構之後，在迴圈內不含 goto 敘述的情況下迴圈的入口和出口都是唯一的。

（2）如果把變數的載入提前到迴圈的入口並把儲存推遲到迴圈的出口，則可在迴圈執行期間將變數保持在暫存器內，這樣可以降低記憶體的讀寫次數。

學過組合語言的人都知道暫存器的讀寫速度比記憶體更快而迴圈又是最消耗時間的地方，降低迴圈的記憶體讀寫次數可以提高執行效率。若迴圈的入口和出口不唯一，則會給迴圈最佳化帶來複雜性。在生成三位址碼時讓迴圈變得結構化就為下一步的迴圈最佳化打下了基礎。

5.4 指標與陣列的賦值

指標和陣列都是對變數的間接使用，這在帶來靈活性的同時也導致了它們在做來源運算元和目的運算元時的不同，帶來了更多的風險。

1. 指標的賦值

當星號（*）是目的運算元時修改的是指標指向的變數，當它是來源運算元時將指向的變數值讀取到一個臨時變數中，當不含星號時則是對指標的普通賦值，如圖 5-4 所示。

5.4 指標與陣列的賦值

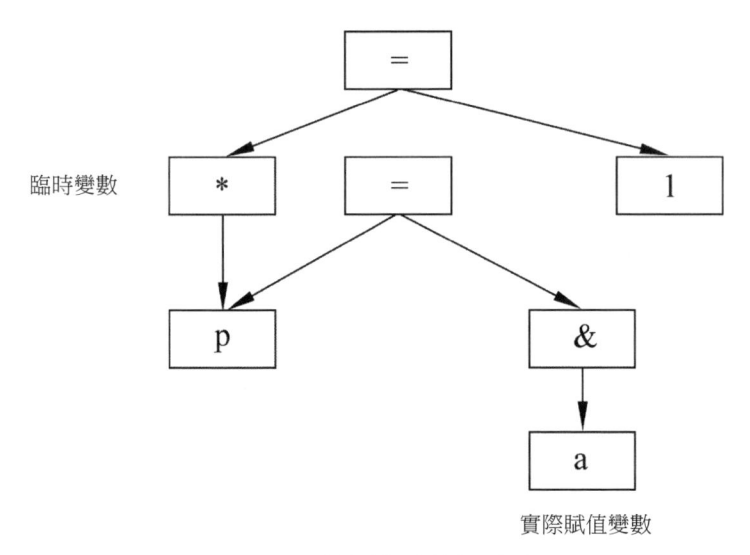

```
          ┌───┐
          │ = │
          └───┘
         ↙  ↓  ↘
  ┌───┐ ┌───┐ ┌───┐
臨時變數│ * │ │ = │ │ 1 │
  └───┘ └───┘ └───┘
    ↓   ↙   ↘
  ┌───┐     ┌───┐
  │ p │     │ & │
  └───┘     └───┘
              ↓
            ┌───┐
            │ a │
            └───┘
          實際賦值變數
```

▲ 圖 5-4 指標的賦值解引用

（1） p= &a 是對指標的普通賦值，它讓 p 指向 a。

（2） *p 是將 p 指向的變數值讀取到星號對應的臨時變數裡，即指標的解引用。

（3） 如果 *p=1，則是對 p 指向的變數賦值，即指標的賦值解引用，它會把變數 a 的值修改為 1。

這 3 種情況在三位址碼裡要用 3 行指令表示，分別為賦值（Assign）、解引用（Dereference）、賦值解引用（Assign Dereference）。賦值解引用在原始程式碼中並不需要佔用一個單獨的運算元，但它在三位址碼中需要一個單獨的指令。在 SCF 編譯器中，它被叫作 SCF_OP_3AC_ASSIGN_DEREFERENCE。

2. 結構成員的賦值

結構成員作為來源運算元時也是將成員變數值讀取到箭頭運算元（->）對應的臨時變數裡，作為目的運算元時則把資料寫入成員變數，而非運算元（->）對應的臨時變數。與指標類似，對結構成員的賦值在原始程式碼中也不需要佔用一個單獨的運算元，但在三位址碼中需要。在 SCF 編譯器中，它被叫作 SCF_OP_3AC_ASSIGN_POINTER。

對結構指標的普通賦值，與對其他指標的普通賦值一樣，見 5.4.1 節。

3. 陣列元素的賦值

陣列元素也區分來源運算元和目的運算元，讀取陣列元素獲得的是運算元（[]）對應的臨時變數，寫入時則要寫到真正的陣列元素中，而非臨時變數中。

對於 N 維陣列的寫入，其中前 $N-1$ 維的陣列運算（[]）是來源運算元，只有最後一維的運算是目的運算元，如圖 5-5 所示。

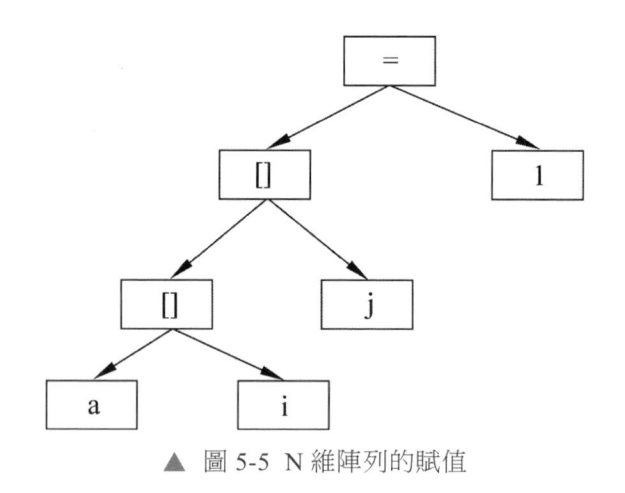

▲ 圖 5-5　N 維陣列的賦值

前 $N-1$ 維陣列運算的目的是獲取最後一維的記憶體位置，最後一次陣列運算才根據索引號寫入陣列元素的值。

指標、結構成員、陣列成員的讀寫與普通變數不同，在生成三位址碼時要做特別區分。廣義上來講，指標是只有一個元素的陣列，結構是各元素的位元組數不一定相同的陣列。

4. 記憶體和暫存器的資料一致性

指標和陣列讓記憶體讀寫變得間接、靈活、更有風險。

（1）指標可以指向任何一個同類變數，它的賦值解引用到底寫入的是哪個變數？

（2）陣列的索引可以指向陣列的任何一個位置，對陣列元素的賦值寫入的是哪個位置？

寫入記憶體會導致之前讀到的變數值失效，如果後續還要使用，則只能再次讀取以免暫存器和記憶體之間的資料不一致。

注意：組合語言層面的讀取指的是把變數值從記憶體載入到暫存器，寫入指的是把運算結果從寄存器儲存到記憶體，即 CPU 的載入儲存指令（Load&Save Instructions）。因為記憶體的速度比暫存器慢，所以載入和儲存是程式瓶頸之一。

CPU 的計算主要在暫存器中進行，但暫存器的個數極為有限，必須把之前的計算結果及時寫入記憶體，才可騰出暫存器用於下一步的計算，但當再次用到該變數時還得把它再從記憶體讀到暫存器，從而產生 2 次額外的記憶體讀寫。把後續還要用到的變數儲存在暫存器中可以減少記憶體讀寫的次數，前提是在這期間記憶體中的變數值不能被其他方式修改。指標和陣列就是修改變數值的其他方式，程式如下：

```c
// 第 5 章 /pointer.c
#include <stdio.h>
int main(int argc, char* argv[]){
int a =1;
int b =2;
int* p;
if (argc >2)
```

第 5 章 三位址碼的生成

```
    p =&a;
else
    p =&b;
*p +=3;                            // 這裡到底加的是 a 的值還是 b 的值？
    printf("a: %d, b: %d\n", a, b);
}
```

上述程式的指標 p 到底指向 a 或 b 是無法提前確定的，因為它的指向取決於 main() 的參數個數。在計算 *p+=3 之前要先把 a 和 b 的值儲存到記憶體，在呼叫 printf() 之前要重新從記憶體載入，只有這樣 a 和 b 的值才是最新的，否則若指標運算把最新值寫入了記憶體，但 printf() 列印的是暫存器中的舊值，則會導致記憶體和暫存器的資料不一致。

若無法確定指標的準確指向，則它可能指向的所有疑似變數在指標運算之前都必須把最新值刷新到記憶體，同時所有疑似變數的值在指標運算之後要重新從記憶體載入。準確分析指標的指向可以減少不必要的記憶體讀寫，生成更高效的機器碼。指標的出現為編譯器核心的開發帶來了很大挑戰，指標分析的細節將在第 7 章介紹。

5.5 new 關鍵字的三位址碼

在語義分析時因為不想大改抽象語法樹的結構，所以把 new 關鍵字的實現保留到三位址碼生成階段。三位址碼因為是線性的鏈結串列結構，更容易透過比較和跳躍實現複雜的邏輯。new 關鍵字的實現首先要呼叫記憶體申請函數 scf__auto_malloc()，然後判斷傳回的指標是否為空，若不為空，則繼續呼叫類別的建構函數 __init() 並傳回一個錯誤碼，若為空，則跳過建構函數並將錯誤碼設置為 -ENOMEM，程式如下：

```
// 第 5 章 /scf_operator_handler_3ac.c
#include "scf_ast.h"
```

5.5 new 關鍵字的三位址碼

```c
#include "scf_operator_handler.h"
#include "scf_3ac.h"
int _scf_op_create(scf_ast_t* ast, scf_node_t**nodes, int nb_nodes,
void* data){                              //new 關鍵字的三位址碼
    scf_handler_data_t* d =data;
    scf_node_t* parent =nodes[0]->parent;
    scf_3ac_operand_t* dst;
    scf_3ac_code_t* jz;
    scf_3ac_code_t* jmp;
    scf_variable_t* v;
    scf_type_t* t;
    scf_node_t* node;
    scf_node_t* nthis;
    scf_node_t* nerr;
    scf_list_t* l;
    int ret;
    int i;
        for (i =3; i<nb_nodes; i++) {           // 生成參數運算式的三位址碼
            ret =_scf_expr_calculate_internal(ast, nodes[i], d);
            if (ret<0)
                return ret;
        }
        nthis =parent->result_nodes->data[0];      //this 指標
        nerr =parent->result_nodes->data[1];       // 錯誤碼
        nthis->type =SCF_OP_CALL;
        nthis->result =nthis->var;
        nthis->var =NULL;
        nthis->op =scf_find_base_operator_by_type(SCF_OP_CALL);
        nthis->split_flag =0;
        nthis->split_parent =NULL;
        scf_node_add_child(nthis, nodes[0]);       //this 指標為記憶體申請函數的傳回值
        scf_node_add_child(nthis, nodes[1]); // 兩個參數分別為記憶體申請函數和類別的位元組數

        nerr->type =SCF_OP_CALL;
```

```
nerr->result =nerr->var;
nerr->var =NULL;
nerr->op =scf_find_base_operator_by_type(SCF_OP_CALL);
nerr->split_flag =0;
nerr->split_parent =NULL;
for (i =2; i<nb_nodes; i++)                      // 錯誤碼為建構函數的傳回值
    scf_node_add_child(nerr, nodes[i]);          // 參數為 this 指標和其他參數
for (i =1; i<nb_nodes; i++)
    nodes[i] =NULL;
parent->nodes[0] =nerr;
parent->nb_nodes =1;
nerr->parent =parent;
v =_scf_operand_get(nthis);
v->tmp_flag =1;
v =_scf_operand_get(nerr);
v->tmp_flag =1;
nthis->_3ac_done =1;
nerr ->_3ac_done =1;
ret =_scf_3ac_code_N(d-> _3ac_list_head, SCF_OP_CALL, nthis, nthis-> nodes,
            nthis->nb_nodes);                    // 申請記憶體並檢查是否為空
if (ret<0)
    return ret;
ret =_scf_3ac_code_1(d->_3ac_list_head, SCF_OP_3AC_TEQ, nthis);
if (ret<0)
    return ret;
jz =scf_branch_ops_code(SCF_OP_3AC_JZ, NULL, NULL);   // 增加為空時的跳躍
scf_list_add_tail(d->_3ac_list_head, &jz->list);
ret =_scf_3ac_code_N(d->_3ac_list_head, SCF_OP_CALL, nerr,
                    nerr->nodes, nerr->nb_nodes);    // 呼叫建構函數
if (ret<0)
    return ret;
jmp =scf_branch_ops_code(SCF_OP_GOTO, NULL, NULL);    // 跳過記憶體申請失敗的錯誤碼
scf_list_add_tail(d->_3ac_list_head, &jmp->list);
scf_vector_add(d->branch_ops->_breaks, jz);          // 兩個跳躍都需要回填目標位置
```

```
    scf_vector_add(d->branch_ops->_breaks, jmp);
    dst =jz->dsts->data[0];
    dst->code =jmp;


    // 將記憶體申請失敗後的錯誤碼賦值為 -ENOMEM
    t =scf_block_find_type_type(ast->current_block, SCF_VAR_INT);
    v =SCF_VAR_ALLOC_BY_TYPE(NULL, t, 1, 0, NULL);
    if (!v)
        return -ENOMEM;
    node =scf_node_alloc(NULL, v->type, v);
    if (!node) {
        scf_variable_free(v);
        return -ENOMEM;
    }
    v->data.i64 =-ENOMEM;
    ret =_scf_3ac_code_N(d->_3ac_list_head, SCF_OP_ASSIGN, nerr, &node, 1);
    if (ret<0)
        return ret;
    l =scf_list_tail(d->_3ac_list_head);
    dst =jmp->dsts->data[0];
    dst->code =scf_list_data(l, scf_3ac_code_t, list);
    return 0;
}
```

　　以上程式把 new 關鍵字轉換成了三位址碼序列，其中對記憶體申請結果的判斷使用了 TEQ 指令。該指令透過目標變數與它自身的逐位元與運算（&）來判斷指標是否為空，當目標指標為 NULL 時結果為 0，否則不為 0。記憶體申請失敗時的跳躍為 0 跳躍 JZ，這時把錯誤碼賦值為 Linux 記憶體不足時的錯誤碼 -ENOMEM。若記憶體申請成功，則繼續呼叫建構函數，因為此時的錯誤碼為建構函數的傳回值，所以建構函數之後要用絕對跳躍 GOTO 跳過 -ENOMEM 賦值。這兩個跳躍的最終目標位置需要回填，把它們像 break 敘述一樣增加到回填陣列中。

第 5 章 三位址碼的生成

▌5.6 跳躍的最佳化

原始程式碼中的所有控制敘述在生成三位址碼時都要變成比較和跳躍。在這個轉化過程中可能產生一些容錯的跳躍，刪除或修改這些跳躍可以提高程式的執行效率。

5.6.1 跳躍的最佳化簡介

跳躍條件是由 CPU 的標識暫存器（Eflags）控制的，比較指令會把結果的特徵設置為該暫存器的標識位元（ZF、CF 等），這些標識位元就是跳躍的最初條件。因為跳躍本身並不改變標識暫存器，所以只要目標程式依然為跳躍且符合該條件，則跳躍會連續進行。把第 1 筆跳躍的目標修改為連續跳躍的最終位置，即可減少容錯跳躍，提高執行效率。

若跳躍 A（絕對或條件跳躍）的目標程式是絕對跳躍 B，則把 A 的目標修改為 B 的目標。若新目標還是絕對跳躍，則該最佳化可迭代進行，直到最終目標，如圖 5-6 所示。

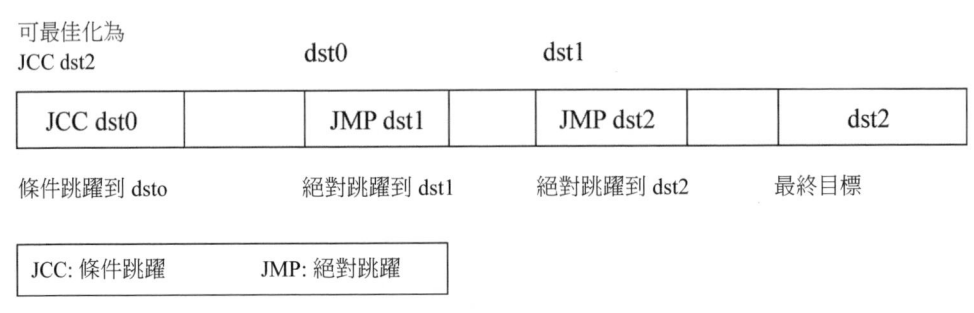

可最佳化為 JCC dst2		dst0		dst1		
JCC dst0		JMP dst1		JMP dst2		dst2
條件跳躍到 dst0		絕對跳躍到 dst1		絕對跳躍到 dst2		最終目標

JCC: 條件跳躍	JMP: 絕對跳躍

▲ 圖 5-6 絕對跳躍的最佳化

若條件跳躍 A 的目標是另一個條件跳躍 B，當它們的條件相同時會連續進行，當條件相反時 B 相當於空指令（NOP），接下來會執行到 B 的下一筆程式，如圖 5-7 所示。

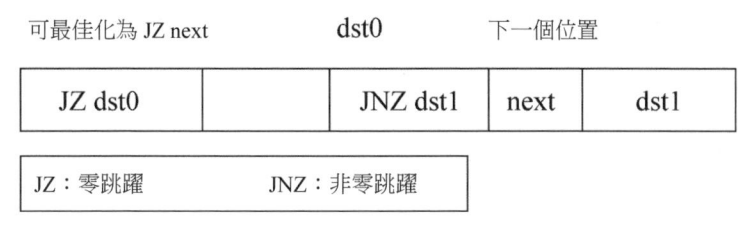

	可最佳化為 JZ next		dst0		下一個位置	
	JZ dst0			JNZ dst1	next	dst1

JZ：零跳躍	JNZ：非零跳躍

▲ 圖 5-7 條件跳躍的最佳化

若第 1 個是絕對跳躍 A 而第 2 個是條件跳躍 B，因為無法確定 A 跳躍時的條件，也就無法確定 B 是否會被觸發，只能不進行最佳化。

5.6.2 邏輯運算元的短路最佳化

邏輯與運算（&&）：當第 1 個運算式為 False 時肯定不成立，要跳過第 2 個運算式。邏輯或運算（||）：當第 1 個運算式為 True 時肯定成立，也要跳過第 2 個運算式。這兩個運算元在生成三位址碼時都要在第 1 個運算式之後增加條件跳躍，其中與運算的跳躍條件與第 1 個運算式的比較條件相反，或運算的跳躍條件與第 1 個運算式的相同。

注意：邏輯結果是在執行時期確定的，編譯時並不知道，只能做保守處理。

另外，邏輯結果不一定用在 if-else、while、for 的條件運算式中，還可能用在普通運算式。若用在條件運算式中，則該結果不需要儲存，因為跳躍只需標識暫存器的條件位元，但若用在普通運算式中，則該結果需要儲存為臨時變數，以便參與下一步的計算。

從標識暫存器讀取邏輯結果的組合語言指令為 SETCC，其中 CC 為要讀取的條件碼，常用的有 6 種：為 0（Z）、非零（NZ）、大於（GT）、小於（LT）、大於或等於（GE）、小於或等於（LE），分別對應 C 語言的 6 種比較運算。當條件成立時，SETCC 會把臨時變數設置為 1，當不成立時設置為 0。

第 5 章　三位址碼的生成

因為運算式的後續運算元在更上層，生成邏輯運算元的三位址碼時並不確定是否儲存邏輯結果，所以只能預設儲存，程式如下：

```
// 第 5 章 /setcc.c
#include <stdio.h>
    int main(){
int a =1, b =2, c =3, d =4;
int ret =a >b && b<c || c<d;        // 將邏輯運算式的結果值設定給 ret
    printf("ret: %d\n", ret);
    return 0;
}
```

SCF 編譯器為上述程式生成的原始三位址碼，其中「v_ 行號 _ 列號 / 運算元」為邏輯結果的臨時變數，冒號（：）之後為跳躍的目標位置，直接以目標指令表示，程式如下：

```
// 第 5 章 /setcc_3ac.c
assign a; 1
assign b; 2
assign c; 3
assign d; 4                          // 以上為對 a,b,c,d 的賦值

cmp a, b                             // 比較 a 是否大於 b
setgt v_9_17/&&                      // 將結果存入臨時變數
jle : TEQ v_9_17/&&                  // 短路跳躍，與設置臨時變數的條件碼相反

cmp b, c
setlt v_9_17/&&                      // 被跳過的 && 的第 2 個運算式 b< c

TEQ v_9_17/&&                        // 或運算的第 1 個運算式，也是與運算的臨時結果
SETNZ v_9_26/||
JNZ : assign ret; v_9_26/||
cmp c, d                             // 真正的短路目標，或運算的第 2 個運算式
setlt v_9_26/||
```

```
assign ret; v_9_26/||                    // 賦值, 邏輯運算子的上層運算
call printf, "ret: %d\n", ret
return 0
end
```

（1）短路跳躍（jle：TEQv_9_17/&&）與它的目標程式（TEQv_9_17/&&）之間存在容錯，因為跳躍條件就是 $a > b$ 為 False，所以對邏輯結果的測試（TEQ）必然為 0。

（2）進一步可得，隨後的 SETNZ 和 JNZ 都不會被觸發，真正的跳躍目標應該是最後一個運算式（$c < d$）。

（3）因為在與運算元的第 2 個運算式 $b < c$ 成立時邏輯結果必然為 True，隨後的 TEQ、SETNZ、JNZ 都會被觸發，所以可直接跳到對 ret 的賦值。

（4）若 $b < c$ 不成立，則 TEQ、SETNZ、JNZ 全都相當於空指令，程式接著比較 $c < d$。

跳躍最佳化之後的三位址碼，程式如下：

```
// 第 5 章/setcc_3ac_opt.c
assign a; 1
assign b; 2
assign c; 3
assign d; 4

cmp a, b
jle : cmp c,d                          // 最佳化後的短路跳躍

cmp b, c
setlt v_9_26/||
jlt : assign ret; v_9_26/||
```

第 5 章　三位址碼的生成

```
cmp c, d                          // 真正的短路目標，或運算的第 2 個運算式
setlt v_9_26/||

assign ret; v_9_26/||             // 賦值，邏輯運算子的上層運算
call printf, "ret: %d\n", ret
return 0
end
```

當零跳躍被觸發時，因為非零跳躍肯定不會被觸發，所以圖 5-7 的程式將執行到下一個位置（next）。

5.6.3 死程式消除

如果絕對跳躍之後的程式不是其他跳躍的目標程式，則它是不會被執行到的死程式，如圖 5-8 所示。

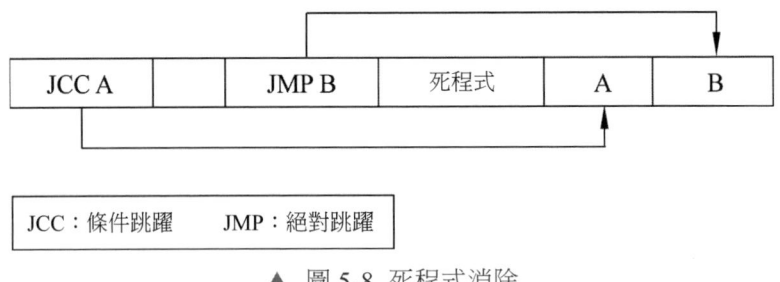

▲ 圖 5-8 死程式消除

刪除這些死程式有利於簡化程式的邏輯，生成更高效的程式。刪除演算法為從絕對跳躍之後的第 1 筆程式開始往雙鏈結串列的尾部方向遍歷，一直刪除到某個跳躍的目標程式之前為止。三位址碼的管理為什麼要用雙鏈結串列？因為雙鏈結串列是一維線性結構，並且刪除一個元素的時間複雜度是 O（1），記憶體也是一維線性結構。

5.6.4 程式實現

為了減少對三位址碼鏈結串列的遍歷次數，跳躍最佳化、邏輯運算元的最佳化、死程式消除都實現在查詢基本區塊起始位置的 _3ac_find_basic_block_start() 函數中，相關的程式如下：

```
// 第 5 章 /scf_3ac.c
#include "scf_3ac.h"
#include "scf_function.h"
#include "scf_basic_block.h"
#include "scf_graph.h"
    int _3ac_find_basic_block_start(scf_list_t* h){
scf_list_t* l;
        for (l =scf_list_head(h); l !=scf_list_sentinel(h);
            l =scf_list_next(l)) {
        scf_3ac_code_t* c =scf_list_data(l, scf_3ac_code_t, list);
        scf_list_t* l2   =NULL;
        scf_3ac_code_t* c2 =NULL;

        if (scf_type_is_jmp(c->op->type)) { // 跳躍最佳化
            scf_3ac_operand_t* dst0 =c->dsts->data[0];
            assert(dst0->code);
            // 跳躍目標為邏輯運算子時的最佳化
            if (SCF_OP_3AC_TEQ ==dst0->code->op->type) {
                int ret =_3ac_filter_dst_teq(h, c);
                if (ret<0)
                    return ret;
            }
            for (l2 =scf_list_prev(&c->list); l2 !=scf_list_sentinel(h);
                l2 =scf_list_prev(l2)) {
                c2 =scf_list_data(l2, scf_3ac_code_t, list);
                if (scf_type_is_setcc(c2->op->type))
                    continue;
                // 跳躍之前為邏輯運算元時的最佳化
```

```c
                if (SCF_OP_3AC_TEQ ==c2->op->type) {
                    int ret =_3ac_filter_prev_teq(h, c, c2);
                    if (ret<0)
                        return ret;
                }
                break;
            }
            _3ac_filter_jmp(h, c);                    // 串聯的跳躍最佳化
        }
    }
    // 以下迴圈為死程式消除
    for (l =scf_list_head(h); l !=scf_list_sentinel(h); ) {
        scf_3ac_code_t*         c      =scf_list_data(l, scf_3ac_code_t, list);
        scf_list_t*             l2     =NULL;
        scf_3ac_code_t*         c2     =NULL;
        scf_3ac_operand_t*      dst0   =NULL;
        if (SCF_OP_3AC_NOP ==c->op->type) {           // 刪除空指令
            assert(!c->jmp_dst_flag);
            l =scf_list_next(l);
            scf_list_del(&c->list);
            scf_3ac_code_free(c);
            c =NULL;
            continue;
        }
        if (SCF_OP_GOTO !=c->op->type) {              // 查詢絕對跳躍
            l =scf_list_next(l);
            continue;
        }
        assert(!c->jmp_dst_flag);
        // 以下消除絕對跳躍的死程式
        for (l2 =scf_list_next(&c->list); l2 !=scf_list_sentinel(h); ) {
            c2 =scf_list_data(l2, scf_3ac_code_t, list);
            if (c2->jmp_dst_flag)                     // 若為跳躍的目標，則跳出迴圈
                break;
```

```
            l2 =scf_list_next(l2);
            scf_list_del(&c2->list);                // 死程式消除
            scf_3ac_code_free(c2);
            c2 =NULL;
        }
        l =scf_list_next(l); // 若絕對跳躍的下一行指令為它的目標，則刪除該跳躍
        dst0 =c->dsts->data[0];
        if (l ==&dst0->code->list) {
            scf_list_del(&c->list);
            scf_3ac_code_free(c);
            c =NULL;
        }
    }
    return 0;
}
```

以上只列出了該函數中與跳躍最佳化相關的程式，與基本區塊拆分有關的程式省略。

第 5 章 三位址碼的生成

MEMO

6

基本區塊的劃分

　　基本區塊（Basic Block，BB）是一個循序執行的程式區塊，不含跳躍、不含函數呼叫，並且除了第 1 筆之外的其他程式都不可能是跳躍的目標。基本區塊只能從第 1 筆程式開始且只能沿著時間循序執行到最後一筆，其執行結果只取決於入口狀態。也就是說，基本區塊是包含著自身完整資訊的一維時間序列，這為資訊壓縮（程式最佳化）提供了可能。基本區塊的劃分取決於跳躍、跳躍的目標、函數呼叫。如果把這三類程式打上標記，則任何兩個標記之間的程式就是基本區塊。

6.1 比較、跳躍導致的基本區塊劃分

1. 跳躍的基本區塊劃分

跳躍的基本區塊劃分如圖 6-1 所示。

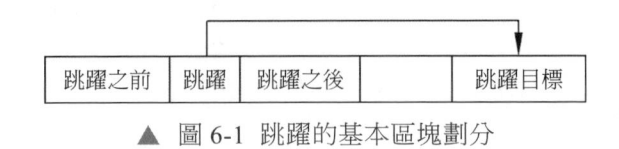

| 跳躍之前 | 跳躍 | 跳躍之後 | | 跳躍目標 |

▲ 圖 6-1 跳躍的基本區塊劃分

（1）因為跳躍讓它之前的程式越過它之後的程式而與它的目標程式連結了起來，導致三者不再是一個按循序執行的整體，所以跳躍之前、跳躍之後、跳躍目標要劃分成 3 個不同的基本區塊。

（2）絕對跳躍之後的基本區塊與它之前的基本區塊沒有連結。

（3）條件跳躍之後的基本區塊與它之前的基本區塊有連結，因為跳躍條件不一定不成立。

注意：跳躍條件是否成立要到執行時期確定，編譯階段必須覆蓋所有可能。

2. 變數的儲存時機

劃分了基本區塊之後就能只在基本區塊的入口將變數載入到暫存器，只在基本區塊的出口將變數儲存到記憶體，中間儘量使變數保持在暫存器中，從而減少記憶體的讀寫次數。

（1）如果變數在基本區塊內被修改過，則在基本區塊的出口儲存它。

（2）如果變數在基本區塊內沒有被修改，則不需要儲存。

（3）如果變數是賦值或更新運算元（例如 =、+=、++）的目的運算元，則它會被修改。

變數的載入和儲存是最主要的記憶體讀寫，現在它們被放在基本區塊的入口和出口。除非暫存器不夠用了，否則不會在基本區塊的中間讀寫記憶體。如果基本區塊用到的變數太多而導致 CPU 的暫存器不夠用，則會增加額外的記憶體讀寫。

3. 比較的基本區塊劃分

比較並不會修改變數的值，只會修改標識暫存器（Eflags）的條件碼。

（1）當比較屬於普通運算式時，它會將條件碼讀取到一個臨時變數。

（2）當比較屬於條件運算式時，它只為跳躍提供條件碼。

第（2）種情況下可把它劃分為一個基本區塊，這樣在它之前的基本區塊內修改過的變數都會在那個基本區塊的出口被儲存，如圖 6-2 所示。

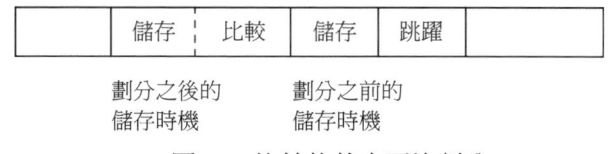

	儲存	比較	儲存	跳躍	
	劃分之後的儲存時機		劃分之前的儲存時機		

▲ 圖 6-2 比較的基本區塊劃分

在精簡指令集電腦（Reduced Instruction Set Computer，RISC）上，因為定址方式的限制儲存變數時可能會用到兩個暫存器，並且在這個過程中可能會影響到條件碼，從而導致比較之後的跳躍錯誤。透過基本區塊的劃分把儲存時機提前即可避免這種問題。

6-3

第 6 章　基本區塊的劃分

6.2 函數呼叫

函數呼叫是從當前函數跳躍到被調函數（Callee）執行後返回的過程。被調函數對於當前函數是個黑盒，它可能來自當前的抽象語法樹，也可能來自某個動態函數庫。無法知道它將使用當前函數的哪些變數，只能當它都可能用到。

在函數呼叫之前要先把所有修改過的變數儲存到記憶體，在呼叫結束後再重新載入，否則一旦被調函數用到了未儲存的變數就會出現記憶體和暫存器的資料不一致（見 5.4.4 節）。

自動儲存和載入變數的方法是把函數呼叫之前、函數呼叫本身、函數呼叫之後劃分為 3 個基本區塊從而啟動編譯器的載入儲存機制，即在基本區塊的出口儲存變數、在基本區塊的入口載入變數。

6.3 基本區塊的流程圖

在劃分完基本區塊之後，要根據跳躍指令建立基本區塊之間的關係。程式流程從基本區塊 A 直接執行到基本區塊 B，則 A 是 B 的前序（Prev）、B 是 A 的後續（Next）。如果兩個基本區塊無法直接執行到，則它們沒有直接的前後序關係。

函數的所有基本區塊和它們之間的前後序關係組成了基本區塊的流程圖，它與原始程式碼一樣表達了函數的所有邏輯結構。該流程圖是編譯器中後段的骨架，是中間程式最佳化和機器碼生成的基礎，它的建構演算法如下：

（1）絕對跳躍之前的基本區塊 A 是跳躍的目標基本區塊 B 的前序，而 B 是 A 的後續。

6.3 基本區塊的流程圖

（2）條件跳躍之前的基本區塊 A 同時也是跳躍目標 B 和跳躍之後的基本區塊 C 的前序，而 B 和 C 都是 A 的後續。

（3）因跳躍之外的因素劃分的兩個相鄰基本區塊，更靠近函數開頭的基本區塊為前序，更靠近函數末尾的基本區塊為後續。

（4）函數開頭所在的基本區塊是最靠前的前序，函數末尾所在的基本區塊是最靠後的後續，它們兩個分別是基本區塊流程圖的起點（Start）和終點（End）。

第 5 章的 setcc.c 程式生成的基本區塊流程圖，如圖 6-3 所示。

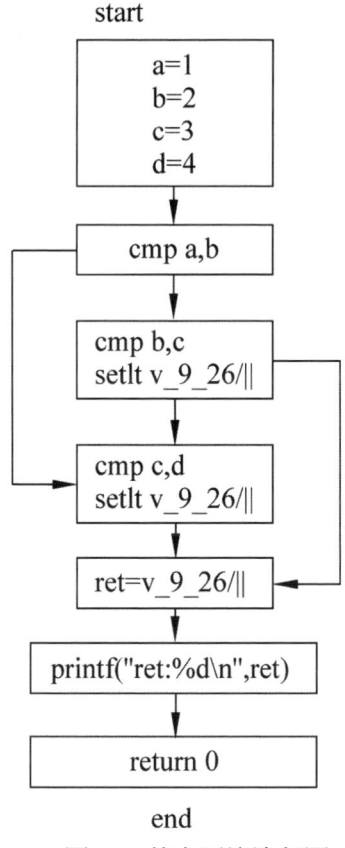

▲ 圖 6-3 基本區塊流程圖

6-5

第 6 章　基本區塊的劃分

　　原始程式碼中定義的每個函數都會生成一個基本區塊的流程圖，編譯器的中間程式最佳化和機器碼生成都將以該流程圖為基礎，直到生成目的檔案（.o）。

中間程式最佳化

　　中間程式最佳化是編譯器為了消除容錯運算、降低記憶體讀寫次數、支援高級語法功能而進行的最佳化。因為它處理的是基本區塊流程圖和圖上的三位址碼，與具體的 CPU 指令集無關，

第 7 章　中間程式最佳化

7.1 程式框架

　　中間程式最佳化可分為局部最佳化和全域最佳化，前者只依賴函數內的基本區塊流程圖，後者依賴多個函數之間的呼叫鏈。整個最佳化過程分多步進行，每步對應一個最佳化器，最佳化器的資料結構的程式如下：

```
// 第 7 章 /scf_optimizer.h
#include "scf_ast.h"
#include "scf_basic_block.h"
#include "scf_3ac.h"
#define SCF_OPTIMIZER_LOCAL  0              // 局部最佳化標識
#define SCF_OPTIMIZER_GLOBAL 1              // 全域最佳化標識
struct scf_optimizer_s                      // 最佳化器
{
    const char* name;                       // 名稱
    int (*optimize)(scf_ast_t* ast, scf_function_t* f,    // 函數指標
                    scf_vector_t* functions);
    uint32_t flags;                         // 局部或全域標識
};
```

　　以上資料結構中 name 是最佳化器的名稱，flags 是局部或全域標識。將局部最佳化器的 flags 設置為 0，將全域最佳化器的 flags 設置為 1。optimize 是回呼函數的指標，它的第 1 個參數 ast 是抽象語法樹，第 2 個參數 f 是要最佳化的函數，第 3 個參數 functions 是包含所有函數的動態陣列。把多個這樣的最佳化器組成一個指標陣列，遍歷該陣列並執行其中的回呼函數就能實現中間程式最佳化，程式如下：

```
// 第 7 章 /scf_optimizer.c
#include "scf_optimizer.h"
static scf_optimizer_t* scf_optimizers[] =      // 最佳化器的指標陣列
{
    &scf_optimizer_inline,                      // 內聯函數
    &scf_optimizer_dag,                         // 有向無環圖的生成
```

```c
        &scf_optimizer_call,                    // 函數呼叫分析
        &scf_optimizer_pointer_alias,           // 單一基本區塊的指標分析
        &scf_optimizer_active_vars,             // 變數活躍度分析
        &scf_optimizer_pointer_aliases,         // 函數內的指標分析
        &scf_optimizer_loads_saves,             // 變數的載入和儲存分析
        &scf_optimizer_auto_gc_find,            // 自動記憶體管理的分析
        &scf_optimizer_dominators_normal,       // 支配節點分析
        &scf_optimizer_auto_gc,                 // 自動記憶體管理的實現
        &scf_optimizer_basic_block,             // 單一基本區塊的 DAG 最佳化
        &scf_optimizer_const_teq,               // 常數測試分析
        &scf_optimizer_dominators_normal,
        &scf_optimizer_loop,                    // 迴圈分析
        &scf_optimizer_group,                   // 分組最佳化
        &scf_optimizer_generate_loads_saves,    // 載入儲存指令的增加
};
int scf_optimize(scf_ast_t* ast, scf_vector_t* functions){ // 中間程式最佳化
scf_optimizer_t* opt;
scf_function_t* f;
int n =sizeof(scf_optimizers) / sizeof(scf_optimizers[0]); // 最佳化器的個數
int i;
int j;
    for (i =0; i<n; i++) {                      // 依次呼叫最佳化器的回呼函數
        opt =scf_optimizers[i];
        if (SCF_OPTIMIZER_GLOBAL ==opt->flags) {
            int ret =opt->optimize(ast, NULL, functions); // 全域最佳化
            if (ret<0)
                return ret;
            continue;
        }
        for (j =0; j<functions->size; j++) {
            f = functions->data[j];
            if (!f->node.define_flag) // 跳過僅宣告的外部函數
                continue;
            int ret =opt->optimize(ast, f, NULL); // 局部最佳化
```

```
            if (ret<0)
                return ret;
        }
    }
    return 0;
}
```

因為有些最佳化器之間有連結，所以 scf_optimizers 陣列中的排列順序不能輕易更改。

（1）因為內聯函數可能增加主呼叫函數的區域變數的個數，所以它要位於陣列的第 1 個位置。

（2）因為所有後續分析都依賴於函數的有向無環圖（將在 7.3 節介紹），所以有向無環圖的生成放在第 2 個位置。

（3）因為指標會間接地改變變數的活躍範圍，所以單一基本區塊的指標分析要放在變數活躍度分析之前。

（4）因為中間程式最佳化很大程度上是為了減少記憶體讀寫次數，所以變數的儲存和載入要放在最後增加。

中間程式最佳化是編譯器最核心的內容，程式語言的大部分語法依賴這個環節的支援，例如內聯函數、指標、變數的作用域、自動記憶體管理、迴圈分析等。

7.2 內聯函數

內聯函數是可以嵌入在主呼叫函數內的小函數，因為程式量很少，所以把它直接嵌入被呼叫的位置比執行完整的呼叫流程更划算。

1. 函數呼叫的流程

（1）主呼叫函數（Caller）先儲存所有修改過的變數，然後儲存該由它儲存的暫存器組（Caller Saved Registers），之後準備呼叫的實際參數並跳躍到被調函數（Callee）。

（2）被調函數也儲存該由它儲存的暫存器組（Caller Saved Registers），然後為區域變數分配堆疊記憶體，之後讀取參數並計算出傳回值，恢復之前儲存的暫存器組，最後返回主呼叫函數。

（3）主呼叫函數讀取傳回值，也恢復它之前儲存的暫存器組，重新從記憶體載入所需的變數繼續執行。

如果被調函數的程式很少，則大量的時間被消耗在呼叫流程上，有效程式所佔的比例很低。若把被調函數直接嵌在主呼叫函數內，則可減少消耗、提高效率，這就是內聯函數。

2. 內聯函數的嵌入

內聯函數以 inline 關鍵字定義，原始程式必須與主呼叫函數一起編譯，不能以目的檔案或函數庫檔案的形式提供。因為暫存器分配問題，主呼叫函數不能直接使用它的機器碼而只能使用它的三位址碼。

內聯函數嵌入主呼叫函數之後，它的形參對應著呼叫它的實際參數，它的傳回值對應著接收傳回值的變數，它的區域變數也變成主呼叫函數的區域變數。內聯函數的三位址碼和基本區塊流程圖保持不變，如圖 7-1 所示。

第 7 章　中間程式最佳化

圖 7-1 對應的程式如下：

```c
// 第 7 章 /inline.c
#include < stdio.h>
    inline int add(int i, int j) {
        return i +j;
    }
    int main(){
int a =1;
int b =2;
int c =add(a, b);
    printf("%d\n", c);
    return 0;
}
```

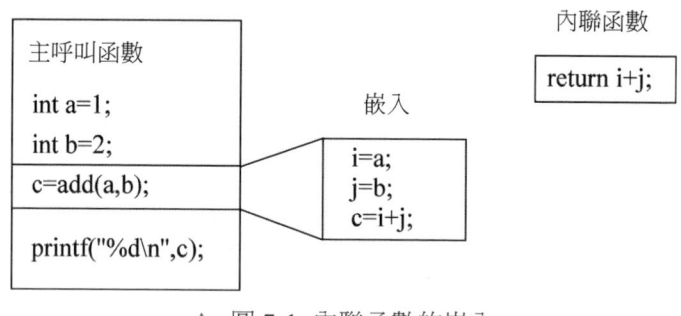

▲ 圖 7-1　內聯函數的嵌入

因為內聯函數 add() 只有一行加法運算，對它執行呼叫流程的消耗遠大於這行程式，所以把它嵌入主呼叫函數中。形參 i 和 j 變成主呼叫函數 main() 的區域變數且 i=a、j=b，與函數呼叫的傳入參數等價。內聯函數中的 return 敘述變成對變數 c 的賦值，不再需要被調函數的返回流程。

之所以把實際參數賦值給形參而非直接參與內聯函數中的運算，是為了避免實際參數被修改。在函數呼叫中實際參數到形參是傳值呼叫，並不會被內聯函數修改。如果實際參數直接參與運算且在內聯函數之後還要使用，則會導致 Bug。

3. 程式實現

內聯函數的最佳化器及其回呼函數的程式如下：

```
// 第 7 章 /scf_optimizer_inline.c
#include "scf_optimizer.h"
  int _optimize_inline(scf_ast_t* ast, scf_function_t* f,
                       scf_vector_t* functions){   // 內聯最佳化器的回呼函數
int i;
    if (!ast || !functions || functions->size <=0)
           return -EINVAL;
    for (i =0; i<functions->size; i++) {           // 遍歷所有函數並執行內聯
        int ret =_optimize_inline2(ast, functions->data[i]);
        if (ret<0)
            return ret;
    }
    return 0;
}
scf_optimizer_t scf_optimizer_inline =              // 內聯最佳化器的結構
{
    .name = "inline",                               // 名稱

    .optimize = _optimize_inline,                   // 回呼函數指標
    .flags =SCF_OPTIMIZER_GLOBAL,                   // 標識
};
```

具體的內聯過程由 _optimize_inline2() 函數處理，它會遍歷主呼叫函數的每個基本區塊查詢其中的函數呼叫，並把內聯函數的基本區塊稍做修改之後複製到呼叫位置。在複製過程中要保持內聯函數的流程圖不變，即如果內聯函數中有分支跳躍流程，則複製之後依然要保持同樣的分支跳躍流程。

（1）如果是函數指標呼叫，則不能內聯，因為函數指標的指向可能會在執行時期改變。

第 7 章　中間程式最佳化

（2）如果被調函數像 printf() 一樣含有可變參數，則不能內聯，可變參數的處理涉及堆疊記憶體的版面配置，不能簡單地複製基本區塊流程圖。

（3）如果被調函數是只宣告而未定義的外部函數，則不能內聯，因為無法獲得它的基本區塊流程圖。

（4）如果被調函數的程式量太大，則沒必要內聯，因為傳入參數的消耗在整個呼叫過程中所佔的比例很低。

當以上 4 點檢測通過之後，_optimize_inline2() 函數會呼叫 _do_inline() 函數完成內聯函數的嵌入，程式如下：

```c
// 第 7 章 /scf_optimizer_inline.c
#include "scf_optimizer.h"
    int _do_inline(scf_ast_t* ast, scf_3ac_code_t* c, scf_basic_block_t**pbb,
             scf_function_t* f, scf_function_t* f2){ // 內聯細節的處理函數
scf_basic_block_t*      bb =*pbb;               // 當前函數呼叫所在的基本區塊
scf_basic_block_t*      bb2;
scf_basic_block_t*      bb_next;
scf_3ac_operand_t*      src;
scf_3ac_code_t*         c2;
scf_variable_t*         v2;
scf_vector_t*           argv;
scf_node_t*             node;
scf_list_t*             l;
scf_list_t              hbb;                    // 複製的內聯函數的基本區塊鏈
int i;
int j;
    scf_list_init(&hbb);                        // 鏈結串列初始化
    argv =scf_vector_alloc();
    if (!argv)
        return -ENOMEM;
    _copy_codes(&hbb, argv, c, f, f2);          // 複製內聯函數的基本區塊
    for (i =0; i<argv->size; i++) {             // 遍歷內聯函數的形參陣列
```

```c
        node =argv->data[i];
        for (j =0; j<f2->argv->size; j++) {
            v2 =f2->argv->data[j];
            if (_scf_operand_get(node) ==v2)
                break;
        }
        assert(j<f2->argv->size);

        // 若形參被使用，則增加它跟實際參數之間的設定陳述式
        src =c->srcs->data[j +1];
        c2 =scf_3ac_code_NN(SCF_OP_ASSIGN, &node, 1, &src->node, 1);
        scf_list_add_tail(&c->list, &c2->list);
        c2->basic_block =bb;
    }
    scf_vector_clear(argv, NULL); // 清理陣列並查詢內聯函數的區域變數
    int ret =scf_node_search_bfs((scf_node_t*)f2, NULL, argv, - 1, _find_local_
                            vars);
    if (ret<0) {
        scf_vector_free(argv);
        return -ENOMEM;
    }
    for (i =0; i<argv->size; i++) { // 將內聯函數的區域變數增加為主呼叫函數的區域變數
        v2 =argv->data[i];
        ret =scf_vector_add_unique(f->scope->vars, v2);
        if (ret<0) {
            scf_vector_free(argv);
            return -ENOMEM;
        }
    }
    scf_vector_free(argv);
    argv =NULL;

    // 以下為複製之後的流程圖的處理
    l =scf_list_tail(&hbb);
```

```
            bb2 =scf_list_data(l, scf_basic_block_t, list);
            *pbb =bb2; // 內聯函數的最後一個基本區塊為主呼叫函數最新的當前基本區塊
            SCF_XCHG(bb->nexts, bb2->nexts); // 維持主呼叫函數的流程結構
            bb2->end_flag =0; // 取消內聯基本區塊的末尾標識

            for (i =0; i<bb2->nexts->size; i++) { // 更正內聯之後的前後序關係
                bb_next =bb2->nexts->data[i];
                int j;
                for (j =0; j<bb_next->prevs->size; j++) {
                    if (bb_next->prevs->data[j] ==bb) {
                        bb_next->prevs->data[j] = bb2;
                        break;
                    }
                }
            }
        }
        int nblocks =0;
        while (l ! =scf_list_sentinel(&hbb)) { // 將內聯基本區塊增加到主呼叫函數的基本區塊鏈結串列
            bb2    =scf_list_data(l, scf_basic_block_t, list);
            l      =scf_list_prev(l);
            scf_list_del(&bb2->list);
            scf_list_add_front(&bb->list, &bb2->list);
            nblocks++; // 統計內聯基本區塊的個數
        }
        // 迴圈結束時 bb2 指向內聯的第 1 個基本區塊
        if (bb2->jmp_flag || bb2->jmp_dst_flag) { // 若 bb2 為跳躍或跳躍的目標
            if (scf_vector_add(bb->nexts, bb2)<0) // 則增加它和主呼叫函數的當前基本區塊 bb
                                                  // 之間的前後序關係
                return -ENOMEM;
            if (scf_vector_add(bb2->prevs, bb)<0)
                return -ENOMEM;
        } else { // 若不為跳躍或跳躍的目標，則把 bb2 的三位址碼轉移到 bb 中
            for (l =scf_list_head(&bb2->code_list_head);
                    l !=scf_list_sentinel(&bb2->code_list_head); ) {
                c2 =scf_list_data(l, scf_3ac_code_t, list);
```

```
            l =scf_list_next(l);
            scf_list_del(&c2->list);
            scf_list_add_tail(&c->list, &c2->list);
            c2->basic_block =bb;
            if (SCF_OP_CALL ==c2->op->type)
                bb->call_flag =1;
        }
        SCF_XCHG(bb->nexts, bb2->nexts); // 更正移動三位址碼之後的流程圖
        for (i =0; i<bb->nexts->size; i++) {
            bb_next =bb->nexts->data[i];
            int j;
            for (j =0; j<bb_next->prevs->size; j++) {
                if (bb_next->prevs->data[j] ==bb2) {
                    bb_next->prevs->data[j] = bb;
                    break;
                }
            }
        }
        scf_list_del(&bb2->list); // 刪除基本區塊 bb2
        scf_basic_block_free(bb2);
        bb2 =NULL;
        if (1 ==nblocks) // 若內聯函數只有一個基本區塊，則主呼叫函數的當前基本區塊不變
            *pbb =bb;
    }
    return 0;
}
```

嵌入內聯函數時的要點有 3 個，即實際參數到形參的傳入參數、傳回值的設置、內聯基本區塊之間的前後序關係。流程並不複雜，但很精細，在撰寫程式時要仔細處理各種細節。

7.3 有向無環圖

有向無環圖（Directed Acyclic Graph，DAG）是編譯器中常用的資料結構。它的每個節點都可以有多個子節點和多個父節點，子節點表示運算元，父節點不但表示更上層的運算，還表示子節點的使用次序。有向無環圖在生成節點時要做去重處理，若之前存在相同的節點，則使用之前的，若不存在，則生成新的節點。經過去重之後就能顯示出原始程式碼中更多的資訊，例如變數或中間結果在原始程式碼中的使用情況。

7.3.1 公共子運算式

如果有向無環圖的某個非葉節點被多個父節點使用，則它是這些父節點的公共子運算式，如圖 7-2 所示。

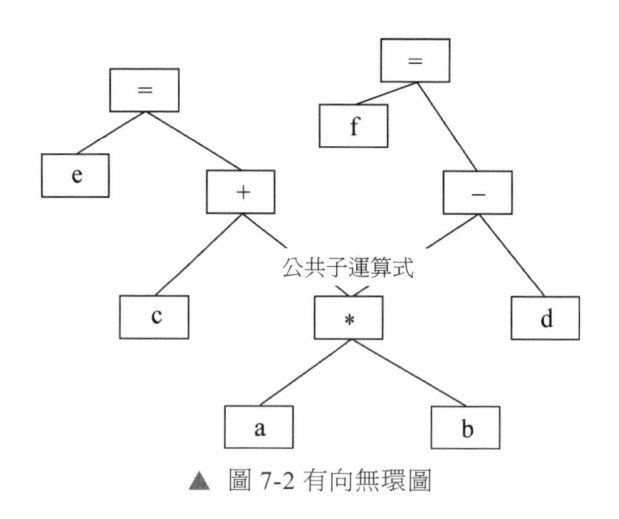

▲ 圖 7-2 有向無環圖

圖 7-2 對應的程式如下：

```
//第 7 章/dag.c
#include <stdio.h>
  int main(){
int a =1;
```

```
int b =2;
int c =3;
int d =4;
int e =a * b+c;
int f =a * b-d;
    return 0;
}
```

計算 e 和 f 時都需要計算 a*b，因為這兩次計算之間 a 和 b 的值都沒變化，所以 a*b 是公共子運算式。雖然 a*b 在原始程式碼中出現了兩次，但只會生成一個節點。這個節點有兩個父節點，分別是加法和減法，各自對應 e 和 f 的值。如果用抽象語法樹表示，則會為兩個乘法各生成一個節點，在轉換成三位址碼時也要產生兩行乘法指令，從而導致容錯計算。

公共子運算式是運算的中間結果，它不是有向無環圖的葉節點。如果葉節點被多個父節點使用，則父節點的排列次序就是普通變數在原始程式碼中的使用次序。

注意：如果父節點是賦值或更新運算元（=、+=、++ 等），則在這之後變數的值已被修改，之前的與之後的同類運算元不是公共子運算式。

因為以上這些在抽象語法樹中是看不出來的，所以有向無環圖比抽象語法樹更適用於中間程式最佳化。

7.3.2 資料結構

有向無環圖的資料結構，程式如下：

```
// 第 7 章 /scf_dag.h
// 節選自    SCF   編譯器
#include "scf_vector.h"
#include "scf_variable.h"
#include "scf_node.h"
```

第 7 章　中間程式最佳化

```
struct scf_dag_node_s {                        // 向無環圖的節點
    scf_list_t         list;                   // 掛載所有節點的鏈結
    int                type;                   // 節點類型，與抽象語法樹和三位址碼一樣
    scf_variable_t*    var;                    // 對應的變數
    scf_node_t*        node;                   // 對應的抽象語法樹節點
    scf_vector_t*      parents;                // 父節點的動態陣列
    scf_vector_t*      childs;                 // 子節點的動態陣列

    void*              rabi;                   // 為形參時的暫存器
    void*              rabi2;                  // 為實際參數時的暫存器
    intptr_t           color;                  // 用於暫存器著色演算法

    uint32_t           done:1;                 // 遍歷標識
    uint32_t           active:1;               // 活躍標識
    uint32_t           inited:1;               // 初始化標識
    uint32_t           updated:1;              // 更新標識
    uint32_t           loaded:1;               // 暫存器載入標識
};
struct scf_dn_status_s {                       // 有向無環圖的節點狀態
    scf_dag_node_t*    dag_node;               // 對應的節點
    scf_vector_t*      dn_indexes;             // 若節點為陣列或結構成員 則記錄索引序列

    scf_dag_node_t*    alias;                  // 指標節點的指向
    scf_vector_t*      alias_indexes;          // 若指向的是陣列或結構成員 則記錄索引序列
    scf_dag_node_t*    dereference;
    int                alias_type;             // 指向的節點類型

    int                refs;
    intptr_t           color;                  // 紀錄暫存器的著色

    uint32_t           active :1;              // 活躍標識
    uint32_t           inited :1;              // 初始化標識
    uint32_t           updated:1;              // 更新標識
```

7-14

```
    uint32_t    loaded :1;                  // 暫存器載入標識
    uint32_t    ret :1;                     // 傳回值標識
};
```

scf_dag_node_s 用於記錄變數的即時狀態，與之對應的 scf_dn_status_s 用於記錄變數在每筆三位址碼被執行時的狀態和在基本區塊出入口的狀態。一個記錄當前狀態，另一個記錄過去留影，兩者一起組成了中間程式最佳化的基礎。

7.3.3 有向無環圖的生成

把抽象語法樹轉化成有向無環圖的程式如下：

```
// 第 7 章 /scf_dag.c
#include "scf_dag.h"
#include "scf_3ac.h"
  int scf_dag_get_node(scf_list_t* h, const scf_node_t* node,
                       scf_dag_node_t**pp){      // 生成有向無環圖的節點
const scf_node_t*       node2;
scf_variable_t*         v;
scf_dag_node_t*         dn;
    if (*pp)
        node2 =(*pp)->node;
    else
        node2 =node;
    v =_scf_operand_get((scf_node_t*)node2);     // 抽象語法樹節點對應的變數
    dn =scf_dag_find_node(h, node2);             // 查詢已有的有向無環圖節點
    if (!dn) {                                   // 若不存在，則生成新的節點
        dn =scf_dag_node_alloc(node2->type, v, node2);
        if (!dn)
            return -ENOMEM;
        scf_list_add_tail(h, &dn->list);         // 增加到節點鏈結
    vdn->old =*pp;                               // 記錄上一次生成的有向無環圖節點，可能為空
```

```
    } else {
        dn->var->local_flag |=v->local_flag;
        dn->var->tmp_flag  |=v->tmp_flag;
    }
    *pp =dn;                                    // 輸出結果
    return 0;
}
```

如果把三位址碼轉化成有向無環圖 (DAG)，則除了要把運算元轉化成 DAG 節點之外還要增加運算元節點，然後把運算元作為運算元的子節點，程式如下：

```
// 第 7 章 /scf_3ac.c
#include "scf_3ac.h"
#include "scf_function.h"
#include "scf_basic_block.h"
#include "scf_graph.h"
    int scf_3ac_code_to_dag(scf_3ac_code_t* c, scf_list_t* dag){
scf_3ac_operand_t* src;                         // 來源運算元
scf_3ac_operand_t* dst;                         // 目的運算元
int ret;
    if (scf_type_is_assign(c->op->type)) {      // 賦值運算的轉換
        src =c->srcs->data[0];
        dst =c->dsts->data[0];
        ret =scf_dag_get_node(dag, src->node, &src->dag_node);
        // 轉換來源運算
        if (ret<0)
            return ret;
        ret =scf_dag_get_node(dag, dst->node, &dst->dag_node);
        // 轉換目的運算元
        if (ret<0)
            return ret;

        scf_dag_node_t* dn_src;
```

```
        scf_dag_node_t* dn_parent;
        scf_dag_node_t* dn_child;
        scf_dag_node_t* dn_assign;
        scf_variable_t* v_assign =NULL;
        if (dst->node->parent)
            v_assign =_scf_operand_get(dst->node->parent);
        dn_assign =scf_dag_node_alloc(c->op->type, v_assign, NULL);
        scf_list_add_tail(dag, &dn_assign->list);            // 增加運算子的節點

        // 目的運算元和來源運算元都為運算子的子節點
        ret =scf_dag_node_add_child(dn_assign, dst->dag_node);
        if (ret<0)
            return ret;
        dn_src =src->dag_node;
        if (dn_src->parents && dn_src->parents->size >0) {
            dn_parent =dn_src->parents->data[dn_src->parents->size -1];
            if (SCF_OP_ASSIGN     ==dn_parent->type) {
                assert(2          ==dn_parent->childs->size);
                dn_child          = dn_parent->childs->data[1];
                return scf_dag_node_add_child(dn_assign, dn_child);
            }
        }
        ret =scf_dag_node_add_child(dn_assign, src->dag_node);
        if (ret<0)
            return ret;
    }
    // 其他類型三位址碼的轉換過程省略
    return 0;
}
```

遍歷基本區塊的每筆三位址碼並進行上述轉換就獲得了該基本區塊的有向無環圖。若對函數的每個基本區塊進行上述轉化，則獲得了整個函數的有向無環圖。因為有向無環圖在生成時已經消除了對公共子運算式的重複運算，所以它是中間程式最佳化的關鍵環節。

7.4 圖的搜尋演算法

基本區塊的流程圖是中間程式最佳化的基礎，它是可以沿著前序和後續兩個方向搜尋的雙向圖，使用的演算法為寬度優先搜索（Breadth First Search，BFS）和深度優先搜尋（Depth First Search，DFS）。

7.4.1 基本區塊的資料結構

基本區塊的資料結構必須包含它所有的前序和後續，這樣才能組成一張完整的流程圖，程式如下：

```c
// 第 7 章 /scf_basic_block.h
// 節選自　SCF　編譯器
#include "scf_list.h"
#include "scf_vector.h"
#include "scf_graph.h"

struct scf_basic_block_s
{
    scf_list_t          list;                   // 掛載到函數的基本區塊鏈結串列
    scf_list_t          code_list_head;         // 三位址碼的鏈結串列頭
    scf_vector_t*       prevs;                  // 前序基本區塊的動態陣列
    scf_vector_t*       nexts;                  // 後續基本區塊的動態陣列

    scf_vector_t*       dominators_normal;      // 正向的支配節點
    scf_vector_t*       dominators_reverse;     // 反向的支配節點
    int                 dfo_normal;             // 正向的深度優先序號
    int                 dfo_reverse;            // 反向的深度優先序號

    scf_vector_t*       entry_dn_actives;       // 入口活躍變數
    scf_vector_t*       exit_dn_actives;        // 出口活躍變數

    scf_vector_t*       dn_updateds;            // 更新過的變數
```

```
    scf_vector_t*         dn_loads;              // 入口需要載入的變數
    scf_vector_t*         dn_saves;              // 出口需要儲存的變數
    scf_vector_t*         dn_status_initeds;     // 變數的初始化狀態

    scf_vector_t*         dn_pointer_aliases;    // 指標的指向狀態
    scf_vector_t*         entry_dn_aliases;      // 入口時的指標指向狀態
    scf_vector_t*         exit_dn_aliases;       // 出口時的指標指向狀態

    scf_vector_t*         ds_malloced;           // 自動記憶體管理的變數
    scf_vector_t*         ds_freed;              // 已經自動釋放的變數

    uint32_t visited_flag:1;  // 遍歷標識
// 其他各項省略
};
```

其中動態陣列 prevs 用於儲存前序基本區塊，nexts 用於儲存後續基本區塊，這兩個陣列表達了函數內的執行流程。

7.4.2 寬度優先搜尋

寬度優先搜尋的步驟是用動態陣列儲存節點的遍歷順序，首先把起始節點增加到陣列中，然後每遍歷到一個節點就把它的所有子節點增加到陣列中，直到遍歷完整個陣列為止，程式如下：

```
// 第 7 章 /bb_bfs.c
#include "scf_basic_block.h"
int bb_bfs(scf_basic_block_t* root){
scf_vector_t*         vec;                   // 儲存遍歷順序的動態陣列
scf_basic_block_t*    bb;
scf_basic_block_t*    next;                  // 後續節點
int i, j;
    vec =scf_vector_alloc();
    if (!vec)
```

```
        return -ENOMEM;                        // 申請記憶體失敗時的錯誤碼

    scf_vector_add(vec, root);  // 增加起始節點

    for (i=0; i<vec->size; i++) {
        bb =vec->data[i];
        if (bb->visited_flag)                  // 如果已遍歷,則跳過
            continue;
        printf("bb: %p\n", bb);                // 列印當前節點
        bb->visited_flag =1;                   // 設置已遍歷標識

        for (j =0; j<bb->nexts->size; j++) {
            next =bb->nexts->data[j];
            if (next->visited_flag)            // 如果已遍歷,則跳過
                continue;
            scf_vector_add(vec, next);         // 增加子節點
        }
    }
    scf_vector_free(vec);
    return 0;
}
```

以上是遍歷後續基本區塊的演算法,只要把其中的 bb->nexts 改成 bb->prevs 即可遍歷前序基本區塊。

7.4.3 深度優先搜尋

深度優先搜尋只要沿著前序或後續遞迴搜尋,不需要使用動態陣列儲存遍歷順序,程式如下:

```
//第 7 章 /bb_dfs.c
#include "scf_basic_block.h"
    int bb_dfs(scf_basic_block_t* root){
scf_basic_block_t* next;                       // 後續節點
```

```
int i;
    if (root->visited_flag)
        return 0;
    root->visited_flag =1;
    printf("bb: %p\n", root);                    // 列印當前節點

    for (i=0; i<root->nexts->size; i++) {
        next =root->nexts->data[i];
        if (next->visited_flag)                  // 如果已遍歷，則跳過
            continue;
        bb_dfs(next);                            // 遞迴搜尋
    }
    return 0;
}
```

深度優先搜尋和寬度優先搜尋是最常用的圖型演算法，屬於資料結構與演算法的基礎內容。編譯器中段的指標分析、變數活躍度分析、迴圈分析都是對以上兩個演算法的花式擴充。

7.5 指標分析

指標會改變變數的活躍範圍，會間接地影響到變數的載入、儲存、暫存器分配。如果不能確定指標指向的變數，則指標運算可能會改變任何一個變數的值！這時為了保證記憶體和暫存器的資料一致，只能在指標運算之前把所有變數都儲存一遍，在指標運算之後再重新從記憶體載入。因為這會大大增加記憶體讀寫次數，降低執行效率，所以指標分析是編譯器的必要環節。

不支援指標的語言也繞不過指標分析，因為 Java 等語言雖然在語法層面不使用指標，但它的虛擬機器在自動記憶體管理時依然要使用類別物件的指標。Python 等動態語言的變數名稱只是類別物件在原始程式碼中的代號（指標），若要追蹤這個代號的指向變化依然離不開指標分析。

第 7 章　中間程式最佳化

指標運算包括賦值、加減、解引用、取結構成員、取陣列成員。賦值會讓指標指向新目標，加減會讓指標在陣列中移動，這兩種運算都會改變指標的指向，是指標分析的重點位置。解引用、取結構成員、取陣列成員都可能改變指標的目標變數值，是指標分析的起點位置。

7.5.1 指標解引用的分析

1. 基本區塊內的指標賦值

在同一個基本區塊內如果指標解引用的位置之前有對該指標的賦值，則只要從解引用的位置反向遍歷三位址碼鏈結串列，查詢到的最近一次賦值就是指標的目標變數，程式如下：

```
// 第 7 章 /pointer_object.c
  int f(int i, int a, int b){
int* p;
   if (i>0) {
       p =&b;                        // 對運算無影響
       p =&a;
       *p +=1;                       // 這時 p 肯定指向 a
   } else
       p =&b;
   return a;
}
```

因為每次賦值都讓指標指向新的變數，並且與之前的變數解除連結，所以對解引用有影響的是最近的賦值。基本區塊只能從第 1 筆程式開始按順序執行，任何程式都無法越過最近的賦值而到達之後的解引用位置。當前基本區塊內更早的賦值不可能，前序基本區塊的賦值更不可能。

在上述程式中 *p+=1 與 p=&a 都位於 if 的主體順序區塊內，因為 p=&b 不可能越過 p=&a 到達 *p+=1，所以 p 肯定指向 a，指標運算可最佳化成 a+=1。這樣的指標分析只需反向遍歷雙鏈結串列，演算法程式如下：

7.5 指標分析

```
// 第 7 章 /pointer_analysis.c
#include "scf_basic_block.h"
int pointer_analysis(scf_basic_block_t* bb, scf_3ac_code_t* dereference){
    scf_list_t* p;                      // 鏈結串列的指標
    scf_3ac_code_t* c;                  // 三位址碼
        for (p =scf_list_prev(&dereference->list);
            p !=scf_list_sentinel(&bb->code_list_head);
            p =scf_list_prev(p)) {      // 從解引用位置的前一筆三位址碼開始，反向遍歷

            c =scf_list_data(p, scf_3ac_code_t, list);
            if (SCF_OP_ASSIGN ==c->op->type) {
                // 細節省略
            }
        }
        return 0;
}
```

2. 前序基本區塊的指標賦值

若解引用的位置位於當前基本區塊的開頭或在當前基本區塊內找不到對指標的賦值，則可使用深度優先搜尋遍歷所有的前序基本區塊，查詢程式執行的每個可能分支上的指標賦值情況，程式如下：

```
// 第 7 章 /pointer_object2.c
  int f(int i, int a, int b){
int* p;
    if (i>0)
        p =&a;
    else
        p =&b;
    a +=1;
    *p +=2;
    return a;
}
```

第 7 章　中間程式最佳化

因為 if-else 產生的跳躍陳述式，所以上述程式會把 a+ =1 和 *p+ =2 劃分為一個基本區塊而 p=&a 和 p=&b 都是它的並列前序，如圖 7-3 所示。

在基本區塊 4 內並沒有對指標 p 的賦值，只能繼續查詢它的前序基本區塊 2 和 3。基本區塊 2 和 3 中分別把變數 a 和變數 b 的位址賦值給 p，所以在 *p +=2 時 p 的指向只可能為 a 或 b。該演算法可以透過修改 7.4.3 節的深度優先搜尋實現，程式如下：

```c
// 第 7 章 /scf_pointer_alias.c
#include "scf_optimizer.h"
#include "scf_pointer_alias.h"
int __bb_dfs_initeds(scf_basic_block_t* root, scf_dn_status_t* ds,
                     scf_vector_t* initeds){        // 查詢指標的賦值位置
    scf_basic_block_t*      bb;                     // 前序基本區塊
    scf_dn_status_t*        ds2;                    // 前序基本區塊的指標賦值狀態
    int i;
    int j;
    root->visited_flag =1;                          // 設置當前基本區塊的已遍歷標識
    int like =scf_dn_status_is_like(ds);            // 近似查詢還是精確查詢
    for (i =0; i<root->prevs->size; ++i) {          // 遍歷當前基本區塊的所有前序
        bb =root->prevs->data[i];
        if (bb->visited_flag)                       // 若已遍歷，則跳過
            continue;
        for (j =0; j<bb->dn_status_initeds->size; j++) { // 遍歷初始化陣列
            ds2 =bb->dn_status_initeds->data[j];    // 賦值狀態
            if (like) {                             // 近似匹配
                if (0 ==scf_dn_status_cmp_like_dn_indexes(ds, ds2))
                    break;
            } else {                                // 精確匹配
                if (0 ==scf_dn_status_cmp_same_dn_indexes(ds, ds2))
                    break;
            }
        }
        if (j<bb->dn_status_initeds->size) {        // 如果找到
```

```
            int ret =scf_vector_add(initeds, bb);       // 增加指標賦值所在的基本區塊
            if (ret<0)
                return ret;
            bb->visited_flag =1;                         // 設置已遍歷標識
            continue;                     // 跳過更早的前序，因為其被最近的賦值所遮斷
        }
        int ret =_ _bb_dfs_initeds(bb, ds, initeds);     // 若找不到，則遞迴遍歷更早的前序
        if ( ret<0)
            return ret;
    }
    return 0;
}
```

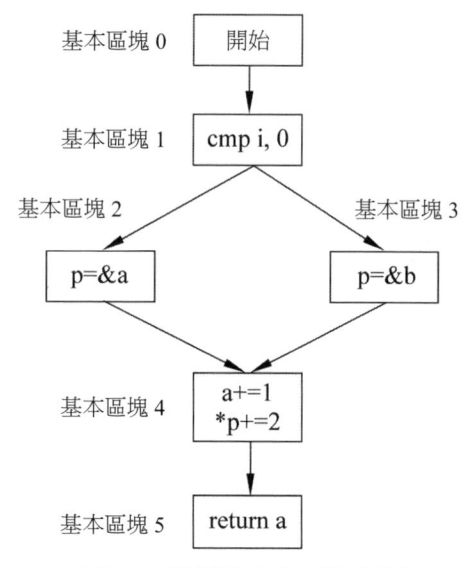

▲ 圖 7-3 指標的基本區塊流程圖

　　在以上演算法中如果指標的賦值在某個基本區塊 A 中被找到，則 A 的所有前序基本區塊中的賦值將不再起作用，因為它們不能跳過 A 而影響到解引用的位置。在找到賦值位置之後不再搜尋更早的前序，若找不到賦值的位置，則要沿著前序方向遞迴搜尋。

7-25

第 7 章　中間程式最佳化

因為本例中的 a 和 b 都可能被指標 p 用到，所以在指標運算之前要把它們都儲存到內存。儲存的時機為變數最近一次修改之後，即在 a+ =1 之後儲存 a，在函數的開頭儲存 b。b 是函數的形參，在完成實際參數到形參的傳遞之後沒再修改過。

注意：當指標指向的變數可能多於一個時不能把它降級成普通運算，因為它在執行時期的真實指向不能在編譯時確定。

3. 未初始化的指標

對 7.5.1.2 節中的演算法進一步修改之後可用於檢測原始程式碼中未被初始化的指標。首先把指標賦值所在的所有基本區塊設置為屏障，然後從函數開頭往指標解引用的位置做深度優先搜尋時如果能找到一條通路，則表明指標可能在某些情況下未被初始化，程式如下：

```
// 第 7 章 /scf_pointer_alias.c
#include "scf_optimizer.h"
#include "scf_pointer_alias.h"
  int _ _bb_dfs_check_initeds(scf_basic_block_t* root,
                              scf_basic_block_t* obj){        // 指標的遞迴檢測
scf_basic_block_t* bb;
int i;
   if (root ==obj) // 若當前基本區塊是解引用所在的基本區塊，則指標未初始化
       return -1;
   if (root->visited_flag)                                    // 若已遍歷，則跳過
       return 0;
   root->visited_flag =1;                                     // 設置遍歷標識
   for (i =0; i<root->nexts->size; ++i) {                     // 遍歷所有後續基本區塊
       bb =root->nexts->data[i];
       if (bb->visited_flag)
           continue;
       if (bb ==obj) // 若後續基本區塊是解引用所在的基本區塊，則指標未被初始化
```

7.5 指標分析

```
            return -1;
        int ret =_ _bb_dfs_check_initeds(bb, obj);        // 遞迴遍歷
        if ( ret<0)
            return ret;
    }
    return 0;
}
int _bb_dfs_check_initeds(scf_list_t* bb_list_head, scf_basic_block_t* bb,
                          scf_vector_t* initeds){           // 指標檢測
scf_list_t* l;
scf_basic_block_t* bb2;
int i;
    for (l =scf_list_head(bb_list_head);
            l !=scf_list_sentinel(bb_list_head);
            l =scf_list_next(l)) {                 // 清除所有基本區塊的遍歷標識
        bb2 =scf_list_data(l, scf_basic_block_t, list);
        bb2->visited_flag =0;
    }
    for (i =0; i<initeds->size; i++) {             // 設置指標賦值位置的遍歷標識
        bb2 =initeds->data[i];
        bb2->visited_flag =1;
    }
    l =scf_list_head(bb_list_head);                // 以函數開頭為起點遞迴搜尋
    bb2 =scf_list_data(l, scf_basic_block_t, list);
    return _ _bb_dfs_check_initeds(bb2, bb);
}
```

注意：當從函數開頭往後續方向做深度優先搜尋時指標的所有賦值位置必須形成一個割集，不能存在任何到達解引用位置的通路，否則說明存在未被初始化的指標。

割集是指圖上的一些點把圖完全分成了兩部分，不存在繞過這些點的任何支路，圖 7-3 中的基本區塊 2 和 3 就是割集，它們完全阻斷了從基本區塊 0 到基本區塊 4 的支路。如果指標的所有賦值位置不能完全阻斷從函數開頭到解引用位置的所有分支，則在執行時期可能使用未被初始化的指標。可執行程式在執行時期因為變數值的不同可能執行任何可行的分支流程，即使只有一個分支的指標未被初始化也可能被執行到，這是原始程式碼的 Bug。

4. 多級指標的遞迴分析

多級指標要根據它解引用的層級來遞迴分析，每個星號往下分析一層，進而確定它可能修改的變數，程式如下：

```
// 第 7 章 /pointer_object3.c
int f(int i, int a, int b){
int* p;
int** pp =&p;
int*** ppp =&pp;
    if (i>0)
        p =&a;
    else
        p =&b;
    ***ppp +=2;
    return a;
}
```

星號（*）是右結合的一元運算元，越靠近指標變數的解引用越早執行。因為多級指標的解引用首先是對指標的第一級解引用，然後才是第二級、第三級，所以 ***ppp+ =2 的星號運算次序與原始程式碼的書寫次序是反著的。本例 C 程式的三位址碼序列，程式如下：

7.5 指標分析

```
// 第 7 章/pointer_object3_3ac.c
// 三位址碼序列的 C 語言表示，t0、t1 是臨時變數
t0 =*ppp;        // 第一級解引用獲得 t0，即 pp
t1 =*t0;         // 第二級解引用獲得 t1，即 p
*t1 +=2;         // 對 p 的加法賦值解引用
```

　　編譯器在分析三位址碼序列時先分析的是 *ppp，獲得 t0 可能是哪些變數。因為 ppp 只在 if-else 之前被初始化為 pp，所以 t0 只可能是 pp。在分析第 2 行三位址碼時獲得 t1 只可能是 p，進一步獲得第 3 行可能修改的是 a 或 b。因為這時無法進一步縮小指標的目標範圍，但可能的目標變數依然有兩個，所以不能把指標降級為普通運算。

　　多級指標的分析可以透過遞迴呼叫單級指標的分析函數實現，程式如下：

```
// 第 7 章/scf_pointer_alias.c
#include "scf_optimizer.h"
#include "scf_pointer_alias.h"
    int _dn_status_alias_dereference(scf_vector_t* aliases,
                                scf_dn_status_t* ds_pointer,
                                scf_3ac_code_t* c,
                                scf_basic_block_t* bb,
                                scf_list_t* bb_list_head){ // 指標分析函數
scf_dag_node_t*        dn =ds_pointer->dag_node; // 指標的有向無環圖節點
scf_variable_t*        v =dn->var;               // 指標變數
scf_dn_status_t*       ds =NULL;
scf_3ac_code_t*        c2;
scf_list_t*    l2;
        if (SCF_OP_DEREFERENCE ==dn->type) // 若指標為解引用的結果，則遞迴
            return _dn_status_alias_dereference(aliases, ds_pointer, c,
                                    bb, bb_list_head);
```

```
            if (!scf_type_is_var(dn->type)
                    && SCF_OP_INC !=dn->type && SCF_OP_INC_POST !=dn->type
                    && SCF_OP_DEC !=dn->type && SCF_OP_DEC_POST !=dn->type)
                return _bb_op_aliases(aliases, ds_pointer, c, bb, bb_list_head);
            if (v->arg_flag) {                          // 如果為形參,則截止
                return 0;
            } else if (v->global_flag) {                // 如果為全域變數,則截止
                return 0;
            } else if (SCF_FUNCTION_PTR ==v->type) {    // 如果為函數指標,則截止
                return 0;
            }
        for (l2 =&c->list; l2 !=scf_list_sentinel(&bb->code_list_head);
                l2 =scf_list_prev(l2)) {                // 獲取當前基本區塊的指標賦值
            c2 =scf_list_data(l2, scf_3ac_code_t, list);
            if (!c2->dn_status_initeds)
                continue;
            ds =scf_vector_find_cmp(c2->dn_status_initeds, ds_pointer,
                                    scf_dn_status_cmp_like_dn_indexes);
            if (ds && ds->alias) {
                if (scf_vector_find(aliases, ds))
                    return 0;
                if (scf_vector_add(aliases, ds)<0)
                    return -ENOMEM;
                scf_dn_status_ref(ds);
                return 0;
            }
        }
    // 獲取前序基本區塊的指標賦值
    return _bb_pointer_aliases(aliases, bb_list_head, bb, ds_pointer);
}
```

以上程式為多級指標和單級指標的聯合分析，其中 _bb_pointer_aliases() 函數會遍歷前序基本區塊的指標賦值，它是 7.5.1.2 節演算法的封裝函數，它前面的 for 迴圈遍歷當前基本區塊的指標賦值。在 _dn_status_alias_dereference() 函數的開頭就是多級指標的分析，當目標指標是更上級指標的解引用結果時會觸發該函數對自身的遞迴呼叫。

7.5.2 陣列和結構的指標分析

陣列和結構的成員可以看作廣義的指標解引用，單純的指標解引用相當於取陣列的 0 號成員，即 *p == p[0]。結構的成員可以看作用常數字串做索引的陣列成員，p->x 與 p[0] 的區別僅在於前者沒被寫成 p[x]。如果允許常數字串也能當陣列索引，則這兩種運算元可簡化為一種。多層結構的巢狀結構可看作多維陣列，即 s->p->x 相當於 s[p][x]。把索引的資料型態擴充到字串之後，陣列和結構的指標與普通指標可以使用節的分析程式。

1. 索引的資料結構

為了同時支援陣列和結構（或類），索引的資料結構需要同時支援變數、常數數位、常量字串這 3 種情況，程式如下：

```
// 第 7 章 /sum.c
// 節選自    SCF   編譯器
#include "scf_vector.h"
#include "scf_variable.h"
#include "scf_node.h"
struct scf_dn_index_s {                    // 索引的資料結構
    scf_variable_t*       member;          // 結構成員，名稱為常數字串
    intptr_t              index;           // 陣列索引
    scf_dag_node_t*       dn;              // 陣列索引是變數
    scf_dag_node_t*       dn_scale;        // 陣列元素大小
};
```

第 7 章　中間程式最佳化

陣列與它的一組索引就定位了它的成員，當索引為常數時是精確定位，當索引為變數時則只能確定一個範圍。因為結構的索引都是常數字串，所以都是精確定位。

2. 陣列索引為常數的指標分析

當指標指向陣列成員時，它的目標變數不再是一個普通變數而是陣列的元素。如果有對該元素的賦值，則要記錄賦值的內容。當指向該元素的指標被解引用時就會獲得它最近的賦值。如果這個值也是一個指標，則對它進行遞迴分析。如果這個值是一個普通變數，則獲得指標的最終指向。

賦值在原始程式碼中是一行敘述，在編譯器中用三位址碼的資料結構表示，例如 SCF 編譯器的 scf_3ac_code_s（見 5.1.2 節）。SCF 編譯器用三位址碼結構中的 dn_status_inited 動態陣列記錄賦值的內容。

在分析陣列成員的指標時也要先反向查看當前基本區塊的設定陳述式，若在當前基本區塊查不到，則反向遍歷所有的前序基本區塊，程式如下：

```
// 第 7 章 /pointer_array.c
int f(){
int a =1;
int b =2;
int*  pa[] ={&a, &b};
int**pp =&pa[0];
    **pp +=3;                        // 最佳化後變成  a += 3
    return a;
}
```

pp 指向 pa[0]，因為 pa[0] 中存的是 a 的位址，所以 pp 指向的最終變數為 a，二級解引用 **pp+=3 被最佳化成 a+=3。

3. 陣列索引為變數的指標分析

當陣列索引為變數時並不能確定指標的準確指向，因為變數值要到執行時期才能確定，所以這時只能獲得指標的大概範圍，即使如此，依然可以最佳化掉範圍之外的無關運算，程式如下：

```
// 第 7 章 /pointer_array2.c
int f(int i){
int a =1;
int b =2;
int c =3;
int* pa[] ={&a, &b};
int**pp =&pa[i];
    c +=4;
    **pp +=5;                    // 無法確定 pp 指向 a 還是 b,但可以確定它肯定不指向 c
    return a;
}
```

因為 i 是形參，所以要在主呼叫函數中才可確定，又因為被調函數無法事先知道 i 的值，所以二級指標 pp 的指向既可能是 a 也可能是 b，但肯定不可能是 c。由於傳回值 a 可能與 pp 相關，但肯定與 c 無關，所以可最佳化掉所有與 c 相關的程式。

4. 結構的指標分析

結構的指標分析相當於索引為常數的陣列分析，結構的成員變數名稱都可看作常數字串，結構的成員可看作索引是常數字串的陣列成員，程式如下：

```
// 第 7 章 /pointer_struct.c
struct S {
    int* p0;
    int* p1;
};
int f(){
```

第 7 章　中間程式最佳化

```
int a =1;
int b =2;
S s ={&a, &b};
int**pp =&s->p0;                    //SCF 編譯器用箭頭代替了點號
    **pp +=3;
    return a;
}
```

因為在以上程式中二級指標 pp 指向了結構的成員 s->p0，而 s->p0 被初始化成了 a 的位址，所以指標運算 **pp+=3 可被降級為 a + =3。降級之後關於 pp 的所有運算都可刪除，因為它已經不再與傳回值 a 有關了，如圖 7-4 所示。

5. 指標分析的總結

（1）如果指標的初始化位置與解引用位置在同一函數內，則只要沿著基本區塊的流程圖反向遍歷就能獲得指標的指向。

（2）如果能在當前基本區塊獲取，則最近獲取的就是指標的目標變數。

（3）如果不能在當前基本區塊獲取，則沿著流程圖反向遍歷最近的前序基本區塊。

（4）前序基本區塊的指標賦值要形成一個割集，否則在執行時期可能使用未初始化的指標。

（5）當指標指向單一目標時可把指標運算降級為普通運算，從而生成更最佳化的三位址碼。

```
basic_block: 0x5645a27cf1e0, index: 0, dfo_normal: 0, cmp_flag: 0,
load   s
assign  a ; 1
assign  b ; 2
address_of  v_12_10/& ; a
pointer=  s , p0 , v_12_10/&
address_of  v_12_14/& ; b
pointer=  s , p1 , v_12_14/&
save    a                  // 指標 pp 相關的賦值被消除

next    : 0x5645a27e9dc0, index: 1
inited:
dn: v_10_6/a   alias_type: 0
dn: v_11_6/b   alias_type: 0
dn: v_12_6/s ->p0   alias: v_10_6/a   alias_type: 1    // 指向變數 a
dn: v_12_6/s ->p1   alias: v_11_6/b   alias_type: 1
dn: v_14_9/pp  alias: v_12_6/s ->p0  alias_type: 3     // 指向結構成員
                                                       //s->po
exit    active: v_10_6/a, dn: 0x5420
updated:      v_10_6/a
updated:      v_11_6/b
loads:        v_12_6/s
saves:        v_10_6/a, dn: 0x5420

basic_block: 0x5645a27e9dc0, index: 1, dfo_normal: 1, cmp_flag: 0,
load  a
+= a ; 3          // 指標被降級成普通運算
return  a

prev    : 0x5645a27cf1e0, index: 0
next    : 0x5645a27d14e0, index: 2
inited:

updated:      v_10_6/a
loads:        v_10_6/a

basic_block: 0x5645a27d14e0, index: 2, dfo_normal: 2, cmp_flag: 0,
end
```

▲ 圖 7-4 SCF 編譯器對結構指標的分析

7.6 跨函數的指標分析

　　函數內的指標分析已經足夠生成正確的機器碼了，但要實現自動記憶體管理還需跨函數的指標分析。自動記憶體管理的關鍵是確定變數的記憶體申請位置和它離開作用域的時機，因為二者不一定在同一函數內，甚至可能存在遞迴，所以要沿著函數呼叫圖進行分析。

1. 函數呼叫圖

函數呼叫圖是在語義分析時確定的程式全域圖，它包含可執行程式從 main() 函數到所有子函數的呼叫鏈，如圖 7-5 所示。

當函數呼叫圖上存在反向邊時說明存在遞迴，例如圖 7-5 中的函數 3 和函數 6 形成遞歸。在以自動記憶體管理為目的對指標進行分析時，只需關注 scf__auto_malloc() 函數與 main() 函數之間的呼叫鏈。

2. 區塊的資料結構

自動記憶體管理要先設計一個管理區塊的資料結構，然後對 malloc() 和 free() 函數進行封裝以處理區塊的申請和釋放。SCF 編譯器對 malloc() 的封裝函數是 scf__auto_malloc()，對 free() 的封裝函數是 scf__auto_freep() 和 scf__auto_freep_array()，分別用於釋放普通變數和陣列，與之對應的資料結構的程式如下：

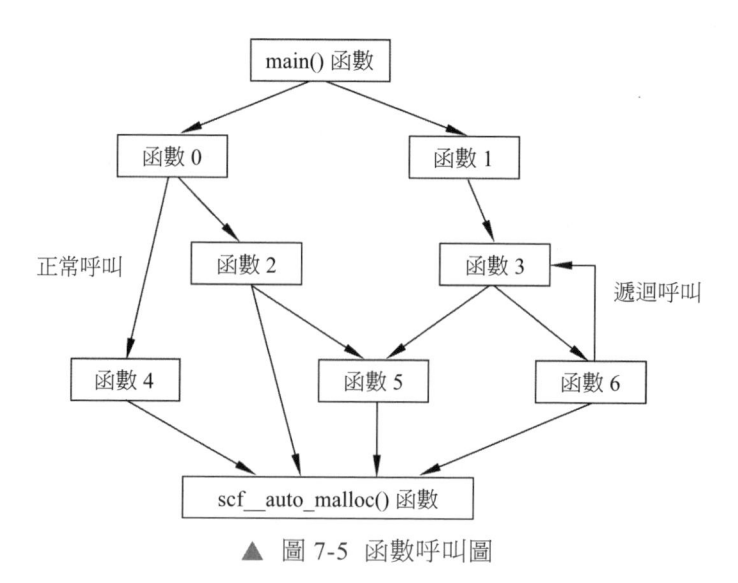

▲ 圖 7-5 函數呼叫圖

7.6 跨函數的指標分析

```
// 第 7 章 /scf_object.c
struct scf_object_t
{
    intptr_t  refs;                        // 引用計數
    uintptr_t size;                        // 區塊的位元組數
};                                // 該結構位於區塊的開頭，它以下為使用者可用的記憶體指標
```

首先追蹤圖 7-5 中的函數呼叫鏈就能確定記憶體的申請位置，然後在變數離開作用域時由編譯器增加記憶體釋放函數就能實現靜態的自動記憶體管理（將在 7.8 節介紹）。

3. 不含遞迴時的指標分析

當原始程式碼中不含遞迴時，從 scf__auto_malloc() 函數開始用寬度優先搜尋反向遍歷函數呼叫圖就能獲得記憶體的申請位置。主呼叫函數如果透過被調函數間接申請記憶體，則它獲得記憶體的時間一定在被調函數返回之後。因為越鄰近 scf__auto_malloc() 的函數越先獲得記憶體，直接呼叫它的函數最先獲得記憶體，所以寬度優先搜尋是符合記憶體申請順序的演算法，程式如下：

```
// 第 7 章 /auto_gc_0.c
include "../lib/scf_capi.c";              // 包含一些 C 函數的宣告
int* f() {
    return scf_ _auto_malloc(sizeof(int)); // 申請區塊
}
int main(){
int* p =f();                               // 透過呼叫 f() 函數獲取區塊
    *p =1;
    printf("%d\n", *p);
    return 0;
}
```

以上程式並沒有在 main() 函數中申請區塊而是透過 f() 函數申請的，因為這涉及被調函數的傳回值到主呼叫函數的區域變數之間的指標傳遞，所以要進行跨函數的指標分析。當從 scf__auto_malloc() 開始反向遍歷函數呼叫圖時首先分析的是 f() 函數，因為它的傳回值是區塊的指標，所以可在 f() 函數的傳回值變數中設置 auto_gc_flag 標識，從而通知所有主呼叫函數關注接收傳回值的那個變數，例如 main() 函數的指標變數 p。

在分析 main() 函數時可以發現指標 p 的賦值來自被調函數的傳回值，這時可查看被調函數的傳回值變數中是否設置了 auto_gc_flag 標識，從而獲得指標 p 是否需要自動記憶體管理。到了這裡，就把被調函數中的指標狀態傳遞到了主呼叫函數中，從而實現了跨函數的指標分析。

函數的資料結構在 4.2.3 節，其中 scf_vector_t*rets 欄位是傳回值列表，該清單的每項都是變數資料結構的指標（見 3.2.9 節）。因為本例中只有一個傳回值，所以是該清單的 0 號元素。

注意：函數的傳回值是存放在暫存器中的臨時變數，在 X86_64 上是 rax。

4. 含遞迴時的指標分析

當原始程式碼中含有遞迴時，主呼叫函數和被調函數之間的記憶體申請會互相影響。這時可用 do-while 迴圈不斷地進行指標分析並記錄每次的變化情況，直到不再發生變化為止，程式如下：

```
//第 7 章/recursive_pointer.c
include "../lib/scf_capi.c";
int f(int**t0, int**t1);
int g(int**s0, int**s1){
    if (!*s1)
        *s1 =scf__auto_malloc(sizeof(int));
    if (!*s0)
```

```
        f(s0, s1);
    return 0;
}
int f(int**t0, int**t1) {
    if (!*t0)
        *t0 =scf_ _auto_malloc(sizeof(int));
    if (!*t1)
        g(t0, t1);
    return 0;
}
int main(){
int* p0 =NULL;
int* p1 =NULL;
    f(&p0, &p1);
    *p0 =1;
    *p1 =2;
    printf("%d,%d\n", *p0, *p1);
}
```

在以上程式中，函數 f() 和函數 g() 的互相呼叫會讓記憶體的申請經過多次才可完成，對函數呼叫圖的一次遍歷並不能分析完指標的狀態，只能記錄每次遍歷時指標變化的次數，直到不再變化為止。類似演算法在分析遞迴或迴圈中的變數傳遞時經常使用，程式如下：

```
// 第 7 章 /scf_optimizer_auto_gc_find.c
#include "scf_optimizer.h"
#include "scf_pointer_alias.h"
    int _auto_gc_global_find(scf_ast_t* ast, scf_vector_t* functions){
scf_function_t* fmalloc =NULL;                  // 記憶體申請函數
scf_function_t* f;
scf_vector_t*   fqueue;
int i;
    for (i =0; i<functions->size; i++) {        // 存取標識清零並查詢記憶體申請函數
        f =functions->data[i];
```

7-39

```c
        f->visited_flag =0;
        if (!fmalloc && !strcmp(f->node.w->text->data, "scf_ _auto_malloc"))
            fmalloc =f;
    }
    if (!fmalloc)
        return 0;
    fqueue =scf_vector_alloc();
    if (!fqueue)
        return -ENOMEM;
    int ret =_bfs_sort_function(fqueue, fmalloc);  // 寬度優先排序
    if (ret<0) {
        scf_vector_free(fqueue);
        return ret;
    }
    int total0 =0;
    int total1 =0;
    do {
        total0 =total1;
        total1 =0;
        for (i =0; i<fqueue->size; i++) {            // 按寬度優先序列一個一個分析
            f =fqueue->data[i];
            if (!f->node.define_flag)
                continue;
            if (!strcmp(f->node.w->text->data, "scf_ _auto_malloc"))
                continue;
            ret =_auto_gc_function_find(ast, f, &f->basic_block_list_head);
            if (ret<0)
                return ret;
            total1 +=ret;
        }
    } while (total0 !=total1);                       // 迴圈，直到分析結果不再變化為止
    return 0;
}
```

7.6 跨函數的指標分析

具體的分析細節由 _auto_gc_function_find() 函數實現，它遍歷目標函數的基本區塊流程圖並分析其中的指標賦值以確定物件記憶體的使用情況。因為函數內可能存在迴圈，所以它也使用了 do-while，直到指標使用情況不再變化為止，程式如下：

```c
// 第 7 章 /scf_optimizer_auto_gc_find.c
#include "scf_optimizer.h"
#include "scf_pointer_alias.h"
    int _auto_gc_function_find(scf_ast_t* ast, scf_function_t* f,
                        scf_list_t* bb_list_head){ // 函數內的分析
scf_list_t*            l;
scf_basic_block_t*     bb;
scf_dn_status_t*       ds;
scf_3ac_code_t*        c;
int total =0;
int count;
int ret;
int i;
    do {
        for (l =scf_list_head(bb_list_head);          // 遍歷基本區塊流程
                l !=scf_list_sentinel(bb_list_head); ) {
            bb =scf_list_data(l, scf_basic_block_t, list);
            l =scf_list_next(l);
            ret =_auto_gc_bb_find(bb, f);             // 單一基本區塊的分析
            if (ret <0)
                return ret;
            total +=ret;
        }
        // 分析結果在基本區塊流程圖上的傳遞
        l =scf_list_head(bb_list_head);
        bb =scf_list_data(l, scf_basic_block_t, list);
        ret =scf_basic_block_search_bfs(bb, _auto_gc_bb_next_find, NULL);
        if (ret <0)
            return ret;
```

```
            total +=ret;
            count =ret;
    } while (count >0);                              // 迴圈直到不再變化為止
    // 最後一個基本區塊的最後一筆三位址碼為函數最終的記憶體使用情
    l =scf_list_tail(bb_list_head);
    bb =scf_list_data(l, scf_basic_block_t, list);
    l =scf_list_tail(&bb->code_list_head);
    c =scf_list_data(l, scf_3ac_code_t, list);
    for (i =0; i <bb->ds_malloced->size; i++) {
        ds =bb->ds_malloced->data[i];
        if (!ds->ret)
            continue;
        if (ds->dag_node->var->arg_flag)             // 設置形參的自動記憶體管理標識
            ds->dag_node->var->auto_gc_flag =1;
        else {
            scf_variable_t* ret =f->rets->data[0];
            ret->auto_gc_flag =1;                    // 設置傳回值的自動記憶體管理標識
            _bb_find_ds_alias_leak(ds, c, bb, bb_list_head);
        }
    }
    return total;
}
```

在跨函數的指標分析中，參數和傳回值都可能是傳遞指標的變數。因為傳入參數會導致指標在主呼叫函數（Caller）中的活躍範圍變化，傳出參數和傳回值則是被調函數（Callee）傳遞指標的途徑，所以要分析這3種情況。當分析出哪些指標是申請的區塊並確定了它們的活躍範圍時，自動記憶體管理的實現就只剩下增加釋放程式了。

7.7 變數活躍度分析

因為三位址碼與機器碼的區別在於三位址碼的運算元是變數而機器碼的運算元是暫存器，所以生成機器碼的關鍵就在於為變數分配暫存器。暫存器的分配必須根據變數的活躍範圍和變數之間的衝突情況，同時活躍的變數不能佔用同一個暫存器以免互相覆蓋。分析變數在基本區塊流程圖上的活躍情況就是變數活躍度分析。

7.7.1 變數的活躍度

在當前程式中被修改的變數如果還要被後續程式使用，則它在這兩筆程式之間是活躍的。在當前程式中被修改的變數如果後續不被使用，則它不活躍，程式如下：

```
// 第 7 章 /var_active.c
#include <stdio.h>
    int main(){
int a =1;                           // 有效賦值
int b =2;                           // 無效賦值
        a +=3;
        b =4;
        printf("a: %d, b: %d\n", a, b);
        return 0;
}
```

因為在以上程式中變數 a 和 b 都會被 printf() 函數列印，但 a+=3 會用到之前 a=1 的值而 b= 4 並不會用到之前 b=2 的值，所以 a 從第 2 行開始活躍而 b 只在倒數第 2 行活躍。

7-43

因為每次單純的賦值（=）都會讓變數之前的值無效，包括更新運算元（+=、++ 等）在內的其他運算則依賴於變數之前的值，所以它們與設定陳述式之間的範圍是變數的活躍範圍，即變數在三位址碼層面的作用域。函數呼叫也要使用變數之前的值，也會增加變數的活躍範圍。總之修改變數值的目的是之後要使用，若之後不使用，則修改無意義。

7.7.2 單一基本區塊的變數活躍度分析

因為變數在整個函數內的活躍情況比較複雜，所以先分析單一基本區塊上的。因為基本區塊只能從第 1 筆三位址碼開始執行，中間不存在任何分支跳躍，所以變數在單一基本區塊上的活躍度只依賴運算類型和次序。運算類型可簡化為賦值、讀取、更新這三類。

（1）因為賦值不依賴變數之前的值，之前的舊值不管是對設定陳述式還是之後的其他敘述都沒影響，所以在設定陳述式之前變數不活躍。

（2）因為讀取或更新依賴變數之前的值，之前的舊值正確與否會直接影響到運算結果，所以在這類敘述之前變數活躍。

一行三位址碼一般要用到多個變數，其中目的運算元是不活躍的，而來源運算元是活躍的。來源運算元要讀取之前的值，目的運算元要被設置一個新值。若目的運算元和來源運算元相同，則變數也是活躍的。因為 CPU 的讀取、更新、寫入指令雖然要分三步執行，但在組合語言層面無法把它拆成三行指令，所以當來源運算元與目的運算元相同時以來源運算元為準。

注意：+=、-=、*=、/=、++、-- 都屬於讀取、更新、寫入指令，它們的目的運算元也是活躍的。

變數活躍度分析的步驟如下：

（1）首先假設基本區塊的所有變數都是活躍的。

7.7 變數活躍度分析

（2）然後反向遍歷基本區塊的每筆三位址碼，先把目的運算元設置為不活躍，再把來源運算元設置為活躍，目的運算元與來源運算元的設置順序不能顛倒，範例如下：

```c
// 第 7 章 /var_active2.c
#include <stdio.h>
    int main(){
int a =1;
        a +=3;
        printf("a: %d\n", a);
        return 0;
}
```

因為在以上程式中 a+=3 等價於 a=a+3，a 也是來源運算元，所以這筆程式中的 a 是活躍變數。同理，因為 a++ 等價於 a=a+1，所以這類運算中的變數也是活躍的。單一基本區塊的變數活躍度分析由 scf_basic_block_active_vars() 函數處理，程式如下：

```c
// 第 7 章 /scf_basic_block.c
// 節選自 SCF 編譯器
int scf_basic_block_active_vars(scf_basic_block_t* bb) {
scf_list_t*          l;                       // 遍歷雙鏈結串列的指標
scf_3ac_code_t*      c;                       // 三位址碼的指標
scf_dag_node_t*      dn;                      // 有向無環圖的節點指標
int i;
int j;
int ret;
    for (i =0; i <bb->var_dag_nodes->size; i++) {
        dn = bb->var_dag_nodes->data[i];
        if (scf_dn_through_bb(dn))
            dn->active =1;                    // 把變數設置為活躍
        else
            dn->active =0;                    // 把常數設置為不活躍
        dn->updated =0;                       // 把更新標識設置為 0
```

7-45

```
        }
// 反向遍歷三位址碼的雙鏈結串列
for(l =scf_list_tail(&bb->code_list_head);
    l!=scf_list_sentinel(&bb->code_list_head);
    l =scf_list_prev(l)) {
    c =scf_list_data(l, scf_3ac_code_t, list);        // 獲取三位址碼

    if (scf_type_is_jmp(c->op->type) || SCF_OP_3AC_END ==c->op->type)
        continue;                                      // 跳躍指令和函數結尾不需要處理

    if (c->dsts) {                                     // 先處理目的運算元
        scf_3ac_operand_t* dst;
        for (j =0; j <c->dsts->size; j++) {
            dst = c->dsts->data[j];
            if (scf_type_is_binary_assign(c->op->type))
                dst->dag_node->active =1;             // 更新運算的目的運算元也活躍
            else
                dst->dag_node->active =0;             // 其他運算的目的運算元不活躍
        }
    }

    if (c->srcs) {                                     // 後處理來源運算元
        scf_3ac_operand_t* src;
        for (j =0; j <c->srcs->size; j++) {
            src = c->srcs->data[j];
            if (SCF_OP_ADDRESS_OF ==c->op->type
                && scf_type_is_var(src->dag_node->type))
                src->dag_node->active =0;
                // 取位址與變數值無關，不影響活躍度
            else
                src->dag_node->active =1;             // 將來源運算元設置為活躍
        }
    }
}
```

```
// 其他省略
    return 0;
}
```

當反向分析完當前基本區塊上的變數活躍度之後，在第 1 筆三位址碼處還活躍的變數是入口活躍變數，而出口活躍變數則依賴於後續基本區塊。也就是說，後續基本區塊還要使用的變數就是當前基本區塊的出口活躍變數，return 敘述和輸出參數中使用的變數則是整個函數的出口活躍變數。

7.7.3　基本區塊流程圖上的分析

與指標分析類似，變數在整個函數內的活躍情況也是透過反向遍歷來分析的。入口活躍變數的值只可能來自基本區塊的所有直接前序，如果該變數值在直接前序中不被修改，則它只能來自前序的前序，依此類推。因為變數值的傳遞是分層的，所以給前序傳遞活躍度資訊的演算法是反向的寬度優先搜尋。

（1）基本區塊的入口活躍變數是它所有前序的出口活躍變數。

（2）若基本區塊的出口活躍變數在它的入口不再活躍，則該變數在該基本區塊內被賦值，不必繼續傳遞給前序基本區塊。

（3）若基本區塊的出口活躍變數在它的入口依然活躍，或無法確定活躍情況，則要把它繼續傳遞給前序基本區塊。

無法確定活躍情況指的是該變數在後續基本區塊中活躍，但當前基本區塊並不使用它，所以在分析單一基本區塊時沒有它的活躍度資訊。這時要把它繼續往前傳遞，因為它只可能在更遠的前序中被修改，範例如下：

```
// 第 7 章 /var_active3.c
#include <stdio.h>
    int main(){
int a =1, b =2, c =3, d=4;
```

第 7 章 中間程式最佳化

```
int ret =a >b && b <c || c <d;
    printf("ret =%d\n", ret);
}
```

以上程式經過邏輯運算元的短路之後生成的三位址碼要分成多個基本區塊，如圖 7-6 所示。

（1）單一基本區塊的變數活躍度分析可以確定基本區塊 1 的入口活躍變數是 a 和 b，基本區塊 2 的入口活躍變數是 b 和 c，基本區塊 3 的入口活躍變數是 c 和 d。

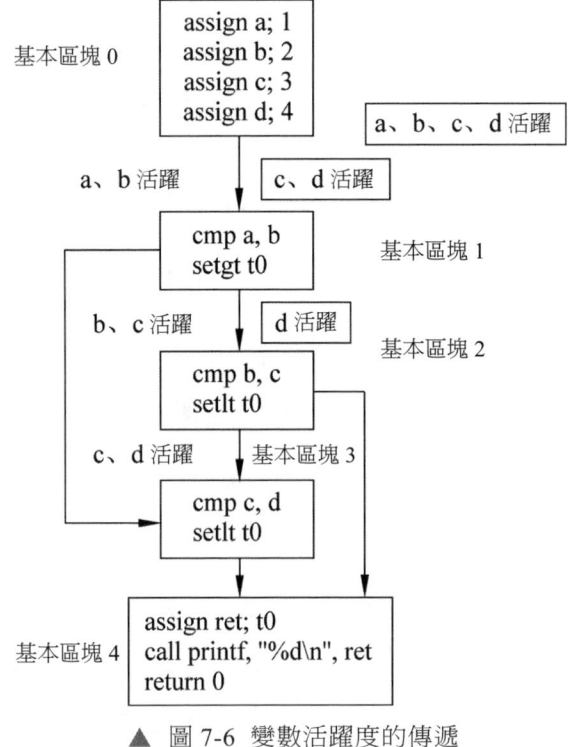

```
                        assign a; 1
                        assign b; 2
    基本區塊 0           assign c; 3
                        assign d; 4         a、b、c、d 活躍

        a、b 活躍          c、d 活躍

                         cmp a, b
                         setgt t0            基本區塊 1

        b、c 活躍          d 活躍

                         cmp b, c
                         setlt t0            基本區塊 2

        c、d 活躍          基本區塊 3

                         cmp c, d
                         setlt t0

                         assign ret; t0
    基本區塊 4            call printf, "%d\n", ret
                         return 0
```

▲ 圖 7-6 變數活躍度的傳遞

（2）因為基本區塊 2 並不會對 d 賦值，所以把 d 繼續傳遞給基本區塊 1。因為基本區塊 1 也不會對 c 和 d 賦值，所以繼續傳遞給基本區塊 0。

7-48

（3）儘管基本區塊 0 的直接後續只使用了 a 和 b，但它的出口活躍變數是 a、b、c、d。

7.7.4 程式實現

完整的變數活躍度分析由 _optimize_active_vars() 函數處理，程式如下：

```c
// 第 7 章 /scf_optimizer_active_vars.c
#include "scf_optimizer.h"
    int _optimize_active_vars(scf_ast_t* ast, scf_function_t* f,
                              scf_vector_t* functions){           // 變數活躍度分析
scf_list_t*         bb_list_head =&f->basic_block_list_head;      // 基本區塊鏈
scf_list_t*         l;
scf_basic_block_t*  bb;
int count;
int ret;
    if (scf_list_empty(bb_list_head))
            return 0;
    for (l =scf_list_head(bb_list_head);
            l!=scf_list_sentinel(bb_list_head);
            l =scf_list_next(l)) {                                // 遍歷基本區塊鏈
        bb =scf_list_data(l, scf_basic_block_t, list);
        ret =scf_basic_block_active_vars(bb);     // 單一基本區塊的變數活躍度分析
        if (ret <0)
            return ret;
    }
    do {
        l =scf_list_tail(bb_list_head);           // 從流程圖的末尾反向分析
        bb =scf_list_data(l, scf_basic_block_t, list);
        assert(bb->end_flag);
        ret =scf_basic_block_search_bfs(bb, _bb_prev_find,NULL);  // 寬度優先搜尋
        if (ret <0)
            return ret;
        count =ret;
```

第 7 章　中間程式最佳化

```
        } while (count >0);                           // 迴圈，直到變數的活躍度不再變化為止
        return 0;
}
scf_optimizer_t scf_optimizer_active_vars =          // 變數活躍度分析的最佳化器
{
    .name = "active_vars",
    .optimize = _optimize_active_vars,               // 回呼函數指標
    .flags =SCF_OPTIMIZER_LOCAL,
};
```

從以上程式可知變數活躍度分析是一個最佳化器，_optimize_active_vars() 函數是該最佳化器的回呼函數。它由 7.1 節的框架程式呼叫，分析單一函數內的變數活躍度。因為函數內可能存在迴圈，前後序基本區塊之間可能互相影響，所以要用 do-while 迴圈不斷分析，直到活躍情況不再變化為止。do-while 迴圈中使用了圖的寬度優先搜尋，真正的分析在該演算法的回呼函數 _bb_prev_find() 中，程式如下：

```
// 第 7 章 /scf_optimizer_active_vars.c
#include "scf_optimizer.h"
    int _bb_prev_find(scf_basic_block_t* bb, void* data,
                      scf_vector_t* queue){            // 寬度優先搜尋的回呼函數
scf_basic_block_t*      prev_bb;                       // 前序基本區塊
scf_dag_node_t*         dn;                            // 變數的有向無環圖節點
int count =0;                                          // 活躍度變化的計數
int ret;
int j;
int k;
    for (k =0; k <bb->exit_dn_actives->size; k++) {    // 遍歷基本區塊的出口活躍變數
        dn =bb->exit_dn_actives->data[k];
        if (scf_vector_find(bb->entry_dn_inactives, dn))  // 如果入口不活躍，則跳過
            continue;
        if (scf_vector_find(bb->entry_dn_actives, dn))    // 如果入口活躍，則跳過
            continue;
        if (scf_vector_find(bb->entry_dn_delivery, dn))   // 如果已傳遞到前序，則跳過
```

7.7 變數活躍度分析

```
            continue;
        ret =scf_vector_add(bb->entry_dn_delivery, dn);         // 增加到傳遞陣列
        if (ret <0)
            return ret;
        ++count;                                                  // 更新活躍度計數
    }
    for (j =0; j <bb->prevs->size; j++) {                        // 遍歷前序基本區
        prev_bb =bb->prevs->data[j];
        for (k =0; k <bb->entry_dn_actives->size; k++) {          // 遍歷入口活躍變數
            dn =bb->entry_dn_actives->data[k];
            if (scf_vector_find(prev_bb->exit_dn_actives, dn))
                continue;
            ret =scf_vector_add(prev_bb->exit_dn_actives, dn);   // 傳遞活躍變數
            if (ret <0)
                return ret;
            ++count;                                              // 更新活躍度計數
        }
        for (k =0; k <bb->entry_dn_delivery->size; k++) {         // 遍歷傳遞陣列
            dn =bb->entry_dn_delivery->data[k];
            if (scf_vector_find(prev_bb->exit_dn_actives, dn))
                continue;
            ret =scf_vector_add(prev_bb->exit_dn_actives, dn);
            // 傳遞活躍變數
            if (ret <0)
                return ret;
            ++count;                                              // 更新活躍度計數
        }
        ret =scf_vector_add(queue, prev_bb);
        if (ret <0)
            return ret;
    }
    return count;                                                 // 傳回活躍度計數
}
```

第 7 章　中間程式最佳化

經過以上程式的分析之後就獲得了各個基本區塊的入口活躍變數和出口活躍變數。入口活躍變數要在基本區塊的入口載入。如果出口活躍變數被修改過，則要在基本區塊的出口儲存，如果沒修改過，則由修改它的前序基本區塊儲存。在載入之後、儲存之前的變數要佔據暫存器，在這期間同時活躍的變數則要佔據不同的暫存器。同時活躍的變數也叫互相衝突的變數，它們是暫存器分配的主要依據。

7.8　自動記憶體管理

因為 C 語言的主要 Bug 來源是堆積記憶體（Heap）的錯誤釋放而導致的野指標，所以之後的各種語言都嘗試著讓編譯器自動管理記憶體，其中大多數依賴虛擬機器。虛擬機器在實現了自動記憶體管理的同時也降低了執行效率。

C++ 的建構函數是自動記憶體管理的典範，它既保證了局部物件的自動釋放，又保持了很高的執行效率。建構函數用來釋放成員變數中的堆積記憶體，它在作用域的末尾自動呼叫，既不需要全域的記憶體檢測，也不需要暫停虛擬機器的執行（C++ 不用虛擬機器），更不需要加鎖保護全域資料結構。它像 C 語言中手動增加的 free() 函數一樣簡潔高效。本節的自動記憶體管理採用 C++ 的想法，但把管理的目標從局部物件變成類別物件的指標。

1. 靜態的自動記憶體管理

編譯器在編譯時自動增加釋放程式的記憶體管理模式叫作靜態的自動記憶體管理。它在編譯時確定記憶體的釋放時機，不需要虛擬機器和執行時期狀態，只需跨函數的指標分析和變數活躍度分析。以 SCF 編譯器為例，它的類別物件由 create 關鍵字建立（簡化版的 new），物件和成員變數的記憶體從堆積上分配，建構函數負責釋放成員變數，對建構函數的呼叫則由編譯器自動增加。

注意：在 SCF 編譯器中堆疊上的局部物件是 C 風格的結構，只用於在當前函數中臨時儲存資料，既不呼叫建構函數，也不涉及堆積記憶體的分配。

2. 實現想法

因為跨函數的指標分析（見 7.6 節）可以確定哪些物件指標需要釋放，變數活躍度分析（見 7.7 節）則可確定這些指標的最後活躍時間，所以釋放記憶體的程式要增加在物件指標最後活躍的基本區塊之後，程式如下：

```
// 第 7 章 /str.c
include "../lib/scf_capi.c";              // 包含一些 C 函數的宣告
struct str                                 // 字串類別
{
    uint8_t*    data;                      // 字串指標
    int         len;                       // 字串長度
    int         capacity;                  // 字串的總容量

    int _ _init(str* this)                 // 建構函數
    {
        this->len       =0;
        this->capacity  =16;
        this->data =scf_ _auto_malloc(16); // 分配 16 位元組需要自動釋放的記憶體
        if (!this->data)
            return -1;                     // 如果申請失敗，則傳回 - 1
        strncpy(this->data, "hello", 5);
        return 0;
    }

    void _ _release(str* this)             // 建構函數
    {

        if (this->data)
            scf_ _auto_freep(&this->data, NULL);    // 釋放記憶體
    }
```

```
};
int main(){
str* p0;                            // 宣告兩個物件指標，物件在堆積上分配，指標是區域變數
str* p1;
    p0 =create_str();               // 建立物件
    p1 =p0;                         // 指標傳遞，導致物件的引用計數 + 1
    //p0 的自動釋放程式被編譯器增加在這裡
    printf("%s\n", p1->data);       // 列印字串
    //p1 的自動釋放程式被編譯器增加在這裡
    return 0;
}
```

字串類別 str 在建構函數 __init() 中申請了 16 位元組的記憶體，並在建構函數 __release() 中釋放它。在 main() 中建立了一個物件且把它的指標賦值給 p0，這個過程需要首先申請物件本身的記憶體，其次呼叫建構函數申請成員變數 data 的記憶體。記憶體的釋放順序則相反，需要先呼叫建構函數釋放成員變數，然後釋放物件本身，最後把物件指標賦值為 NULL。這 3 步在 SCF 編譯器中都由 scf__auto_freep_array() 函數完成，自動記憶體管理相當於在合適的位置增加對該函數的呼叫。

因為在 p1=p0 之後 p0 就不再活躍了，所以可把它的釋放增加在 printf() 之前。因為 p1 的成員變數還要在 printf() 函數中使用，所以它的釋放要增加在 printf() 之後，否則列印的就是野指標了。三位址碼層面的變數作用域比原始程式碼更細化，從原始程式碼上看 p0 和 p1 都在 main() 函數的作用域中，但它們的活躍範圍並不相同。

3. 指標賦值時的記憶體釋放

每筆物件指標之間的設定陳述式（p1=p0）都會讓區塊 p0 的引用計數加 1，同時讓 p1 之前的區塊引用計數減 1，若減 1 之後為 0，則釋放 p1 之前的區塊，所以由賦值導致的記憶體釋放要增加在賦值之前。若賦值之前 p1 沒有指向某

個區塊,則不需增加釋放程式。在賦值之後 p1 與 p0 指向同樣的區塊,該區塊的引用計數至少為 2,如圖 7-7 所示。

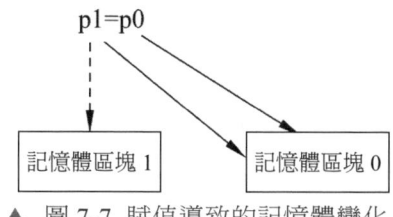

▲ 圖 7-7 賦值導致的記憶體變化

4. 離開作用域時的記憶體釋放

　　指標離開作用域時的記憶體釋放位置必須攔截住它所有的活躍分支,以防執行時期被越過而導致記憶體洩漏。如果有的分支沒有申請記憶體,則釋放位置也要繞過該分支以防釋放空指標。在三位址碼層面函數的出口實際上只有一個,即它的最後一個基本區塊,該基本區塊清理函數堆疊並返回主呼叫函數,所有的 return 敘述只用於設置函數的傳回值,然後跳躍到這裡,並不會真正返回主呼叫函數。把釋放程式加在最後一個基本區塊之前就能攔截住目標指標的所有活躍分支,但因為目標指標不一定在最後一個基本區塊的所有前序中都活躍,所以還要放開那些不活躍的分支,程式如下:

```
// 第 7 章 /auto_gc_1.c
// 以 7.7.2 節的字串類為例
int main(){
str* p0 =NULL;
int i =1;
    if (i >0) {
        p0 =create str();
        printf("%s\n", p0->data);
    } else if (i <0) {
        p0 =create str();
    } else {
        //p0 在這個分支裡不活躍
```

```
    }
    return 0;
}
```

　　因為以上程式的指標 p0 只在 if 和 else if 這兩個分支活躍，在 else 分支不活躍，所以釋放程式要攔截住 if 和 else if 分支而放開 else 分支。如果在初始的基本區塊劃分時沒有合適的增加位置，則可透過增加基本區塊和跳躍指令實現。記憶體釋放程式增加之前 return0 敘述有 3 個前序，其中 if 分支的編號為 9、else if 的編號為 19、else 的編號為 11，它自己的編號為 20，如圖 7-8 所示。

```
basic_block: 0x5590ceca1210, index: 19, dfo_normal: 0,
assign   p0; v_40_17/str

prev    : 0x5590ceca03e0, index: 18
prev    : 0x5590cec9e780, index: 16
next    : 0x5590ceca2040, index: 20
inited:

auto gc:


basic_block: 0x5590ceca2040, index: 20, dfo_normal: 0,
return  0

prev    : 0x5590ceca1210, index: 19
prev    : 0x5590cec98550, index: 9     3 個前序
prev    : 0x5590cec9a1b0, index: 11
next    : 0x5590ceca2e70, index: 21
inited:

auto gc:
```

▲ 圖 7-8　自動記憶體管理之前的基本區塊

　　因為增加了記憶體釋放的基本區塊之後，if 和 else if 分支變成了它的前序，else 分支依然是 return0 敘述的前序，所以記憶體釋放只會作用於前兩個分支，繞過了 else 分支。重排過基本區塊的編號之後，記憶體釋放的編號是 21，可以看到其中對 scf__auto_freep_array() 函數的呼叫。return 敘述的編號是 22、if 分支的編號是 10、else if 分支的編號是 20、else 分支的編號是 12，如圖 7-9 所示。

7.8 自動記憶體管理

5.scf_auto_freep_array() 函數的實現

（1）為了在釋放記憶體之後把物件指標賦值為 NULL，該函數的參數必須是物件指標的位址，即二級指標。

```
basic_block: 0x5590cececc00, index: 21, dfo_normal: 14,
push rax
reload  p0
address_of  & ; p0
call  scf__auto_freep_array , & , &1 , __release
pop  rax

prev    : 0x5590ceca1210, index: 20    自動記憶體管理的
prev    : 0x5590cecdddc0, index: 10    兩個前序
next    : 0x5590ceca2040, index: 22
inited:

auto gc:
dn: v_37_17/str  ->data   alias_type: 0
dn: v_40_17/str  ->data   alias_type: 0

loads:         v_33_8/p0
reloads:       v_33_8/p0

basic_block: 0x5590ceca2040, index: 22, dfo_normal: 15,
return  0

prev    : 0x5590cec9a1b0, index: 12    兩個前序
prev    : 0x5590cececc00, index: 21
next    : 0x5590ceca2e70, index: 23
inited:

auto gc:
dn: v_33_8/p0  alias_type: 0
dn: v_40_17/str  ->data   alias_type: 0
dn: v_37_17/str  ->data   alias_type: 0
```

▲ 圖 7-9 自動記憶體管理之後的基本區塊

（2）它的另一個參數必須是類別的建構函數，這樣才能釋放成員變數中的記憶體。

（3）為了支援對象的指標陣列甚至多維陣列，它必須可以遞迴呼叫並且記錄指標的層級，程式如下：

7-57

第 7 章 中間程式最佳化

```c
// 第 7 章 /scf_object.c
include "../lib/scf_capi.c";                      // 包含一些 C 函數的宣告
// 節選自 SCF 編譯器
void scf__auto_freep_array (void** pp, int nb_pointers, scf__release_pt * release) {
    scf_object_t* obj;                             // 區塊的指標
    if (!pp || !*pp)
        return;
    void**p =(void**) *pp;                         // 從物件指標的位址獲取指標的值
    if (nb_pointers >1) {                          // 當指標級數大於 1 時區塊是物件的指標陣列
        void* data;
        intptr_t size;
        intptr_t i;

        obj =(void*)p -sizeof(scf_object_t);       // 獲取區塊的結構指標
        size =obj->size / sizeof(void*);           // 指標陣列的大小
        printf("%d, size: %ld\n", __LINE__, size);

        for (i =0; i <size; i++) {                 // 遍歷指標陣列
            data =p[i];
            if (!data)
                continue;
            obj =data -sizeof(scf_object_t);
            scf__auto_freep_array(&p[i], nb_pointers -1, release);// 遞迴釋放
            p[i] =NULL;
        }
    }
    obj =(void*)p-sizeof(scf_object_t);            // 物件的區塊指標
    if (scf__atomic_dec_and_test(&obj->refs)){     // 當引用計數為 0 時釋放
        if (release && 1 ==nb_pointers)
            release(p);                            // 呼叫建構函數，釋放成員變數
        printf("%s(), obj: %p\n\n", __func__, obj);
        free(obj);                                 // 釋放物件區塊
    }
```

```
        *pp =NULL;                          // 把物件的局部指標變數賦值為空
}
```

因為物件指標與它所在的區塊指標差了一個區塊的管理結構（見 7.6.2 節），所以將物件指標上移 16 位元組即為區塊的指標，也就是 malloc() 函數的最初傳回值。

6. 小結

靜態的自動記憶體管理編譯成功時對原始程式碼的更多分析把釋放函數增加在了合適的位置，避免了執行時期的各種檢測。既然人類可以在 C 程式中手動增加 free() 函數，編譯器也可在三位址碼中增加類似的功能。

7.9 DAG 最佳化

透過有向無環圖（DAG）去掉基本區塊上與出口活躍變數無關的運算叫作 DAG 最佳化。只有出口活躍變數才會被後續基本區塊使用，也只有與它相關的運算才是有效運算，其他運算都可以被最佳化掉。

7.9.1 無效運算

DAG 在生成時已經做了去重處理（見 7.3 節），每個相同的子運算式只會生成一次，若它被使用，則存在父節點，若不被使用，則沒有父節點，父節點的個數就是它被使用的次數。

（1）沒有父節點的子運算式是無效運算。

（2）只有賦值或更新運算元（＝、＋＝、＋＋等）才會修改變數值，沒有賦值或更新運算元標記的子運算式是無效運算。

（3）若賦值或更新運算元標記的不是出口活躍變數，則運算結果不需要傳遞到後續基本區塊，也屬於無效運算。

去掉這些無效運算可以生成更高品質的程式。三位址碼中的賦值或更新運算除了與 C 語言相同的之外還包括儲存條件碼的 setcc 系列指令。

7.9.2 相同子運算式的判斷

相同子運算式的判斷是 DAG 最佳化的基礎，只有判斷對了哪些是相同的子運算式才能進一步地確定它被使用的次數，以及哪些使用與出口活躍變數有關，哪些是無效運算。

（1）相同子運算式的運算元、變數及它們的位置要完全相同。

（2）相同子運算式的所有變數值要完全相同。

如果兩個子運算式的運算元、變數及它們的位置都完全相同但變數值不同，則它們也不相同。變數值不同的原因是在兩個子運算式之間被修改，而修改變數必然透過賦值或更新運算元，所以對變數的兩次使用如果被賦值或更新運算元隔開，則這兩個子運算式不同，如圖 7-10 所示。

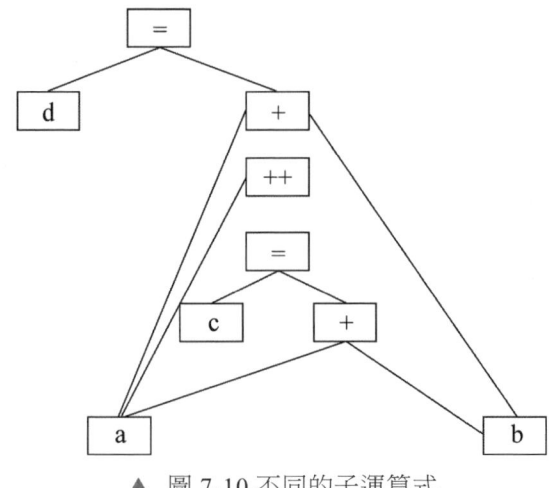

▲ 圖 7-10 不同的子運算式

因為 c=a +b 和 d=a+b 被 + +a 隔開導致兩次運算時 a 的值不同，所以它們不是相同的運算式。

7.9.3 出口活躍變數的最佳化

圖 7-10 中如果 c 不是基本區塊的出口活躍變數，則對它的賦值及其下屬的加法運算都是無效運算，程式如下：

```
// 第 7 章 /dag_opt.c
int printf(const char* fmt, ...);
    int main(){
int a =1;
int b =2;
int c =a +b;
++a;
int d =a +b;
    printf("d: %d\n", d);
    return 0;
}
```

因為 printf() 只列印了變數 d，所以對變數 c 的運算都是無效運算，把圖 7-10 中對 c 的賦值和它下屬的加法都從中消除，獲得最佳化後的結構如圖 7-11 所示。

再把圖 7-11 轉化成三位址碼，可以看出與變數 c 有關的運算全被消除，如圖 7-12 所示。

第 7 章　中間程式最佳化

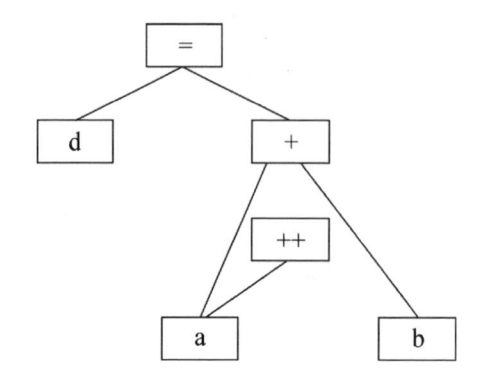

```
assign  a ; 1
assign  b ; 2
inc3    a
add     v_10_11/+ ; a , b
assign  d ; v_10_11/+
save    d
```

▲ 圖 7-11 最佳化之後的有向無環圖　　　▲ 圖 7-12 最佳化之後的三位址碼

DAG 最佳化的步驟是先把原三位址碼轉換成有向無環圖（DAG），然後去掉與出口活躍變數無關的節點，再把最佳化之後的有向無環圖轉換回來就獲得了最佳化之後的三位址碼。

7.9.4　後 ++ 的最佳化

後 ++ 運算元存在兩種場景，第 1 種與前 ++ 一樣單純地把變數加 1，第 2 種是先使用舊值，然後加 1。因為在生成三位址碼時並不知道是哪一種場景，所以先把變數的原值儲存到後 ++ 對應的臨時變數中，然後把原變數加 1。若接下來需要原變數參與運算，則用臨時變數代替，如圖 7-13 所示。

臨時變數 t 用於存放 i 之前的值 a[i++] 實際執行的是 t=i、++i、a[t]，即後 ++ 透過 3 筆三位址碼實現，它的有向無環圖如圖 7-14 所示。

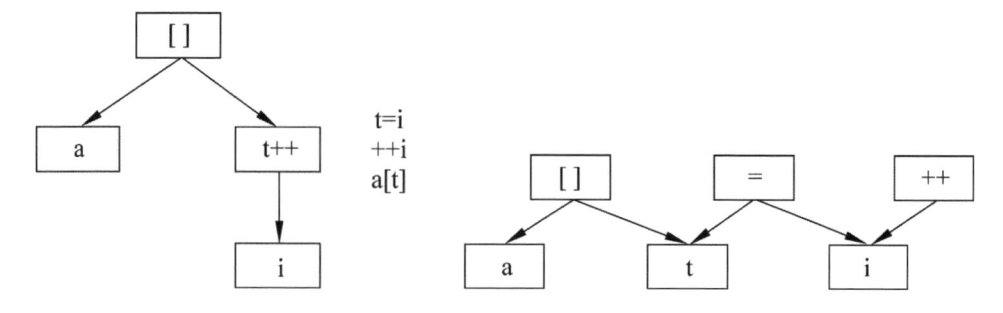

```
t=i
++i
a[t]
```

▲ 圖 7-13 後 ++ 的抽象語法樹　　　▲ 圖 7-14 後 ++ 的有向無環圖

若後 ++ 沒有更上層的運算，則 t 是容錯變數，它因為不是出口活躍變數，也沒有父節點或更上層的節點作為出口活躍變數而被最佳化掉。當 t 和與 t 有關的運算被最佳化掉之後就只剩下了 ++i，即後 ++ 變為前 ++，從而節省了一筆賦值運算。

7.9.5 邏輯運算元的最佳化

邏輯運算元的結果既可用於一般運算式，也可用於條件運算式，前者要為後續運算把該結果儲存為臨時變數，而後者只需更新標識暫存器。因為在生成三位址碼時無法判斷更上層的運算是哪種情況，所以先按第 1 種處理，程式如下：

```
// 第 7 章 /dag_logic.c
int printf(const char* fmt, ...);
int main(){
int a =1;
int b =2;
int c =3;
    if (a <b && b <c)
        printf("a <b <c\n");
    return 0;
}
```

生成三位址碼時先把邏輯結果儲存為臨時變數，如圖 7-15 所示。

第 7 章　中間程式最佳化

```
basic_block: 0x562f9ac104a0, index: 1, dfo_normal: 0,
cmp   a, b
setlt  v_9_11/&&      // 容錯臨時變數

prev    : 0x562f9ac0e8b0, index: 0
next    : 0x562f9ac141d0, index: 6
next    : 0x562f9ac11c40, index: 3
inited:

auto gc:


basic_block: 0x562f9ac11070, index: 2, dfo_normal: 0,
jge   bb: 0x562f9ac141d0, index: 6

inited:

auto gc:


basic_block: 0x562f9ac11c40, index: 3, dfo_normal: 0,
cmp   b, c
setlt  v_9_11/&&       // 容錯臨時變數
```

▲ 圖 7-15　邏輯運算元的三位址碼

因為 if 敘述並不把條件運算式用於後續計算，所以邏輯結果（v_9_11）並不是出口活躍變數，也沒有其他出口活躍變數作為父節點或更上層節點，即它可被最佳化掉，如圖 7-16 所示。

可以看出 DAG 最佳化之後只剩下了比較運算，不再有儲存邏輯結果的容錯指令。

7.9.6　DAG 最佳化的程式實現

DAG 最佳化是對單一基本區塊的最佳化，它首先獲取基本區塊的有向無環圖，然後去掉與出口活躍變數無關的節點及其子節點，最後把有向無環圖轉化成三位址碼鏈結串列，程式如下：

7.9 DAG 最佳化

```c
// 第 7 章 /scf_optimizer_basic_block.c
#include "scf_optimizer.h"
    int _ _optimize_basic_block(scf_basic_block_t* bb, scf_function_t* f){
scf_3ac_operand_t*      src;
scf_3ac_operand_t*      dst;
scf_dag_node_t*         dn;
scf_3ac_code_t*         c;
scf_vector_t*           roots;
scf_list_t*             l;
scf_list_t              h;
int ret;
int i;
    scf_list_init(&h);                              // 初始化鏈結串
    ret =scf_basic_block_dag2(bb, &bb->dag_list_head);      // 獲取有向無環圖
    if (ret <0)
        return ret;
    ret =_bb_dag_update(bb);                        // 去掉與出口活躍變數無關的節點
    if (ret <0)
        return ret;

    roots =scf_vector_alloc();                      // 根節點陣列
    if (!roots)
        return -ENOMEM;
    ret =scf_dag_find_roots(&bb->dag_list_head, roots); // 獲取有向無環圖的根節點
    if (ret <0) {
        scf_vector_free(roots);
        return ret;
    }
    for (i =0; i <roots->size; i++) {               // 遍歷根節點陣列
        dn =roots->data[i];
        if (!dn)
            continue;
        ret =scf_dag_expr_calculate(&h, dn);        // 轉化成三位址碼
        if (ret <0)
```

```
            return ret;
    }
    scf_list_clear(&bb->code_list_head, scf_3ac_code_t, list,
scf_3ac_code_free);                              // 清理原來的三位址碼鏈結串列

    // 遍歷新三位址碼鏈結串列並增加到基本區塊上
    for (l =scf_list_head(&h); l !=scf_list_sentinel(&h); ) {
        c =scf_list_data(l, scf_3ac_code_t, list);
        if (c->dsts) {
            dst =c->dsts->data[0];
            dn =dst->dag_node->old;
            dst->dag_node =dn;
        }
        if (c->srcs) {
            for (i =0; i <c->srcs->size; i++) {
                src =c->srcs->data[i];
                dn =src->dag_node->old;
                src->dag_node =dn;
            }
        }
        l =scf_list_next(l);
        scf_list_del(&c->list);
        scf_list_add_tail(&bb->code_list_head, &c->list);
        c->basic_block =bb;
    }
    ret =scf_basic_block_active_vars(bb);        // 重新計算變數的活躍度
    if (ret <0)
        return ret;
    scf_dag_node_free_list(&bb->dag_list_head);
    scf_vector_free(roots);
    return 0;
}
```

7.9 DAG 最佳化

```
basic_block: 0x562f9ac104a0, index: 1, dfo_normal: 1,
load   b
load   a
cmp    a , b        // 容錯臨時變數被最佳化掉

prev    : 0x562f9ac0e8b0, index: 0
next    : 0x562f9ac11c40, index: 3
next    : 0x562f9ac141d0, index: 6
inited:

auto gc:

exit   active: v_6_6/b, dn: 0x81a0
exit   active: v_7_6/c, dn: 0x9ca0
loads:         v_5_6/a
loads:         v_6_6/b

basic_block: 0x562f9ac11070, index: 2, dfo_normal: 0,
jge    bb: 0x562f9ac141d0, index: 6

inited:

auto gc:


basic_block: 0x562f9ac11c40, index: 3, dfo_normal: 2,
load   c
load   b
cmp    b , c        // 容錯臨時變數被最佳化掉
```

▲ 圖 7-16 邏輯運算元的 DAG 最佳化

DAG 最佳化的細節在 _bb_dag_update() 函數中，程式如下：

```c
// 第 7 章 /scf_optimizer_basic_block.c
#include "scf_optimizer.h"
    int _bb_dag_update(scf_basic_block_t* bb){    // 最佳化的細節處理函數
scf_dag_node_t* dn;
scf_dag_node_t* dn_bb;                            // 單一基本區塊級的節點
scf_dag_node_t* dn_bb2;
scf_dag_node_t* dn_func;                          // 函數級的節點
scf_list_t*     l;
int i;
```

7-67

```
while (1) {
    int updated =0; // 最佳化次數
    for (l =scf_list_tail(&bb->dag_list_head);
         l !=scf_list_sentinel(&bb->dag_list_head);) { // 反向遍歷有向無環圖
        dn =scf_list_data(l, scf_dag_node_t, list);        // 當前節點
        l =scf_list_prev(l);
        if (dn->parents)                              // 若父節點存在,則跳過
            continue;
        if (scf_type_is_var(dn->type))                // 若為變數,則跳過
            continue;
        if (scf_type_is_assign_array_index(dn->type))      // 跳過陣列的賦值
            continue;
        if (scf_type_is_assign_dereference(dn->type))      // 跳過指標的賦值解引用
            continue;
        if (scf_type_is_assign_pointer(dn->type)) // 跳過結構成員的賦值
            continue;
        if (scf_type_is_assign(dn->type)
                || SCF_OP_INC ==dn->type || SCF_OP_DEC ==dn->type
                || SCF_OP_3AC_INC ==dn->type || SCF_OP_3AC_DEC ==dn->type
                || SCF_OP_3AC_SETZ ==dn->type
                || SCF_OP_3AC_SETNZ ==dn->type
                || SCF_OP_3AC_SETLT ==dn->type
                || SCF_OP_3AC_SETLE ==dn->type
                || SCF_OP_3AC_SETGT ==dn->type
                || SCF_OP_3AC_SETGE ==dn->type
                || SCF_OP_ADDRESS_OF ==dn->type
                || SCF_OP_DEREFERENCE ==dn->type) {
            // 賦值更新運算元的處理
            if (!dn->childs) {                       // 若無子節點,則刪除
                scf_list_del(&dn->list);
                scf_dag_node_free(dn);
                dn =NULL;
                ++updated;                           // 更新最佳化計數
                continue;
```

```c
    }
    assert(1 <=dn->childs->size && dn->childs->size <=3);
    dn_bb =dn->childs->data[0];              // 基本區塊級的目標節點

    // 以下獲取其函數級的節點
    if (SCF_OP_ADDRESS_OF ==dn->type
            || SCF_OP_DEREFERENCE ==dn->type) {
        dn_func =dn->old;
        } else {
            assert(dn_bb->parents && dn_bb->parents->size >0);
            if (dn !=dn_bb->parents->data[dn_bb->parents->size -1])
                continue;
            dn_func =dn_bb->old;
        }
        if (!dn_func)
                return -1;
        if (scf_vector_find(bb->dn_saves, dn_func)
            || scf_vector_find(bb->dn_resaves, dn_func))
            continue;                        // 若函數級的節點為活躍變數, 則跳過

        // 以下刪除非活躍變數對應的節點
        for (i =0; i <dn->childs->size;){ // 刪除子節點
            dn_bb =dn->childs->data[i];
            assert(0 ==scf_vector_del(dn->childs, dn_bb));
            assert(0 ==scf_vector_del(dn_bb->parents, dn));
            if (0 ==dn_bb->parents->size) {
                scf_vector_free(dn_bb->parents);
                dn_bb->parents =NULL;
            }
        }
        assert(0 ==dn->childs->size);        // 刪除父節點
        scf_list_del(&dn->list);
        scf_dag_node_free(dn);
        dn =NULL;
        ++updated;
```

第 7 章　中間程式最佳化

```
                } else if (SCF_OP_ADD ==dn->type || SCF_OP_SUB ==dn->type
                        || SCF_OP_MUL ==dn->type || SCF_OP_DIV ==dn->type
                        || SCF_OP_MOD ==dn->type) {      // 算術運算元的處理
                    assert(dn->childs);
                    assert(2 ==dn->childs->size);
                    dn_func =dn->old;                    // 函數級的節點
                    if (!dn_func)
                        return -1;
                    if (scf_vector_find(bb->dn_saves, dn_func)  // 跳過活躍變數
                            || scf_vector_find(bb->dn_resaves, dn_func))
                        continue;
                    for (i =0; i <dn->childs->size; i++) { // 刪除非活躍的子節點
                        dn_bb =dn->childs->data[i];
                        assert(0 ==scf_vector_del(dn_bb->parents, dn));
                        if (0 ==dn_bb->parents->size) {
                            scf_vector_free(dn_bb->parents);
                            dn_bb->parents =NULL;
                        }
                    }
                    scf_list_del(&dn->list);             // 刪除父節點
                    scf_dag_node_free(dn);
                    dn =NULL;
                    ++updated;
                }
            }
            if (0 ==updated)                             // 若本次遍歷的最佳化次數為 0,則結束
                break;
        }
        return 0;
    }
```

在上述最佳化程式中存在兩類節點，其中一類對應單一基本區塊的有向無環圖，另一類對應整個函數的有向無環圖。前者用於 DAG 最佳化，後者用於在函數內的多個基本區塊之間傳遞變數值。

注意：在判斷某個變數是否為出口活躍變數時使用的是函數級的節點，在最佳化時使用的是基本區塊級的節點。

在最佳化結束後基本區塊級的有向無環圖不再使用，但函數級的有向無環圖還要用於後續的機器碼生成。

7.10 迴圈分析

迴圈是程式中最耗時間的環節，迴圈中的記憶體讀寫是降低執行效率的主因，減少迴圈本體中的記憶體讀寫次數是迴圈最佳化的關鍵。迴圈最佳化可分兩步進行，首先辨識出哪些基本區塊組成迴圈，然後把變數的載入和儲存移到迴圈的入口和出口。

7.10.1 迴圈的辨識

三位址碼並不使用 while、do-while、for 等關鍵字表示迴圈，而是把所有的控制敘述都轉化成比較和跳躍。比較和跳躍決定了基本區塊之間的前後序關係，把它們連接成整個函數的流程圖，而每個基本區塊則是圖上的節點。若函數中不含迴圈，則程式只會從前序執行到後續（正序流程），若含迴圈，則也會後續執行到前序（反序流程），所以迴圈分析的關鍵在於判斷某個節點的後續或間接後續是否也是它的前序或間接前序。

1. 圖的深度優先排序

在基本區塊流程圖上確定正序流程的演算法是深度優先排序，它遍歷流程圖，給每個基本區塊確定一個深度優先序號並記錄經過的每條正向邊。這組正向邊就是該圖的最小生成樹，它是正序流程的主體脈絡。深度優先序號則表示基本區塊在正序流程上的深度，同一個分支上的序號越小越靠近函數開頭，而序號越大越靠近函數末尾，如圖 7-17 所示。

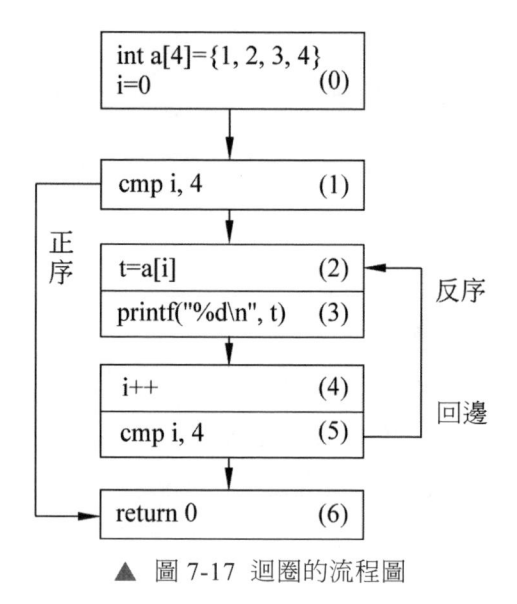

第 7 章 中間程式最佳化

```
        ┌─────────────────────┐
        │ int a[4]={1, 2, 3, 4}│
        │ i=0              (0) │
        └──────────┬──────────┘
                   ↓
        ┌─────────────────────┐
   ┌───→│ cmp i, 4        (1) │
   │    └──────────┬──────────┘
   │               ↓
正 │    ┌─────────────────────┐
序 │    │ t=a[i]          (2) │←──┐
   │    ├─────────────────────┤   │ 反序
   │    │ printf("%d\n", t)(3)│   │
   │    └──────────┬──────────┘   │
   │               ↓              │
   │    ┌─────────────────────┐   │ 回邊
   │    │ i++             (4) │   │
   │    ├─────────────────────┤   │
   │    │ cmp i, 4        (5) │───┘
   │    └──────────┬──────────┘
   │               ↓
   │    ┌─────────────────────┐
   └────│ return 0        (6) │
        └─────────────────────┘
```

▲ 圖 7-17 迴圈的流程圖

圖 7-17 圓括號內的數字就是深度優先序號，在每個正序分支上都是最靠近末尾的數字最大，例如分支 0 → 1 → 6 中的 6 號基本區塊是函數的末尾 return 敘述。深度優先排序是深度優先搜尋的擴充，SCF 編譯器的深度優先排序的程式如下：

```c
// 第 7 章 /scf_optimizer_dominators.c
#include "scf_optimizer.h"
    static int _ _bb_dfs_tree(scf_basic_block_t* root, scf_vector_t* edges, int* total){                           // 深度優先排序
scf_basic_block_t*      bb;
scf_bb_edge_t*          edge;
int i;
int ret;
    assert(!root->jmp_flag);
    root->visited_flag =1;                              // 設置已遍歷標識

    for (i =0; i <root->nexts->size; ++i) {             // 遍歷後續節點
        bb =root->nexts->data[i];
        if (bb->visited_flag)
```

7-72

```
            continue;

        edge =malloc(sizeof(scf_bb_edge_t));
        if (!edge)
            return -ENOMEM;

        edge->start =root;                              // 記錄當前節點到後續節點的有向邊
        edge->end =bb;
        ret =scf_vector_add(edges, edge);
        if ( ret <0)
            return ret;

        ret =__bb_dfs_tree(bb, edges, total);    // 遞迴遍歷
        if ( ret <0)
            return ret;
    }
    root->dfo_normal =---*total;                        // 給節點編號
    return 0;
}
```

經過深度優先排序之後就獲得了函數的正序流程，只要再確定其中的反序流程就能獲得哪些節點組成了迴圈。迴圈中必然包含反序，否則程式只會從開頭沿著正序執行到末尾，不會形成迴圈。

2. 回邊和支配節點

反序流程通常叫作回邊，它從序號較大的基本區塊指向序號較小的基本區塊，它是從後續節點往前序節點的反向跳躍。這時如果前序節點是後續節點的支配節點，則它們組成迴圈。所謂支配節點（Dominator）是指從函數開頭（0號節點）到後續節點 N 的所有分支都經過某個前序節點 D，不存在繞過該前序節點的其他路經。

注意：該前序節點 D 可以是直接前序也可以是間接前序。

因為圖 7-17 中的 5 → 2 就是回邊，而 2 也是 5 的支配節點，所以它們組成迴圈，但 5 並不是 6 的支配節點，因為 0 → 1 → 6 繞過了 5，所以 6 的支配節點是 0 和 1。

（1）每個節點都是它自身的支配節點，因為從函數開頭到它的所有路經都經過它自身。

（2）0 號節點的支配節點只有它自身，因為它沒有前序節點。

（3）支配節點是它和當前節點之間的所有節點的共同前序，它隸屬於這些節點的前序的交集。

3. 求支配節點的演算法

（1）把所有節點按深度優先序號從小到大排列。

（2）將 0 號節點的支配節點設置為它自己，將其他節點的支配節點陣列暫時設置為所有節點的集合。

（3）從 1 號節點開始依次處理，每個節點的支配節點是它所有前序的支配節點的交集再加上它自己。

（4）迴圈執行第（3）步直到所有節點的支配節點陣列不再變化為止。

第 (2) 步把其他節點的支配節點陣列設置為所有節點，求交集時只需從該陣列中刪除元素、不需往陣列中增加元素。這麼設置只需往一個方向修改陣列內容，就跟求整數陣列的最小值時先把結果設置為 INT_MAX 一樣，程式如下：

```
// 第 7 章 /min.c
#include <stdio.h>
#include <limits.h>
```

```c
    int main(){
int a[] ={1, 5, 3, 2, 4};
int min =INT_MAX;                                    // 設置為整數的最大值
int i;
    for (i=0; i<sizeof(a) / sizeof(a[0]); i++){
        if (min >a[i])
            min =a[i];
        }
    printf("min: %d\n", min);
    return 0;
}
```

求支配節點的程式可以看作以上程式的改進版，首先把陣列 a 換成節點的前序數組 bb → prevs，把 min 的初值設置為所有節點的動態陣列，然後從中去掉與前序節點的支配節點不同的元素，修改後的程式如下：

```c
// 第 7 章 /dominator.c
#include "scf_optimizer.h"
scf_vector_t* dominator(scf_vector_t*all,scf_basic_block_t* bb){// 求支配節點
scf_basic_block_t* prev;
scf_basic_block_t* dom0;
scf_basic_block_t* dom1;
scf_vector_t* min =scf_vector_clone(all);            // 設置為最大值
int i;
int j;
int k;
    for (i=0; i<bb->prevs->size; i++){               // 遍歷前序節點陣列
        prev =bb->prevs->data[i];
        j =0;
        k =0;
    // 求交集 , 這個 while 迴圈相當於上例程式 min.c 檔案中的 if 敘述區塊
        while (j <min->size && k <prev->dominators_normal->size){
            dom0 =min->data[j];
            dom1 =prev->dominators_normal->data[k];
            if (dom0->dfo_normal <dom1->dfo_normal)// 若小於 , 則肯定不重複
```

第 7 章　中間程式最佳化

```
                    scf_vector_del(min, dom0);         // 刪除不重複的元素
            else if (dom0->dfo_normal >dom1->dfo_normal)// 若大於 , 則繼續檢測
                k++;
            else {                                      // 保留重複元素
                k++;
                j++;
            }
        }
    }
    scf_vector_add_unique(min, bb);                    // 當前節點也是它自己的支配節點
    return min;                                         // 這就是最新的支配節點陣列
}
```

　　對已經按從小到大排序的兩個陣列 min 和 prev → dominators_normal 求交集時只需遍歷一次，因為若前者的 j 號元素小於後者的 k 號元素，則它小於後者 k 之後的所有元素，同理若它大於 k 號元素，則它大於 k 之前的所有元素。在 do-while 迴圈中呼叫 dominator() 函數並對每個節點比較它最近兩次的傳回值變化，當不再變化時就獲得了該節點的所有支配節點。以上是求支配節點的演算法，完整實現可以查看 SCF 編譯器的 _bb_find_dominators_normal() 函數。

4. 迴圈的探測

　　確定了支配節點之後，若存在從當前節點到支配節點的回邊，則它們組成迴圈。以支配節點為截止條件，從當前節點進行反向深度優先搜尋就能獲得迴圈的所有節點，程式如下：

```
// 第 7 章 /scf_optimizer_loop.c
#include "scf_optimizer.h"
    int  _bb_dfs_loop(scf_list_t* bb_list_head, scf_basic_block_t* bb,
                scf_basic_block_t* dom, scf_vector_t* loop){// 獲取迴圈的所有節點
scf_list_t* l;
scf_basic_block_t* bb2;
```

```
    int ret =scf_vector_add(loop, bb);      // 把當前節點增加到迴圈
    if (ret <0)
        return ret;
    if (dom ==bb)                            // 若當前節點也是支配節點，則迴圈僅含該節點
        return 0;
    ret =scf_vector_add(loop, dom);          // 增加支配節點
    if (ret <0)
        return ret;
    for (l =scf_list_tail(bb_list_head); l!=scf_list_sentinel(bb_list_head);
            l =scf_list_prev(l)) {           // 清除所有節點的存取標識
        bb2 =scf_list_data(l, scf_basic_block_t, list);
        if (bb2->jmp_flag)
            continue;
        bb2->visited_flag =0;
    }
    dom->visited_flag =1;                    // 設置支配節點的存取標識，該標識為截止條件
    return __bb_dfs_loop2(bb, loop);         // 深度優先搜尋
}
```

將支配節點的存取標識設置為 1，這是搜尋的截止條件，將其他節點的存取標識清零以避免受到之前流程的干擾。真正的搜尋演算法由 __bb_dfs_loop2() 函數實現，它是以 7.4.3 節的程式為基礎增加了對迴圈節點的記錄，程式如下：

```
// 第 7 章 /scf_optimizer_loop.c
#include "scf_optimizer.h"
    int __bb_dfs_loop2(scf_basic_block_t* root, scf_vector_t* loop){
scf_basic_block_t* bb;
int i;
    root->visited_flag =1;
    for (i =0; i <root->prevs->size; ++i) {    // 遍歷當前節點的前序
        bb =root->prevs->data[i];
        if (bb->visited_flag)                   // 若已存取，則跳過
            continue;
```

```
            int ret =scf_vector_add(loop, bb);            // 記錄迴圈節點
            if ( ret <0)
                return ret;
            ret =_ _bb_dfs_loop2(bb, loop);               // 遞迴搜尋
            if ( ret <0)
                return ret;
    }
    return 0;
}
```

注意：不存在從函數開頭繞過支配節點到達後續節點的路徑，自然也不存在從後續節點繞過支配節點到達函數開頭的反向路徑，即支配節點是函數開頭與後續節點的割集。當把支配節點設置為哨兵（Sentinel）時，搜尋演算法不會把無關節點增加到迴圈中。

7.10.2 迴圈的最佳化

迴圈最佳化是獲取迴圈的入口和出口，然後把迴圈分層，最後把變數的載入移到最外層迴圈的入口並把變數的儲存移到最外層迴圈的出口的過程。

1. 迴圈的分層

如果某個迴圈包含另一個迴圈的所有節點，則前者是外層迴圈而後者是內層迴圈。遍歷 7.10.1 節探測到的所有迴圈並按這個想法處理就能獲得迴圈的層次結構。函數中不包含在迴圈內的其他程式是被一個個迴圈分隔開的基本區塊組（Group）。這些組中的程式只會沿著正序執行，不存在反序跳躍。迴圈和基本區塊組可用一個資料結構表示，程式如下：

```
//第 7 章 /scf_basic_block.h
#include "scf_list.h"
#include "scf_vector.h"
#include "scf_graph.h"
```

```c
struct scf_bb_group_s                              // 迴圈或基本區塊
{

    scf_basic_block_t* entry;                      // 迴圈外的入口基本區塊
    scf_basic_block_t* pre;                        // 迴圈內的入口
    scf_vector_t* posts;                           // 迴圈內的出口
    scf_vector_t* entries;                         // 迴圈外的入口，可能有多個
    scf_vector_t* exits;                           // 迴圈外的出口，可能有多個
    scf_vector_t* body;                            // 迴圈本體
    scf_bb_group_t* loop_parent;                   // 外層迴圈
    scf_vector_t* loop_childs;                     // 子迴圈陣列
    int loop_layers;                               // 迴圈的層數
};
```

在以上資料結構的基礎上把迴圈分層的程式如下：

```c
// 第 7 章 /scf_optimizer_loop.c
#include "scf_optimizer.h"
    int __bb_loop_layers(scf_function_t* f){       // 迴圈的分層處理
scf_basic_block_t*      entry;
scf_basic_block_t*      exit;
scf_basic_block_t*      bb;
scf_bb_group_t*         loop0;
scf_bb_group_t*         loop1;
int ret;
int i;
int j;
int k;
    for (i =0; i <f->bb_loops->size -1; ) {        // 遍歷函數的所有迴圈
        loop0 =f->bb_loops->data[i];               // 當前迴圈
        for (j =i +1; j <f->bb_loops->size; j++) {
            // 從當前迴圈的下一個開始比較
            loop1 =f->bb_loops->data[j];           // 另一個迴圈

            // 比較當前迴圈是否包含在另一個迴圈內
```

```
            for (k =0; k <loop0->body->size; k++) {
                if (!scf_vector_find(loop1->body, loop0->body->data[k]))
                    break;
            }
            if (k <loop0->body->size)                 // 若不包含，則跳過
                continue;
            if (!loop0->loop_parent           // 若包含，當前迴圈為子迴圈，另一個迴圈為父迴圈
                    || loop0->loop_parent->body->size >loop1->body->size)
                loop0->loop_parent =loop1;
            if (loop1->loop_layers <=loop0->loop_layers +1)
            // 計算父迴圈的層數
                loop1->loop_layers =loop0->loop_layers +1;
            if (!loop1->loop_childs) {
                loop1->loop_childs =scf_vector_alloc();
                if (!loop1->loop_childs)
                    return -ENOMEM;
            }
            ret =scf_vector_add_unique(loop1->loop_childs, loop0);
            // 增加子迴圈
            if (ret <0)
                return ret;
        }
        if (loop0->loop_parent)              // 若當前迴圈為子迴圈，則從頂層陣列中刪除
            assert(0 ==scf_vector_del(f->bb_loops, loop0));
        else                                      // 否則繼續比較下一個
            i++;
    }
    return 0;
}
```

經過分層之後就獲得了函數內的程式結構：一個基本區塊不是屬於某個迴圈，就是屬於某個迴圈外的基本區塊組。

2. 迴圈的最佳化

　　迴圈的所有節點的前序中不包含在迴圈內的部分是迴圈的入口，而後續中不包含在迴圈內的部分是迴圈的出口。因為迴圈的入口和出口不屬於當前迴圈，如果也不屬於更外層的迴圈，則它們只會執行一次，所以把變數的儲存和載入從迴圈內部轉移到出入口可以減少記憶體讀寫次數。迴圈入口和出口的查詢，程式如下：

```c
// 第 7 章 /scf_optimizer_loop.c
#include "scf_optimizer.h"
    int bbg_find_entry_exit(scf_bb_group_t* bbg){          // 迴圈入口和出口的查詢
scf_basic_block_t* bb;
scf_basic_block_t* bb2;
int j;
int k;
    if (!bbg->entries) {                                    // 準備入口陣列
        bbg ->entries =scf_vector_alloc();
        if (!bbg->entries)
            return -ENOMEM;
    } else
        scf_vector_clear(bbg->entries, NULL);
    if (!bbg->exits) {                                      // 準備出口陣列
        bbg ->exits =scf_vector_alloc();
        if (!bbg->exits)
            return -ENOMEM;
    } else
        scf_vector_clear(bbg->exits, NULL);
    for (j =0; j <bbg->body->size; j++) {                  // 遍歷迴圈本體
        bb =bbg->body->data[j];
        for (k =0; k <bb->prevs->size; k++) {              // 查詢入口
            bb2 =bb->prevs->data[k];
            if (scf_vector_find(bbg->body, bb2))           // 若前序節點在迴圈內，則跳過
                continue;
            if (scf_vector_add_unique(bbg->entries, bb2) <0)
                return -ENOMEM;
```

第 7 章　中間程式最佳化

```
        }
        for (k =0; k <bb->nexts->size; k++) {              // 查詢出口
            bb2 =bb->nexts->data[k];
            if (scf_vector_find(bbg->body, bb2))           // 若後續節點在迴圈內，則跳過
                continue;
            if (scf_vector_add_unique(bbg->exits, bb2) <0)
                return -ENOMEM;
        }
    }
    return 0;
}
```

　　結構化迴圈的入口和出口只有一個 (見 5.3 節)。迴圈入口的後續節點不一定屬於迴圈本體還可能是其他的非迴圈節點。同樣，迴圈出口的前序節點也可能是非迴圈節點。為了讓入口的後續和出口的前序一定屬於迴圈，可以在入口之後增加一個基本區塊作為新的入口，在出口之前增加一個基本區塊作為新的出口，如圖 7-18 所示。

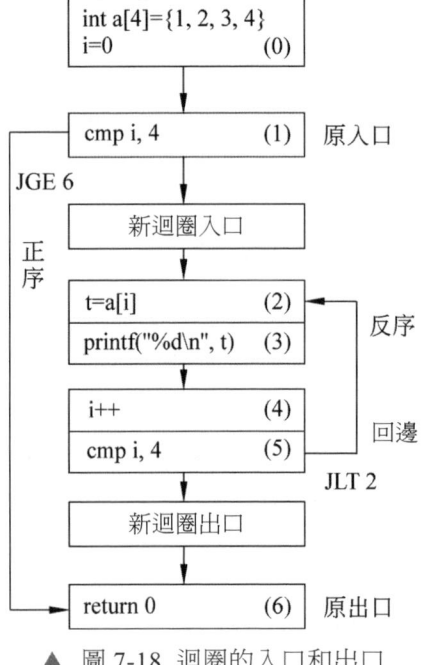

▲ 圖 7-18 迴圈的入口和出口

7.10 迴圈分析

（1）新入口要放在原入口的跳躍之後，如圖 7-18 中的 JGE6。

（2）新出口要放在組成迴圈的反向跳躍（回邊）之後，如圖 7-18 中的 JLT2。

當原入口的跳躍成立時不會進入迴圈，當回邊的反向跳躍成立時不會離開迴圈。這樣修改之後迴圈及其新入口和新出口一起成了原入口和原出口之間的基本區塊組（不含原入口和原出口），可以作為一個整體進行暫存器分配。

因為新入口的後續一定是迴圈本體，即進入它的執行流程一定會進入迴圈，所以要把變數的載入移到這裡。因為新出口的前序也一定是迴圈本體，即離開迴圈的執行流程一定會穿過它再離開，所以要把變數的儲存移到這裡。這樣移動之後就不必在迴圈內頻繁地載入和儲存變數了，程式如下：

```
// 第 7 章 /scf_optimizer_loop.c
#include "scf_optimizer.h"
    int _optimize_loop_loads_saves(scf_function_t* f){        // 移動變數的載入儲存位置
scf_bb_group_t*           bbg;
scf_basic_block_t*        bb;
scf_basic_block_t*        pre;
scf_basic_block_t*        post;
scf_dag_node_t*           dn;
int i;
int j;
int k;
    for (i =0; i <f->bb_loops->size; i++) {                   // 遍歷函數內的所有迴圈
        bbg =f->bb_loops->data[i];
        pre =bbg->pre;                                        // 迴圈的新入口
        for (j =0; j <bbg->body->size; j++) {                 // 遍歷迴圈本體
            bb =bbg->body->data[j];
            for (k =0; k <bb->dn_loads->size; k++) {          // 遍歷要載入的變數陣列
                dn =bb->dn_loads->data[k];
                if (dn->var->tmp_flag) {
                    continue;
```

```
                }
                if (scf_vector_add_unique(pre->dn_loads, dn) <0)
                // 移到入口
                    return -1;
            }
            for (k =0; k <bbg->posts->size; k++) {           // 遍歷所有的出口
                post =bbg->posts->data[k];
                int n;
                for (n =0; n <bb->dn_saves->size; n++) {
                // 遍歷要儲存的變數陣列
                    dn =bb->dn_saves->data[n];
                    if (scf_vector_add_unique(post->dn_saves, dn) <0)
                    // 移到出口
                        return -1;
                }
            }
        }
    }
    return 0;
}
```

注意：非結構化迴圈可能有多個出口，需要在每個出口都儲存變數，否則可能在迴圈結束後的基本區塊中導致記憶體和暫存器的資料不一致。

8 暫存器分配

　　三位址碼在轉化成機器碼之前首先要為變數分配暫存器。因為 CPU 的運算主要在暫存器中進行，CPU 對記憶體的定址也要以暫存器作為基底位址和索引號，但暫存器的個數一般只有 8~32 個而變數的個數可能很多，所以哪個變數在什麼時刻使用哪個暫存器是三位址碼在轉換成機器碼之前首先要解決的問題。因為不同 CPU 的暫存器設置並不相同，所以暫存器分配是依賴於 CPU 架構的機器相關問題，也就是真正的編譯器後端問題。

第 8 章　暫存器分配

8.1 不同 CPU 架構的暫存器組

複雜指令集電腦（Complex Instruction Set Computer，CISC）和精簡指令集電腦（Reduced Instruction Set Computer，RISC）是兩大主流的 CPU 設計理念，前者的指令功能複雜、暫存器數量較少，大多數指令可以讀寫記憶體，後者的指令功能簡單、暫存器數量較多，只有載入和儲存指令可以讀寫記憶體，其他運算指令只能讀寫暫存器。英特爾（Intel）是複雜指令集的代表，其 X86 和 X86_64 系列處理器都屬於複雜指令集。英特爾之外的處理器以精簡指令集為主，例如 ARM、PowerPC、MIPS、RISC-V 都屬於精簡指令集。

1. X86_64 的暫存器組

X86_64 有 16 個 64 位元暫存器 RAX、RBX、RCX、RDX、RDI、RSI、RBP、RSP 和 R8~ R15，其中前 8 個是 X86 的 8 個 32 位元暫存器的擴充，後 8 個是新增的暫存器。每個 64 位元暫存器的低 32 位元、低 16 位元、低 8 位元都可當作 32 位元暫存器、16 位元暫存器、8 位元暫存器使用，如圖 8-1 所示。

8 位元組	RAX	RBX	RCX	RDX	RDI	RSI	RSP	RBP	R8	R9	R10	R11	R12	R13	R14	R15
4 位元組	EAX	EBX	ECX	EDX	EDI	ESI	ESP	EBP	R8D	R9D	R10D	R11D	R12D	R13D	R14D	R15D
2 位元組	AX	BX	CX	DX	DI	SI	SP	BP	R8W	R9W	R10W	R11W	R12W	R13W	R14W	R15W
1 位元組	AL	BL	CL	DL	DIL	SIL			R8B	R9B	R10B	R11B	R12B	R13B	R14B	R15B

▲ 圖 8-1　X86_64 的暫存器組

（1）RSP 用於堆疊頂指標，它在 32 位元機上對應的是 ESP，在 16 位元機上對應的是 SP。

（2）RBP 用於堆疊底指標，即函數執行時期堆疊的底部位置，它在 32 位元機上對應的是 EBP，在 16 位元機上對應的是 BP，但它在儲存之後也可當作通用暫存器使用。

（3）其他暫存器都可當作通用暫存器使用。

（4）在移位元運算時若移動的位元數是變數，則存放在 RCX 中，因為移位位數最大為 64，所以實際使用的是 CL。

（5）在字串傳遞時 RCX 用於存放傳遞的次數，RDI 用於存放目的位置，RSI 用於存放來源位置。

（6）乘法運算時 RAX 用於存放其中的乘數，運算結束後 RAX 和 RDX 用於存放結果，其中 RAX 用於存放低 64 位元、RDX 用於存放高 64 位元。

（7）除法運算時 RAX 和 RDX 用於存放被除數，其中 RAX 用於存放低 64 位元、RDX 用於存放高 64 位元，運算結束後 RAX 用於存放商、RDX 用於存放餘數。

因為 X86_64 是複雜指令集，所以指令和暫存器之間的耦合度是暫存器分配時要注意的問題，例如 a=b << c 要儘量讓 c 使用 RCX，這樣就不必在移位時讓其他變數刻意為它騰出 RCX 了。

注意：X86_64 在函數呼叫時以 RDI、RSI、RDX、RCX、R8、R9 傳遞前 6 個參數，多於 6 個的參數透過堆疊傳遞，函數傳回值存放在 RAX 中，傳回位址存放在堆疊頂。

2. ARM64 的暫存器組

ARM64 有 32 個 64 位元暫存器 X0~X31，其中 X0~X30 的低 32 位元都可當作 32 位元暫存器使用，在當作 32 位元使用時記作 W0~W30。

（1）X31 用於堆疊頂指標（記作 SP），功能跟 X86_64 的 RSP 一樣，它不能做其他用途。

（2）X30 用於連接暫存器（記作 LR），它用於存放函數呼叫時的傳回位址，但在儲存之後也可當作通用暫存器使用。

（3）X29 用於堆疊底指標（記作 FP），功能跟 X86_64 的 RBP 一樣，在儲存之後也可用於其他用途。

（4）其他暫存器都是通用暫存器。

ARM64 是精簡指令集，它的指令和暫存器之間幾乎沒有耦合度。ARM64 在函數呼叫時以 X0~X7 傳遞前 8 個參數，多於 8 個的參數透過堆疊傳遞，函數傳回值存放在 X0 中，傳回位址存放在連接暫存器 LR 中。

8.2 變數之間的衝突

變數之間的衝突是暫存器分配的主要依據。

1. 變數衝突圖

根據變數活躍度分析 (見 7.7 節) 同時活躍的變數不能使用相同的暫存器，否則會因為互相覆蓋而導致執行錯誤，即同時活躍的變數是互相衝突的，程式如下：

```
//第 8 章 /var_conflict.c
#include <stdio.h>
int main(){
int a =1;
int b =2;                  // 若 a 和 b 使用相同的暫存器，則賦值之後 a 被覆蓋
int c =3;
    c +=a +b;              // 三個變數互相衝突
    printf("c: %d\n", c);
}
```

因為以上程式在計算 c 的值時不但使用了 a 和 b 還使用了 c 之前的值，所以這 3 個變數是互相衝突的，如圖 8-2 所示。

8.2 變數之間的衝突

若給其中任意兩個變數分配相同的暫存器，則計算結果錯誤，例如給 a 和 b 都分配 EAX、給 c 分配 ECX，則對 b 的賦值會覆蓋掉 a，從而導致 c+=a+b 變成了 c+=2*b。

在編譯器中變數之間的衝突情況可以建構一張變數衝突圖，

每個變數都是該圖上的一頂點，如果兩個變數互相衝突，則在它們之間增加一條邊（衝突邊），頂點的邊數越多則與它衝突的變數就越多。變數衝突圖表示一組敘述區塊內的變數活躍度，這些敘述區塊可以是單一基本區塊，也可以是整個迴圈或迴圈之間的基本區塊組。

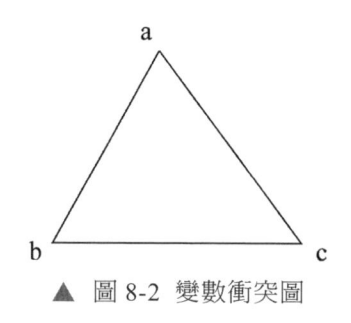

▲ 圖 8-2 變數衝突圖

2. 特殊暫存器

在複雜指令集上有的指令要使用一些特殊暫存器（例如移位使用 RCX），每個特殊暫存器只能分配給某個固定的變數而不能用於任意變數，這時可把特殊暫存器也作為變數衝突圖上的頂點，並在它和那些不能分配的變數之間增加一條衝突邊。這樣擴充之後的變數衝突圖就同時涵蓋了通用暫存器和特殊暫存器，從而為暫存器分配提供了一個統一的演算法。

3. 變數衝突圖的建構

變數衝突圖是一個簡單圖，它的邊只表示兩個頂點之間的關係，其資料結構的程式如下：

第 8 章　暫存器分配

```
// 第 8 章 /scf_graph.h
// 節選自 SCF 編譯器
#include "scf_vector.h"
typedef struct {                    // 圖的頂點
    scf_vector_t* neighbors;        // 鄰居頂點陣列
    intptr_t color;                 // 頂點的顏色，用於著色演算法
    void* data;                     // 私有資料
} scf_graph_node_t;

typedef struct {                    // 全圖
    scf_vector_t* nodes;            // 圖的所有頂點
} scf_graph_t;
```

整個圖的資料結構只需記錄所有的頂點。頂點的資料結構要記錄顏色和所有的鄰居頂點，鄰居即和它衝突的變數或暫存器，私有資料 void*data 用於在不同 CPU 架構上的擴充。

建構變數衝突圖的步驟是遍歷要統一分配暫存器的基本區塊組中的每筆三位址碼，查看該三位址碼執行時的所有活躍變數，為這些活躍變數申請頂點並增加衝突邊。頂點和衝突邊要做去重處理。如果三位址碼是乘法、除法、移位等特殊指令，則要為它對應的特殊暫存器增加頂點和衝突邊，並儘量把特殊暫存器指派給適當的變數，例如 a>>=b 中要把 RCX 指派給 b。如果三位址碼是函數呼叫，則要儘量為實際參數分配對應的傳入參數暫存器。

因為特殊暫存器和傳入參數暫存器的影響，在建構變數衝突圖時不能為所有三位址碼提供統一的函數，所以為每種類型的三位址碼各提供一個函數，程式如下：

```
// 第 8 章 /scf_x64.h
// 節選自   SCF  編譯
#include "scf_native.h"
#include "scf_x64_util.h"
#include "scf_x64_reg.h"
```

```c
#include "scf_x64_opcode.h"
#include "scf_graph.h"
#include "scf_elf.h"

typedef struct {                          // 建構變數衝突圖的結構
    int type;
    int (*func)(scf_native_t* ctx, scf_3ac_code_t* c, scf_graph_t* g);
} x64_rcg_handler_t;
```

上述 x64_rcg_handler_t 結構的 type 欄位為三位址碼的類型，func 欄位為建構變數衝突圖的函數指標。把每類三位址碼的結構組成一個陣列，只要遍歷該陣列就能為三位址碼找到對應的函數，程式如下：

```c
// 第 8 章 /scf_x64_rcg.c
// 節選自 SCF 編譯器
#include "scf_x64.h"
static x64_rcg_handler_t x64_rcg_handlers[] ={ // 建構變數衝突圖的陣列
    {SCF_OP_CALL,            _x64_rcg_call_handler},
    {SCF_OP_ARRAY_INDEX,     _x64_rcg_array_index_handler},
    {SCF_OP_TYPE_CAST,       _x64_rcg_cast_handler},
    {SCF_OP_LOGIC_NOT,       _x64_rcg_logic_not_handler},
    {SCF_OP_BIT_NOT,         _x64_rcg_bit_not_handler},
    {SCF_OP_NEG,             _x64_rcg_neg_handler},
    {SCF_OP_INC,             _x64_rcg_inc_handler},
    {SCF_OP_DEC,             _x64_rcg_dec_handler},
    {SCF_OP_MUL,             _x64_rcg_mul_handler},
    {SCF_OP_DIV,             _x64_rcg_div_handler},
    {SCF_OP_MOD,             _x64_rcg_mod_handler},
    {SCF_OP_ADD,             _x64_rcg_add_handler},
    {SCF_OP_SUB,             _x64_rcg_sub_handler},
// 其他項省略
};
x64_rcg_handler_t* scf_x64_find_rcg_handler(const int op_type){// 查詢函數
    int i;
```

第 8 章　暫存器分配

```
    for (i =0; i <sizeof(x64_rcg_handlers) / sizeof(x64_rcg_handlers[0]);
        i++) {
        x64_rcg_handler_t* h =&(x64_rcg_handlers[i]);
        if (op_type ==h->type)
            return h;
    }
    return NULL;
}
```

在 X86_64 上為單一基本區塊建構變數衝突圖的是 _x64_make_bb_rcg() 函數，程式如下：

```
// 第 8 章 /scf_x64_rcg.c
// 節選自 SCF 編譯器
#include "scf_x64.h"
#include "scf_elf.h"
#include "scf_basic_block.h"
#include "scf_3ac.h"
int _x64_make_bb_rcg(scf_graph_t* g, scf_basic_block_t* bb,
                     scf_native_t* ctx){
    scf_list_t*            l;
    scf_3ac_code_t*        c;
    x64_rcg_handler_t*     h;
    for (l =scf_list_head(&bb->code_list_head);
        l!=scf_list_sentinel(&bb->code_list_head); l =scf_list_next(l)) {
        c =scf_list_data(l, scf_3ac_code_t, list);
        h =scf_x64_find_rcg_handler(c->op->type);
        if (!h) {
            scf_loge("3ac operator '%s' not supported\n", c->op->name);
            return -EINVAL;
        }
        int ret =h->func(ctx, c, g);
        if (ret <0)
            return ret;
```

```
    }
    return 0;
}
```

當為一組基本區塊統一建構變數衝突圖時，只要對每個基本區塊都呼叫 _x64_make_bb_rcg() 函數就能獲得整個組的變數衝突圖。在其他 CPU 上也使用類似的方法建構變數衝突圖。

8.3 圖的著色演算法

暫存器分配的經典演算法是圖的著色演算法。在建構了變數衝突圖之後為每個頂點設置一種顏色，該顏色就是暫存器的編號，相鄰的頂點之間不能使用同樣的顏色，即互相衝突的變數不能使用同一個暫存器。

8.3.1 簡單著色演算法

對於圖上 N 個頂點的 K 著色問題，可以按以下步驟進行：

（1）遍歷圖的頂點陣列查詢邊數少於 K 的頂點，刪掉它並記錄到一個動態陣列中。

（2）重複第（1）步直到所有頂點都被刪除。

（3）按照與刪除相反的順序把每個頂點依次增加回圖上，並為它選擇一個在增加時刻不同於所有鄰居的顏色。

當頂點 A 的邊數少於 K 時，因為 A 和它的所有鄰居最多只有 K 個，所以為它們各自分配一個不同的顏色是可行的。假設 A 有 $K-1$ 個鄰居且被分配的顏色是 0，B 是 A 的鄰居且被分配的顏色是 1，則 B 和 A 的共同鄰居最多只有 $K-2$ 個，因為 A 除了 B 之外的鄰居只有 $K-2$ 個。如果 B 也有 $K-1$ 個鄰居，則其中

第 8 章 暫存器分配

至少有一個與 A 不是鄰居,把它記作 C,C 可以與 A 使用同樣的顏色 0。依此類推,只要每個頂點的邊數都少於 K,就能獲得與鄰居不同的顏色。

SCF 編譯器中的簡單著色演算法,其中已經涵蓋了特殊暫存器的處理,程式如下:

```c
// 第 8 章 /scf_x64_graph.c
// 節選自 SCF 編譯器
#include "scf_graph.h"
#include "scf_x64.h"
    int _x64_kcolor_delete(scf_graph_t*graph, int k,scf_vector_t* deleted_nodes)
{                                              // 刪除節點的函數

    while (graph->nodes->size >0) {            // 重複刪除直到頂點陣列為空
        int nb_deleted =0;
        int i =0;
        while (i <graph->nodes->size) {        // 遍歷頂點陣列
            scf_graph_node_t* node =graph->nodes->data[i];// 當前頂點
            x64_rcg_node_t* rn =node->data;//X86_64 的擴充資料
            if (!rn->dag_node) {               // 如果頂點是暫存器,則跳過
                assert(rn->reg);
                assert(node->color >0);
                i++;
                continue;
            }

            if (node->neighbors->size >=k) {   // 若頂點的邊數太多,則跳過
                i++;
                continue;
            }

            if (0 !=scf_graph_delete_node(graph, node)) {// 刪除頂點
                scf_loge("scf_graph_delete_node\n");
                return -1;
            }
```

8.3 圖的著色演算法

```c
                // 增加到記錄刪除順序的陣列
                if (0 !=scf_vector_add(deleted_nodes, node)) {
                    scf_loge("scf_graph_delete_node\n");
                    return -1;
                }
                nb_deleted++;                   // 刪除個數加一
            }
            if (0 ==nb_deleted)   // 當不能繼續刪除時退出，這時簡單著色演算法失敗
                break;
        }
        return 0;
}

int _x64_kcolor_fill(scf_graph_t* graph, int k, scf_vector_t* colors,
        scf_vector_t* deleted_nodes) {              // 著色函數
    int i;
    int j;
    scf_vector_t* colors2 =NULL;
        for (i =deleted_nodes->size -1; i >=0; i--) { // 反向遍歷刪除的頂點
            scf_graph_node_t* node =deleted_nodes->data[i];
            // 當前要增加的頂點
            x64_rcg_node_t* rn =node->data;

            if (node->neighbors->size >=k)          // 若邊數太多，則它只能是特殊暫存器
                assert(rn->reg);
            colors2 =scf_vector_clone(colors);      // 複製顏色陣列
            if (!colors2)
                return -ENOMEM;
            for (j =0; j <node->neighbors->size; j++) {// 遍歷鄰居頂點
                scf_graph_node_t* neighbor =node->neighbors->data[j];

                if (neighbor->color >0) {           // 若鄰居已經著色，則刪除該顏色
                    int ret =_x64_color_del(colors2, neighbor->color);
                    if (ret <0)
```

```
                    goto error;

            // 若與鄰居的顏色衝突，則為當前節點重選顏色
            if (X64_COLOR_CONFLICT(node->color, neighbor->color)) {
                assert(rn->dag_node);
                node->color =0;
            }
        }
        if (0 !=scf_vector_add(neighbor->neighbors, node))
        // 增加衝突邊
            goto error;
    }
    assert(colors2->size >=0);


    if (0 ==node->color) {              // 重選顏色
        node->color =_x64_color_select(node, colors2);
        if (0 ==node->color) {
            node->color =-1;            // 重選失敗設置溢位標識，即顏色為 - 1
        }
    }


    if (0 !=scf_vector_add(graph->nodes, node)) // 增加頂點
        goto error;
    scf_vector_free(colors2);
    colors2 =NULL;
    }
    return 0;
error:
    scf_vector_free(colors2);
    colors2 =NULL;
    return -1;
}
```

如果簡單著色演算法失敗，例如因為邊數太多而無法刪除所有的非暫存器頂點，或因為特殊暫存器的約束導致顏色數不夠，則可進一步使用改進的著色演算法。

8.3.2 改進的著色演算法

如果兩個頂點的邊數都為 K 但不相鄰，則可給它們同樣的顏色，並對剩下的頂點進行 K-1 著色，如圖 8-3 所示。

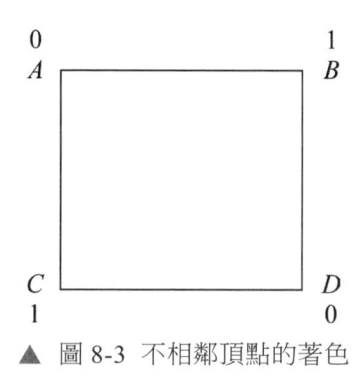

▲ 圖 8-3 不相鄰頂點的著色

在圖 8-3 中可以只用兩個暫存器對 4 個頂點著色，因為所有頂點的邊數都是 2（等於 K），所以簡單著色演算法失敗，但由於 A 和 D 不相鄰，所以可都著色為 0 並從圖中去掉，然後 B 和 C 成了孤立的兩個頂點，由此可同時著色為 1。SCF 編譯器查詢不相鄰頂點的演算法，程式如下：

```
// 第 8 章 /scf_x64_graph.c
// 節選自　SCF 編譯器
#include "scf_graph.h"
#include "scf_x64.h"
    int _x64_kcolor_find_not_neighbor(scf_graph_t*graph,int k,scf_graph_node_t**pp0, scf_graph_node_t**pp1){           // 查詢不相鄰的兩個頂點
scf_graph_node_t*         node0;
scf_graph_node_t*         node1;
x64_rcg_node_t*           rn0;
```

第 8 章 暫存器分配

```
x64_rcg_node_t*        rn1;
scf_dag_node_t*        dn0;
scf_dag_node_t*        dn1;
int i;
for (i =0; i <graph->nodes->size; i++) {            // 遍歷頂點陣列
        node0 =graph->nodes->data[i];

        rn0 =node0->data;
        dn0 =rn0->dag_node;
        if (!dn0) {                                 // 如果是暫存器，則跳過
            assert(rn0->reg);
            assert(node0->color >0);
            continue;
        }
        if (node0->neighbors->size >k)              // 如果邊數超過 k，則跳過
            continue;

        int is_float =scf_variable_float(dn0->var);
        node1 =NULL;
        rn1 =NULL;
        int j;
        for (j =i +1; j <graph->nodes->size; j++) { // 遍歷查詢
            node1 =graph->nodes->data[j];

            rn1 =node1->data;
            dn1 =rn1->dag_node;
            if (!dn1) { // 如果是暫存器，則跳過
                assert(rn1->reg);
                assert(node1->color >0);
                node1 =NULL;
                continue;
            }
            if (is_float !=scf_variable_float(dn1->var)) {
            // 要同為整數或浮點數
                node1 =NULL;
```

8-14

8.3 圖的著色演算法

```
                // 兩者的暫存器不同
                continue;
            }
            if (!scf_vector_find(node0->neighbors, node1)) {        // 不能為鄰居
                assert(!scf_vector_find(node1->neighbors, node0));
                break;
            }
            node1 =NULL;
        }
        if (node1) {                                                // 成功找到
            *pp0 =node0;
            *pp1 =node1;
            return 0;
        }
    }
    return -1; // 查找不到
}
```

若能成功地找到兩個不相鄰的頂點，則可繼續著色，否則只能把變數儲存到記憶體，等使用時再讓其他變數騰出暫存器。SCF 編譯器完整的著色演算法，程式如下：

```
// 第 8 章 /scf_x64_graph.c
// 節選自 SCF 編譯器
#include "scf_graph.h"
#include "scf_x64.h"
int _x64_graph_kcolor(scf_graph_t* graph, int k, scf_vector_t* colors){
// 著色演算法
int ret =-1;
scf_vector_t* colors2 =NULL;
    scf_vector_t* deleted_nodes =scf_vector_alloc();         // 儲存頂點刪除順序的陣列
    if (!deleted_nodes)
        return -ENOMEM;
    // 以下是簡單的著色演算法
```

```c
    ret =_x64_kcolor_delete(graph, k, deleted_nodes);      // 刪除頂點
    if (ret <0)
        goto error;
    if (0 ==_x64_kcolor_check(graph)) {                    // 若簡單著色成功
        ret =_x64_kcolor_fill(graph, k, colors, deleted_nodes);// 增加並著色
        if (ret <0)
            goto error;
        scf_vector_free(deleted_nodes);
        deleted_nodes =NULL;
        return 0;                                          // 傳回
}// 以上是簡單著色演算法
    assert(graph->nodes->size >0);
    assert(graph->nodes->size >=k);
    scf_graph_node_t* node_max =NULL;
    scf_graph_node_t* node0 =NULL;
    scf_graph_node_t* node1 =NULL;
    // 若查詢不相鄰的頂點成功
    if (0 ==_x64_kcolor_find_not_neighbor(graph, k, &node0, &node1)) {
        x64_rcg_node_t* rn0 =node0->data;
        x64_rcg_node_t* rn1 =node1->data;

        assert(!colors2);
        colors2 =scf_vector_clone(colors);                 // 複製顏色陣列
        if (!colors2) {
            ret =-ENOMEM;
            goto error;
        }
        // 以下是為兩個頂點選擇同樣的顏色
        int reg_size0 =x64_variable_size(rn0->dag_node->var);
        int reg_size1 =x64_variable_size(rn1->dag_node->var);
        if (reg_size0 >reg_size1) {
            node0->color =_x64_color_select(node0, colors2);
            if (0 ==node0->color)
                goto overflow;
```

```
            intptr_t type =X64_COLOR_TYPE(node0->color);
            intptr_t id   =X64_COLOR_ID(node0->color);
            intptr_t mask =(1 <<reg_size1) -1;
            node1->color =X64_COLOR(type, id, mask);
            ret =_x64_color_del(colors2, node0->color);
            if (ret <0) {
                scf_loge("\n");
                goto error;
            }
        } else {
            node1->color =_x64_color_select(node1, colors2);
            if (0 ==node1->color)
                goto overflow;
            intptr_t type =X64_COLOR_TYPE(node1->color);
            intptr_t id   =X64_COLOR_ID(node1->color);
            intptr_t mask =(1 <<reg_size0) -1;
            node0->color =X64_COLOR(type, id, mask);
            ret =_x64_color_del(colors2, node1->color);
            if (ret <0) {
                scf_loge("\n");
                goto error;
            }
        }
        ret =scf_graph_delete_node(graph, node0);          // 刪除兩個頂點
        if (ret <0)
            goto error;
        ret =scf_graph_delete_node(graph, node1);
        if (ret <0)
        goto error;
ret =scf_x64_graph_kcolor(graph, k -1, colors2);
// 對其他頂點 k- 1 著色
if (ret <0)
    goto error;
ret =scf_graph_add_node(graph, node0);                     // 增加回兩個頂點
```

```c
            if (ret <0)
                goto error;
            ret =scf_graph_add_node(graph, node1);
            if (ret <0)
                goto error;
            scf_vector_free(colors2);
            colors2 =NULL;
    } else {// 當找不到兩個相鄰頂點時，溢位變數到記憶
overflow:
            node_max =_x64_max_neighbors(graph);              // 找邊數最多的溢位
            ret =scf_graph_delete_node(graph, node_max);
            if (ret <0)
                goto error;
            node_max->color =-1;                              // 溢位時將顏色設置為 - 1
            ret =scf_x64_graph_kcolor(graph, k, colors);
            // 溢位之後對其他頂點著色
            if (ret <0)
                goto error;
            ret =scf_graph_add_node(graph, node_max);
            if (ret <0)
                goto error;
    }
    // 繼續被打斷的著色過程
    ret =_x64_kcolor_fill(graph, k, colors, deleted_nodes);
    if (ret <0)
        goto error;
    scf_vector_free(deleted_nodes);
    deleted_nodes =NULL;
    return 0;
error:
        if (colors2)
        scf_vector_free(colors2);
    scf_vector_free(deleted_nodes);
```

```
    return ret;
}
```

當圖的著色演算法完成時就確定了哪些變數要使用哪些暫存器、哪些變數因為暫存器不夠而只能留在記憶體中。因為大多數 CPU 的暫存器只有 8~32 個，所以在變數較多時不可能為每個都分配暫存器，只能在使用時從記憶體載入。根據《編譯原理》暫存器分配是一個 NP 問題，無法在多項式時間內給它找到一個最佳解，但可以找到一個儘量最佳化的可行解。

第 8 章 暫存器分配

MEMO

機器碼的生成

　　完成了暫存器分配之後，機器碼的生成已經水到渠成。用 CPU 指令和暫存器代替三位址碼的操作符號和運算元就能獲得機器碼，除了一些小細節之外兩者幾乎是一一對應的。在機器碼生成時複雜指令集因為和暫存器之間的高耦合度而不得不使用更複雜的演算法，相反精簡指令集更為簡潔明快。

第 9 章　機器碼的生成

9.1 RISC 架構的優勢

　　暫存器分配是針對變數的，指令選擇是針對運算元的，把二者分兩步處理還是合在一起處理是複雜指令集和精簡指令集的主要分歧。如果指令與暫存器之間互相綁定，則可使用更為簡短的機器碼，但帶來的問題是暫存器分配會變得更為複雜。如果指令與暫存器互不相關，則要在機器碼裡明確填寫暫存器的編號（不能用預設值），機器碼不是長度變大就是攜帶的資訊變少。隨著記憶體和硬碟價格的下降機器碼的長度已經不再是瓶頸，反而指令與暫存器的高耦合度帶來的問題更為突出。

　　另外，降低記憶體存取次數是編譯器的主要目標之一。複雜指令集的大多數指令能讀寫記憶體，這為編譯器最佳化帶來了更多的不確定度。相反，因為精簡指令集只有載入、儲存指令可以存取記憶體，所以編譯器只要控制好變數載入和儲存的位置就能控制記憶體存取次數。精簡指令集把暫存器分配、記憶體讀寫、指令選擇分為 3 步進行，三者互不干擾，讓機器碼的生成步驟更清晰，也為編譯器軟體的開發降低了難度。

　　最後，精簡指令集把機器碼的長度固定為 32 位元也讓解碼電路和虛擬機器的設計更簡單。複雜指令集的機器碼長度不固定，在解碼時只能一位元組一位元組地處理，相當於一個簡化版的詞法分析。精簡指令集的解碼相當於一個陣列遍歷加位元運算，實現起來更為簡潔高效。SCF 編譯器附帶了一個虛擬機器，叫作 Naja，其位元組碼也採用 RISC 架構。

9.2 暫存器溢位

　　在程式量較大的函數中因為變數多而暫存器個數有限，所以只能把一些變數放在記憶體裡，等使用時再臨時載入。當要載入這些變數時只能先把其他變數儲存到記憶體以騰出暫存器，這就是暫存器的溢位。這時的暫存器個數肯定不夠用，否則早就為這些變數分配暫存器了。

9.2.1 暫存器的資料結構

在溢位暫存器時必須知道暫存器的值對應哪些變數，以及這些變數的記憶體位址。一個暫存器可以對應多個變數，只要這些變數的值相同。另外暫存器還有名稱、編號、位元組數、顏色、使用和更新狀態，它的資料結構的程式如下：

```
// 第 9 章 /scf_native.h
// 節選自   SCF  編譯器
#include "scf_3ac.h"
#include "scf_parse.h"
struct scf_register_s {                 // 暫存器的資料結構
    uint32_t            id;             // 編號，用於機器碼
    int                 bytes;          // 位元組數
    char*               name;           // 名稱
    intptr_t            color;          // 顏色，用於著色演算法
    scf_vector_t*       dag_nodes;      // 存放變數的有向無環圖節點
    uint32_t            updated;        // 更新標識
    uint32_t            used;           // 使用標識
};
```

（1）每個暫存器都用這個資料結構表示，每類 CPU 的暫存器組是該結構的陣列。

（2）dag_nodes 欄位用於存放變數的有向無環圖（DAG）節點。

注意：因為同一個變數的資料結構只有一個，但可能在多筆三位址碼中被使用且每次的值可能不一樣，所以在暫存器中記錄 DAG 節點而非變數本身。

9.2.2 暫存器的衝突

如果某個暫存器一旦被修改，會導致另一個暫存器也同時被修改，則它們是衝突的。暫存器衝突是因為 64 位元暫存器的低位元可當作 8 位元、16 位元、

第 9 章 機器碼的生成

32 位元暫存器使用，例如 RAX 的低 8 位元是 AL、低 16 位元是 AX、低 32 位元是 EAX，一旦修改任何一個則另外 3 個也變了，但 RAX 和 XMM0 不會互相影響，因為前者是整數暫存器（類型 0），後者是浮點暫存器（類型 1）。

為了處理這類情況，暫存器的顏色欄位 (color) 包含它在機器碼中的編號、是否為浮點類型、它的位元組遮罩。暫存器是 64 位元暫存器的哪幾位元組則把該位元組對應的標識位置 1，例如，因為 AL 是 0 號位元組，所以遮罩為 0x1；因為 AH 是 1 號位元組，所以遮罩為 0x2；因為 EAX 是 0~3 位元組，所以遮罩為 0xf；因為 RAX 是 0~7 位元組，所以遮罩是 0xff。當兩個暫存器的編號和類型相同且遮罩的與運算結果不為 0 時，它們互相衝突。X86_64 架構的暫存器組和衝突判斷，程式如下：

```
// 第 9 章 /scf_x64_reg.c
// 節選自 SCF 編譯器
#include "scf_x64.h"

#define X64_COLOR(type, id, mask) ((type) <<24 | (id) <<16 | (mask))
#define X64_COLOR_CONFLICT(c0, c1) ( (c0) >> 16 == (c1) >> 16 && (c0) & (c1) & 0xffff )                                                      // 衝突判斷

scf_register_t x64_registers[] ={ // 暫存器組，節選了前 8 個暫存器
    {0, 1, "al",        X64_COLOR(0, 0, 0x1), NULL, 0},
    {0, 2, "ax",        X64_COLOR(0, 0, 0x3), NULL, 0},
    {0, 4, "eax",       X64_COLOR(0, 0, 0xf), NULL, 0},
    {0, 8, "rax",       X64_COLOR(0, 0, 0xff), NULL, 0},

    {1, 1, "cl",        X64_COLOR(0, 1, 0x1), NULL, 0},
    {1, 2, "cx",        X64_COLOR(0, 1, 0x3), NULL, 0},
    {1, 4, "ecx",       X64_COLOR(0, 1, 0xf), NULL, 0},
    {1, 8, "rcx",       X64_COLOR(0, 1, 0xff), NULL, 0},
```

```
    {2, 1, "dl",      X64_COLOR(0, 2, 0x1), NULL, 0},
    {2, 2, "dx",      X64_COLOR(0, 2, 0x3), NULL, 0},
    {2, 4, "edx",     X64_COLOR(0, 2, 0xf), NULL, 0},
    {2, 8, "rdx",     X64_COLOR(0, 2, 0xff), NULL, 0},

    {3, 1, "bl",      X64_COLOR(0, 3, 0x1), NULL, 0},
    {3, 2, "bx",      X64_COLOR(0, 3, 0x3), NULL, 0},
    {3, 4, "ebx",     X64_COLOR(0, 3, 0xf), NULL, 0},
    {3, 8, "rbx",     X64_COLOR(0, 3, 0xff), NULL, 0},

    {4, 2, "sp",      X64_COLOR(0, 4, 0x3), NULL, 0},
    {4, 4, "esp",     X64_COLOR(0, 4, 0xf), NULL, 0},
    {4, 8, "rsp",     X64_COLOR(0, 4, 0xff), NULL, 0},

    {5, 2, "bp",      X64_COLOR(0, 5, 0x3), NULL, 0},
    {5, 4, "ebp",     X64_COLOR(0, 5, 0xf), NULL, 0},
    {5, 8, "rbp",     X64_COLOR(0, 5, 0xff), NULL, 0},

    {6, 1, "sil",     X64_COLOR(0, 6, 0x1), NULL, 0},
    {6, 2, "si",      X64_COLOR(0, 6, 0x3), NULL, 0},
    {6, 4, "esi",     X64_COLOR(0, 6, 0xf), NULL, 0},
    {6, 8, "rsi",     X64_COLOR(0, 6, 0xff), NULL, 0},

    {7, 1, "dil",     X64_COLOR(0, 7, 0x1), NULL, 0},
    {7, 2, "di",      X64_COLOR(0, 7, 0x3), NULL, 0},
    {7, 4, "edi",     X64_COLOR(0, 7, 0xf), NULL, 0},
    {7, 8, "rdi",     X64_COLOR(0, 7, 0xff), NULL, 0},
};
```

可以看出機器碼對 AL、AX、EAX、RAX 使用了同樣的編號，具體使用的是哪個，這依賴於指令碼。在機器碼中運算元的長度由指令控制，運算元的存放位置由暫存器控制。

9.2.3 暫存器的溢位

當暫存器溢位時不但它自己的變數要儲存到記憶體，而且與它衝突的所有暫存器的變數都要儲存到記憶體，否則當為暫存器載入了新值之後這些變數就被覆蓋了。暫存器溢位的程式如下：

```
//第 9 章/scf_x64_reg.c
//節選自 SCF 編譯器
#include "scf_x64.h"
int x64_overflow_reg(scf_register_t* r,scf_3ac_code_t* c,scf_function_t* f){
    int i;
    // 遍歷暫存器陣列
    for (i =0; i <sizeof(x64_registers) / sizeof(x64_registers[0]); i++) {
        scf_register_t* r2 =&(x64_registers[i]);

        // 堆疊頂指標和堆疊底指標不做其他用途
        if (SCF_X64_REG_RSP ==r2->id || SCF_X64_REG_RBP ==r2->id)
            continue;

        if (!X64_COLOR_CONFLICT(r->color, r2->color))     // 若不衝突，則跳過
            continue;

        int ret =x64_save_reg(r2, c, f);                  // 儲存衝突的暫存器
        if (ret <0) {
            scf_loge("\n");
            return ret;
        }
    }
    r->used =1;                                           // 設置使用標識
    return 0;
}
```

9.3 X86_64 的機器碼生成

機器碼是依賴於 CPU 架構的，不同架構的機器指令不一樣。英特爾 X86_64 是最常見的 CPU 架構，它的指令格式和機器碼的生成過程如下。

9.3.1 X86_64 的機器指令

1. 指令格式

X86_64 的機器碼包含 1 位元組的前綴、1~3 位元組的指令碼、1 位元組的定址方式（Model Register/Memory，ModRM）、1 位元組的記憶體基底位址 + 索引號編碼、1~4 位元組的記憶體偏移量、1~8 位元組的立即數，如圖 9-1 所示。

前綴 Prefix	指令碼 opcode	定址方式 ModRM	放大係數 Scale	+	索引號 Index	+	基底位址 Base	偏移量 Displacement	立即數 Immediate
1 位元組	1~3 位元組	1 位元組	1 位元組					1~4 位元組	1~8 位元組

▲ 圖 9-1 X86_64 指令碼格式

前綴一是用於表示運算元的寬度，二是用於 r8~r15 暫存器編號的最高位元。0x48 表示運算元為 8 位元組、0x66 表示運算元為 2 位元組，1 位元組和 4 位元組的運算元不用前綴。因為 32 位元機只需 3 位元就能編碼 8 個暫存器（編號 0~7），64 位元機在擴充到 16 個暫存器之後需要 4 位元才能編號 0~15，所以編號的最高位元放在前綴中，如圖 9-2 所示。

初始標識 0x40	運算元寬度 Width	通用暫存器 Register	索引暫存器 Index	基底位址暫存器 Base
縮寫	W	R	X	B

▲ 圖 9-2 X86_64 前綴格式

第 9 章 機器碼的生成

前綴的初始標識固定為 0x40。從低位元開始第 0 位元表示基底位址暫存器（Base）的最高位元，第 1 位元表示索引暫存器（Index）的最高位元，第 2 位元表示通用暫存器的最高位元，即前 8 個暫存器為 0、r8~r15 為 1。第 3 位元表示運算元寬度，8 位元組時為 1 其他為 0，2 位元組的暫存器需要在前綴之前加 0x66。

暫存器因在機器碼中的位置不同可分為通用暫存器、基底位址暫存器、索引暫存器。通用暫存器一般存放來源運算元或目的運算元，基底位址暫存器和索引暫存器一起編碼記憶體位址。當記憶體偏移量為常數時索引暫存器省略。

2. 定址方式

X86_64 的定址方式（ModRM 位元組）用兩個二進位位元表示，共 4 種，基底位址定址編號 0、基底位址 +8 位元偏移量定址編號 1、基底位址 +32 位元偏移量定址編號 2、暫存器定址編號 3，然後該位元組還剩下 6 個二進位位元，正好表示兩個暫存器，可以兩個都是通用暫存器，也可以其中一個是基底位址暫存器。若這兩個暫存器中有 r8~r15，則將最高位元編碼到前綴中，其後可加 8 位元或 32 位元的常數偏移量，編碼在隨後的位元組中。

注意：單行指令不允許從記憶體到記憶體的定址。

3. 基址變址定址

基址變址定址（Scale Index Base，SIB）是基底位址和索引號都是變數且無法計算出常數偏移量的定址，多用在陣列中。陣列的單一元素大小即放大係數必須為 1、2、4、8 位元組，不能是其他位元組。索引變數放在索引暫存器中，陣列啟始位址放在基底位址暫存器中，可以額外加 8 位元或 32 位元的常數偏移量。

基址變址定址是在前 4 種上的擴充，當 ModRM 位元組的定址方式為暫存器 0x3，但基位址暫存器為 0x4（與 RSP 編號相同）時觸發基址變址定址，真正的記憶體位址編碼在下一位元組中。該定址方式用兩個二進位位元表示放大係數，0 對應 1 位元組、1 對應 2 位元組、2 對應 4 位元組、3 對應 8 位元組，記憶體位址的計算方式為 Base+Index*Scale，其後依然可加 8 位元或 32 位元的常數偏移量，編碼在隨後的位元組中。

注意：當記憶體位址中編碼規律數偏移量時，需要在計算中加上該偏移量。

4. 立即數

立即數是運算元中的常數，直接加在機器碼的末尾，可以是 1~8 位元組。因為指令長度的限制，只有在 MOV 指令對暫存器賦值時才可以攜帶 8 位元組的立即數，大多數指令只能攜帶 4 位元組的立即數。

5. 記憶體讀寫方向

指令的記憶體存取分為兩個方向，從暫存器或立即數到記憶體或暫存器、從記憶體或暫存器到暫存器，需要根據不同的情況選擇不同的指令。

9.3.2 機器碼的生成

機器碼的生成以函數為單位，不同函數的機器碼之間毫無連結。只要按照應用程式二進位介面（Application Binary Interface，ABI）呼叫函數，在任何情況下都能正確執行。函數內的機器碼生成以基本區塊組（Basic Block Group，BBG）為單元，基本區塊組可以是迴圈也可以是被迴圈分隔開的基本區塊集合。之所以不以基本區塊為單元是為了在盡可能大的範圍內使用統一的暫存器分配演算法，儘量減少組內基本區塊之間的變數儲存或載入。機器碼的生成比較煩瑣，接下來一一說明。

第 9 章　機器碼的生成

1. 區域變數和形參

　　函數的形參和函數內宣告的非靜態變數都是區域變數，它們要在堆疊（Stack）上分配記憶體。X86_64 的前 6 個參數透過暫存器傳遞，若要在函數內把它們儲存到堆疊上，則必須先分配記憶體。前 6 個之後的參數已經儲存在堆疊上了，只需計算出它們的位址。區域變數的記憶體位址是堆疊底暫存器 RBP 加上偏移量，該偏移量要在生成機器碼之前計算。

　　區域變數可能宣告在多個作用域中，首先透過對函數的抽象語法樹使用寬度優先搜尋獲取，然後計算所有區域變數的位元組數，程式如下：

```
// 第 9 章 /local_var.c
#include "scf_x64.h"
#include "scf_elf.h"
#include "scf_basic_block.h"
#include "scf_3ac.h"
static int _x64_function_init(scf_function_t* f, scf_vector_t* local_vars){
scf_variable_t* v;
int i;
    int ret =x64_registers_init();             // 暫存器初始化
    if (ret <0)
        return ret;
        for (i =0; i <local_vars->size; i++) {      // 區域變數的偏移量清零
            v = local_vars->data[i];
            v->bp_offset =0;
        }
        _x64_argv_rabi(f);                       // 計算形參的記憶體位置
        int local_vars_size =8 +X64_ABI_NB * 8 * 2;    // 區域變數在形參之後

        for (i =0; i <local_vars->size; i++) {      // 遍歷區域變數
            v = local_vars->data[i];

            if (v->arg_flag) {
                if (v->bp_offset !=0)         // 如果是形參且已經計算了偏移量，則跳過
```

9.3 X86_64 的機器碼生成

```c
                    continue;
            }
            int size =scf_variable_size(v);        // 獲取變數大小
            if (size <0)
                return size;
            local_vars_size +=size;
            if (local_vars_size & 0x7)             // 計算位元組數時按 8 位元組對齊
                local_vars_size =(local_vars_size +7) >>3 <<3;
            v->bp_offset =-local_vars_size;        // 區域變數在低位址方向
            v->local_flag =1;                      // 偏移量為負數
        }
        return local_vars_size;
}
```

　　區域變數的偏移量儲存在 scf_variable_s 資料結構的 bp_offset 欄位，在 3.2.9 節只舉出了該資料結構在語法分析時用到的內容，它的完整程式如下：

```c
// 第 9 章 /scf_variable.h
#include "scf_core_types.h"
#include "scf_lex_word.h"
struct scf_variable_s {
    int             refs;              // 引用計數
    int             type;              // 變數類型
    scf_lex_word_t* w;                 // 原始程式碼中的單字
    int             nb_pointers;       // 指標層數
    scf_function_t* func_ptr;          // 函數指標
    int*            dimentions;        // 陣列每維的元素個數
    int             nb_dimentions;     // 陣列維數
    int             dim_index;
    int             capacity;          // 陣列容量
    int             size;              // 變數的位元組數
    int             data_size;         // 陣列單一元素的位元組數
    int             offset;            // 成員變數在類內的偏移量
    int             bp_offset;         // 區域變數在堆疊上的偏移量
    int             sp_offset;         // 實際參數在堆疊上的偏移量
```

第 9 章　機器碼的生成

```
    int                 ds_offset;              // 全域變數在資料區段內的偏移量
    scf_register_t*     rabi;                   // 傳入參數暫存器
    union {
        int32_t         i;
        uint32_t        u32;
        int64_t         i64;
        uint64_t        u64;
        float           f;
        double          d;
        scf_complex_t   z;
        scf_string_t*   s;
        void*           p;
    } data;                                     // 常數的資料部分
    scf_string_t*       signature;              // 變數簽名

    // 以下為各種標識
    uint32_t            const_literal_flag:1;
    uint32_t            const_flag :1;
    uint32_t            static_flag :1;
    uint32_t            extern_flag :1;
    uint32_t            extra_flag :1;
    uint32_t            tmp_flag :1;
    uint32_t            local_flag :1;
    uint32_t            global_flag :1;
    uint32_t            member_flag :1;
    uint32_t            arg_flag :1;
    uint32_t            auto_gc_flag:1;
    uint32_t            array_flag :1;
    uint32_t            input_flag :1;
    uint32_t            output_flag :1;
};
```

這裡只計算了區域變數和形參的位置及它們佔用的位元組數，並不為它們的記憶體分配生成機器碼。在機器碼生成時有可能因為暫存器溢位而增加臨時變數，這些臨時變數也要在堆疊上分配記憶體，所以函數堆疊的位元組數還可能調整。在函數主體的機器碼完成之後再確定堆疊記憶體怎麼分配。

2. 全域變數和常數

全域變數放在程式的資料區段（.data），常數放在程式的只讀取資料區段（.rodata），它們在生成目的檔案時才分配位元組數，連接（Link）時才確定記憶體位址，而真正的記憶體分配要到處理程式載入時。在機器碼生成階段無法確定它們的記憶體位址，只能記錄它們的資訊。

注意：函數、常數、全域變數都是全域資料，在目的檔案和可執行程式中叫作符號，關鍵資訊記錄在符號表中。

機器碼對全域變數或常數的讀寫分兩步，第 1 步先獲取它們的記憶體位址，第 2 步再讀寫它們的值。記憶體位址是 RIP 暫存器的值加上一個偏移量。因為只讀取資料區段和資料區段緊鄰著程式碼部分（.text）而下一筆程式的位址就在 RIP 暫存器中，所以用它加上一個偏移量計算全局資料的位址最簡單。該偏移量要到連接時確定，在編譯時一般設置為 0，程式如下：

```
// 第 9 章 /global_var.c
#include <stdio.h>
int a =1;
int main(){

printf("a: %d\n", a); // 列印全域變數, 其匯編碼如下
                     //lea $0x0(%RIP), %RDI # 載入格式字串的記憶體位址
                     //lea $0x0(%RIP), %RSI # 載入全域變數 a 的記憶體位置
                     //mov (%RSI), %ESI # 獲取 a 的值
                     //call printf # 列印
    return 0;
}
```

格式字串的記憶體位址是一個 char* 指標，因為它是第 1 個參數，所以要載入到 RDI 暫存器。全域變數 a 的值要分兩步載入，首先將它的記憶體位址載入到 RSI 暫存器，然後將它的值載入到 ESI 暫存器。這兩個是同一個暫存器，但記憶體位址要用 8 位元組的 RSI，值要用 4 位元組的 ESI。

3. 函數呼叫

函數呼叫是以 Call 指令加上當前位址與函數位址的偏移量，該偏移量也要到連接時確定，因為在生成機器碼時一般設置為 0，所以函數呼叫的匯編碼是 Call$0x0（%RIP）。函數呼叫與全域變數都以 RIP 暫存器為基準，只是所用的指令不同。在編譯器看來函數的位址和全域變數的位址都是常數。

注意：C 語言不允許用變數初始化全域變數，但可以用函數名稱或全域變數的位址去初始化全域變數，因為它們實際上都是數值，即由連接器（Linker）確定的常數。

1）應用程式二進位介面

函數呼叫要遵循應用程式二進位介面（Application Binary Interface，ABI），它規定了參數的傳遞方式、哪些暫存器由主呼叫函數儲存、哪些暫存器由被調函數儲存、堆疊的對齊方式等。在 X86_64 上前 6 個參數用 RDI、RSI、RDX、RCX、R8、R9 依次傳遞，超過 6 個的用堆疊傳遞。

RAX、RCX、RDX、RSI、RDI、R8~R11 由主呼叫函數儲存，RBX、R12~R15 由被調函數儲存。

2）主呼叫函數和被調函數

在生成函數呼叫的機器碼時當前函數是主呼叫函數，在生成函數開頭和末尾的機器碼時當前函數是被調函數。若當前函數使用了 RBX 或 R12~R15，則需要在函數開頭儲存並在末尾恢復，以保證傳回之後這些暫存器的值不變。若當前函數要呼叫其他函數,則需儲存 RAX、RCX、RDX、RSI、RDI、R8~R11,因為被調函數不會儲存和恢復這些暫存器的值。若當前函數確定在呼叫結束後不再使用這些暫存器的原值,則可不儲存。

3)傳回值

傳回值存放在暫存器 RAX 中,被調函數在傳回之前把運算結果存放到該暫存器,若主調函數以後還要使用它的原值,則在呼叫之前就要儲存。

4)參數傳遞

前 6 個參數依次存放到 RDI、RSI、RDX、RCX、R8、R9,從第 7 個參數開始依次存放在堆疊頂。所有參數不管多少位元,在壓堆疊時一律擴充到 64 位元,即在堆疊上佔 8 位元組,如圖 9-3 所示。

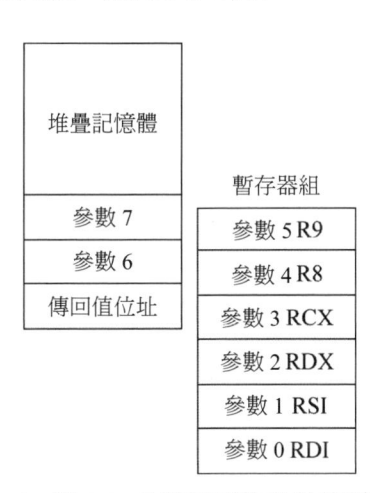

```
堆疊記憶體
                        暫存器組
┌─────────┐
│ 參數 7   │           ┌─────────────┐
├─────────┤           │ 參數 5 R9    │
│ 參數 6   │           ├─────────────┤
├─────────┤           │ 參數 4 R8    │
│ 傳回值位址│           ├─────────────┤
└─────────┘           │ 參數 3 RCX   │
                      ├─────────────┤
                      │ 參數 2 RDX   │
                      ├─────────────┤
                      │ 參數 1 RSI   │
                      ├─────────────┤
                      │ 參數 0 RDI   │
                      └─────────────┘
```

▲ 圖 9-3 函數呼叫的參數傳遞

在剛進入被調函數還未執行任何程式時,堆疊頂是傳回位址,接下來是從 0 計數的第 6 號參數,然後是第 7 號參數,依此類推。浮點參數透過 XMM0~XMM7 浮點暫存器傳遞,與整數暫存器無關。若浮點參數超過 8 個,則也通過堆疊傳遞,位置與它在形參列表中的位置一致,要與超過 6 個的整數參數一起排序。

4. 多值函數

如果以多個暫存器存放多個傳回值，則為多值函數。因為傳回值由主呼叫函數接收，所以其暫存器應從主呼叫函數儲存的暫存器中選擇。SCF 編譯器選擇了 RAX、RCX、RDX、RDI 這 4 個暫存器傳遞最多 4 個傳回值。

5. 函數指標

函數指標是執行時期計算出來的變數，在正確的情況下它指向某個函數的位址。呼叫它的機器碼與普通函數略有差別，並且它不需要由連接器確定記憶體位址。在參數、堆疊、傳回值的處理上它與普通函數相同。

6. 機器碼和匯編碼

機器碼的資料結構的程式如下：

```
// 第 9 章 /scf_native.h
// 節選自  SCF 編譯器
#include "scf_3ac.h"
#include "scf_parse.h"

typedef struct {                        // 運算元
    scf_register_t*     base;           // 基底位址暫存器
    scf_register_t*     index;          // 索引暫存器
    int                 scale;          // 放大係數
    int                 disp;           // 偏移量
    uint64_t            imm;            // 立即數
    int                 imm_size;       // 立即數的位元組數
    uint8_t             flag;           // 記憶體或暫存器標識
} scf_inst_data_t;

typedef struct {                        // 機器碼
    scf_3ac_code_t*     c;              // 所屬的三位址碼
    scf_OpCode_t*       OpCode;         // 指令
```

```
    scf_inst_data_t      src;              // 來源運算元
    scf_inst_data_t      dst;              // 目的運算元
    uint8_t              code[32];         // 機器碼
    int                  len;              // 實際機器碼長度
} scf_instruction_t;
```

把以上資料結構的指令和運算元用文字列印出來就是匯編碼，但從組合語言檔案再轉化回來則不得不做詞法分析，所以編譯器在生成機器碼時並不經過匯編碼。匯編碼主要用作偵錯，當需要查看指令內容的時候才把它列印出來。總之匯編碼是給人看的，機器碼才是給電腦執行的。

7. 機器碼的生成步驟

（1）計算區域變數和形參的記憶體位址，即它們與 RBP 暫存器的偏移量。

（2）以基本區塊組為單位使用圖的著色演算法為變數分配暫存器。

（3）遍歷組內每個基本區塊的每筆三位址碼，按照指令格式和暫存器生成機器碼，期間因為暫存器溢位可能導致變數佔用的暫存器與之前分配的不同。

（4）記錄每個基本區塊出口的暫存器狀態，它是後續基本區塊的起始狀態。

（5）遇到函數呼叫、全域變數、常數時要記錄它們的名稱和被使用的程式位置。

（6）生成完所有基本區塊的機器碼之後，計算各個跳躍指令的偏移量。

X86_64 的機器碼由 scf_x64_select_inst() 函數生成，程式如下：

```
// 第 9 章 /scf_x64.c
#include "scf_x64.h"
#include "scf_elf.h"
#include "scf_basic_block.h"
```

第 9 章　機器碼的生成

```
#include "scf_3ac.h"
int scf_x64_select_inst(scf_native_t* ctx, scf_function_t* f){        // 機器碼生成
scf_x64_context_t* x64 =ctx->priv;
int i;
    x64->f =f;
    scf_vector_t* local_vars =scf_vector_alloc();         // 區域變數陣列
    if (!local_vars)
        return -ENOMEM;
    int ret =scf_node_search_bfs((scf_node_t*)f, NULL, local_vars,
                                 -1, _find_local_vars);
    // 查詢區域變數
    if (ret <0)
        return ret;
    int local_vars_size =_x64_function_init(f, local_vars);
    // 計算區域變數和形參的記憶體偏移量
    if (local_vars_size <0)
        return -1;
    f->local_vars_size =local_vars_size;
    f->bp_used_flag =1;
    ret =_scf_x64_select_inst(ctx);                        // 生成機器碼
    if (ret <0)
        return ret;
    ret =_x64_function_finish(f);                          // 增加函數的初始化和退出程式
    if (ret <0)
        return ret;
    _x64_set_offset_for_relas(ctx, f, f->text_relas); // 計算重定位符號的偏移量
    _x64_set_offset_for_relas(ctx, f, f->data_relas);
    return 0;
}
```

　　函數的初始化和退出程式在生成機器碼之後再增加，因為一開始並不確定到底要在堆疊上分配多少位元組。若函數只包含形參之間的簡單計算，則可能不需要分配堆疊空間，若函數的計算很複雜，則可能要在堆疊上增加很多

9.3 X86_64 的機器碼生成

臨時變數,所以堆疊記憶體的申請和恢復在機器碼生成之後由 _x64_function_finish() 函數處理。由於增加了初始化程式之後其他程式的位置會發生變化,所以重定位符號的偏移量放在最後計算。

機器碼生成的細節在 _scf_x64_select_inst() 函數中。它首先處理只含跳躍陳述式的基本塊,然後為每個基本區塊組生成機器碼,再為迴圈生成機器碼,最後計算跳躍陳述式的偏移量,程式如下:

```
// 第 9 章 /scf_x64.c
#include "scf_x64.h"
#include "scf_elf.h"
#include "scf_basic_block.h"
#include "scf_3ac.h"
int _scf_x64_select_inst(scf_native_t* ctx){      // 機器碼生成細節
    scf_x64_context_t*    x64 =ctx->priv;
    scf_function_t*       f   =x64->f;
    scf_basic_block_t*    bb;
    scf_bb_group_t*       bbg;
    int i;
    int ret =0;
    scf_list_t* l;
    for (l =scf_list_head(&f->basic_block_list_head);
        l !=scf_list_sentinel(&f->basic_block_list_head);
        l =scf_list_next(l)) { // 跳躍陳述式的機器碼
        bb =scf_list_data(l, scf_basic_block_t, list);
        if (bb->group_flag || bb->loop_flag)
            continue;
        ret =_x64_select_bb_regs(bb, ctx);        // 單一基本區塊的暫存器分配
        if (ret <0)
            return ret;

        x64_init_bb_colors(bb);                   // 載入暫存器
        if (0 ==bb->index) {                      // 若為 0 號基本區塊,則處理形參
            ret =_x64_argv_save(bb, f);
```

```c
            if (ret <0)
                return ret;
        }
        ret=_x64_make_insts_for_list(ctx, &bb->code_list_head, 0);
        // 生成機器碼
        if (ret <0)
            return ret;
    }
    for (i =0; i <f->bb_groups->size; i++) {          // 基本區塊組的機器碼
        bbg =f->bb_groups->data[i];
        ret =_x64_select_bb_group_regs(bbg, ctx); // 組內的暫存器分配
        if (ret <0)
            return ret;
        x64_init_bb_colors(bbg->pre);                  // 在組的入口初始化暫存器
        if (0 ==bbg->pre->index) {                     // 若為 0 號基本區塊，則處理形參
            ret =_x64_argv_save(bbg->pre, f);
            if (ret <0)
                return ret;
        }

        int j;
        for (j =0; j <bbg->body->size; j++) {          // 遍歷組內的基本區塊
            bb =bbg->body->data[j];
            if (0 !=j) { // 若不為組內的第 1 個基本區塊，則更新暫存器狀態
                ret =x64_load_bb_colors2(bb, bbg, f);
                if (ret <0)
                    return ret;
            }

            // 生成機器碼
            ret =_x64_make_insts_for_list(ctx, &bb->code_list_head, 0);
            if (ret <0)
                return ret;
            bb->native_flag =1;
```

```c
        // 儲存暫存器狀態
        ret =x64_save_bb_colors(bb->dn_colors_exit, bbg, bb);
        if (ret <0)
            return ret;
    }
}
for (i =0; i <f->bb_loops->size; i++) {        // 迴圈的機器碼
    bbg =f->bb_loops->data[i];
    ret =_x64_select_bb_group_regs(bbg, ctx); // 暫存器分配
    if (ret <0)
        return ret;
    x64_init_bb_colors(bbg->pre);              // 在迴圈入口初始化暫存器
    if (0 ==bbg->pre->index) {
        ret =_x64_argv_save(bbg->pre, f);
        if (ret <0)
            return ret;
    }

    // 生成迴圈入口的三位址碼
    ret =_x64_make_insts_for_list(ctx, &bbg->pre->code_list_head, 0);
    if (ret <0)
        return ret;

    // 儲存迴圈入口的暫存器狀態
    ret =x64_save_bb_colors(bbg->pre->dn_colors_exit, bbg, bbg->pre);
    if (ret <0)
        return ret;

    int j;
    for (j =0; j <bbg->body->size; j++) {      // 迴圈本體的三位址碼
        bb =bbg->body->data[j];
        ret =x64_load_bb_colors(bb, bbg, f);   // 載入暫存器
        if (ret <0)
```

```
            return ret;

        // 生成三位址碼
        ret =_x64_make_insts_for_list(ctx, &bb->code_list_head, 0);
        if (ret <0)
            return ret;
        bb->native_flag =1;

        // 儲存暫存器狀態
        ret =x64_save_bb_colors(bb->dn_colors_exit, bbg, bb);
        if (ret <0)
            return ret;
    }
    _x64_bbg_fix_loads(bbg);                    // 更正暫存器載入的細節
    ret =_x64_bbg_fix_saves(bbg, f);            // 更正暫存器儲存的細節
    if (ret <0)
        return ret;

    for (j =0; j <bbg->body->size; j++) {
        bb =bbg->body->data[j];
        ret =x64_fix_bb_colors(bb, bbg, f);
        if (ret <0)
            return ret;
    }
}
_x64_set_offsets(f);                            // 計算每筆三位址碼在函數內的偏移量
_x64_set_offset_for_jmps( ctx, f);              // 計算跳躍的偏移量
return 0;
}
```

因為跳躍陳述式並不改變暫存器的狀態，所以除非它位於函數開頭時需要處理形參之外，其他情況只需生成三位址碼。因為基本區塊組內並不存在反序執行流程，所以只需在基本區塊的入口更新暫存器狀態，在出口儲存暫存器狀

9.3 X86_64 的機器碼生成

態。迴圈中存在反序執行流程，迴圈入口的暫存器狀態與出口不一定一致，並且出口之前有到迴圈開頭的反序跳躍，必須保證反序跳躍之後的暫存器狀態一致。迴圈中暫存器狀態的更正由上述程式中的 3 個 fix() 函數處理。

每種類型的三位址碼在生成機器碼時的細節各不相同，這裡也用一個結構陣列來存儲對應的函數指標，程式如下：

```
// 第 9 章 /scf_x64_inst.c
#include "scf_x64.h"

typedef struct {                                    // 生成機器碼的結構
    int type;
    int (*func)(scf_native_t* ctx, scf_3ac_code_t* c);
} x64_inst_handler_t;

static x64_inst_handler_t x64_inst_handlers[] ={    // 生成機器碼的結構陣列
    {SCF_OP_CALL,              _x64_inst_call_handler},         // 函數呼叫
    {SCF_OP_ARRAY_INDEX,       _x64_inst_array_index_handler},  // 陣列成員
    {SCF_OP_POINTER,           _x64_inst_pointer_handler},      // 結構成員
    {SCF_OP_TYPE_CAST,         _x64_inst_cast_handler},         // 類型轉換
    {SCF_OP_LOGIC_NOT,         _x64_inst_logic_not_handler},    // 邏輯非
    {SCF_OP_BIT_NOT,           _x64_inst_bit_not_handler},      // 逐位元反轉
    {SCF_OP_NEG,               _x64_inst_neg_handler},          // 相反數
    {SCF_OP_INC,               _x64_inst_inc_handler},          // 單增
    {SCF_OP_DEC,               _x64_inst_dec_handler},          // 單減
    {SCF_OP_MUL,               _x64_inst_mul_handler},          // 乘法
    {SCF_OP_DIV,               _x64_inst_div_handler},          // 除法
    {SCF_OP_MOD,               _x64_inst_mod_handler},          // 模運算
    {SCF_OP_ADD,               _x64_inst_add_handler},          // 加法
    {SCF_OP_SUB,               _x64_inst_sub_handler},          // 減法
// 其他省略
};
x64_inst_handler_t* scf_x64_find_inst_handler(const int op_type){ // 查詢函數
    int i;
```

```
    for (i =0; i <sizeof(x64_inst_handlers) / sizeof(x64_inst_handlers[0]);
            i++) {
        x64_inst_handler_t* h =&(x64_inst_handlers[i]);
        if (op_type ==h->type)
            return h;
    }
    return NULL;
}
```

生成機器碼的陣列和建構變數衝突圖的陣列是編譯器後端最重要的兩個陣列，它們是三位址碼轉化成機器碼的兩個核心環節。這兩個陣列實現了暫存器分配和機器碼生成的解耦合，降低了編譯器後端的實現難度。

8. 乘法的生成細節

在生成機器碼時要為乘法和除法騰出 RAX 和 RDX，為移位騰出 RCX，為函數呼叫騰出參數暫存器組。這些暫存器的儲存和載入是機器碼生成時的關鍵，一旦寫錯會導致變數被覆蓋而出現執行時錯誤。

8 位元乘法的結果使用 AL 和 AH 暫存器，與 16 位元、32 位元、64 位元使用的暫存器組不一樣。乘法要求一個運算元在結果暫存器的低位元，另一個可以在記憶體或暫存器的任何位置。當暫存器分配完成之後，目的運算元和來源運算元都可能在暫存器或記憶體中，要把其中之一移到結果暫存器的低位元。

注意：不管是運算元的移動還是乘法運算都不能覆蓋目的運算元之外的其他變數，包括來源運算元。

乘法的機器碼生成的程式如下：

```
// 第 9 章 /scf_x64_inst_mul.c
#include "scf_x64.h"
int x64_inst_int_mul(scf_dag_node_t* dst, scf_dag_node_t* src,
```

9.3 X86_64 的機器碼生成

```
                    scf_3ac_code_t* c, scf_function_t* f){ // 乘法的機器碼生成
int size =src->var->size;              // 來源運算元的位元組數
int ret;
scf_instruction_t*      inst =NULL;          // 機器碼
scf_rela_t*             rela =NULL;          // 重定位符號
scf_x64_OpCode_t*       mul;
scf_x64_OpCode_t*       mov2;
scf_x64_OpCode_t*       mov =x64_find_OpCode(SCF_X64_MOV, size, size, SCF_X64_G2E);
scf_register_t*         rs =NULL;
scf_register_t*         rd =NULL;
scf_register_t*         rl =x64_find_register_type_id_bytes(0,
                                SCF_X64_REG_AX, size); // 乘法結果的低位元暫存器
scf_register_t* rh;
    assert(0 !=dst->color);
    if (1 ==size)                            // 選擇乘法結果的高位元暫存器
        rh =x64_find_register_type_id_bytes(0, SCF_X64_REG_AH, size);
    else
        rh =x64_find_register_type_id_bytes(0, SCF_X64_REG_DX, size);
    if (scf_type_is_signed(src->var->type))   // 選擇乘法指令
        mul =x64_find_OpCode(SCF_X64_IMUL, size, size, SCF_X64_E);
    else
        mul =x64_find_OpCode(SCF_X64_MUL, size, size, SCF_X64_E);
    if (dst->color >0) {                     // 若目的運算元在暫存器中，則載入它
        X64_SELECT_REG_CHECK(&rd, dst, c, f, 0);
        if (rd->id !=rl->id) {               // 若它不為結果的低位
            ret =x64_overflow_reg(rl, c, f); // 則溢位低位元暫存器
            if (ret <0)
                return ret;
        }
        if (rd->id !=rh->id) {           // 若它不為結果的高位元，則溢位高位元暫存器
            ret =x64_overflow_reg(rh, c, f);
            if (ret <0)
                return ret;
        }
```

```c
    } else {                          // 若目的運算元在記憶體，則同時溢位低位元和高位元暫存器
        ret =x64_overflow_reg(rl, c, f);
        if (ret <0)
            return ret;
        ret =x64_overflow_reg(rh, c, f);
        if (ret <0)
            return ret;
    }
    if (dst->color >0) {
        X64_SELECT_REG_CHECK(&rd, dst, c, f, 1);            // 載入目的運算元
        if (src->color >0) {
            X64_SELECT_REG_CHECK(&rs, src, c, f, 1);        // 載入來源運算元
            if (rd->id ==rl->id) { // 如果目的運算元在低位元暫存器，則乘以來源運算元
                inst =x64_make_inst_E(mul, rs);
                X64_INST_ADD_CHECK(c->instructions, inst);
            } else if (rs->id ==rl->id) {
                // 如果來源運算元在低位元暫存器，則乘以目的運算元
                inst =x64_make_inst_E(mul, rd);
                X64_INST_ADD_CHECK(c->instructions, inst);
            } else {
                inst =x64_make_inst_G2E(mov, rl, rd);
                // 將目的運算元移動到低位元暫存器
                X64_INST_ADD_CHECK(c->instructions, inst);
                inst =x64_make_inst_E(mul, rs);             // 乘以來源運算元
                X64_INST_ADD_CHECK(c->instructions, inst);
            }
        } else { // 來源運算元在記憶體時的乘法
            if (rd->id !=rl->id) {
                inst =x64_make_inst_G2E(mov, rl, rd);
                // 將目的運算元移動到低位元暫存器
                X64_INST_ADD_CHECK(c->instructions, inst);
            }
            int ret =_int_mul_src(mul, rh, src, c, f);
            if (ret <0)
```

```
                return ret;
        }
    } else { // 目的運算元在記憶體
        if (src->color >0) { // 如果來源運算元在暫存器，則載入它
            X64_SELECT_REG_CHECK(&rs, src, c, f, 1);
            if (rs->id !=rl->id) {
                inst =x64_make_inst_G2E(mov, rl, rs);
                // 將來源運算元移動到低位元暫存器
                X64_INST_ADD_CHECK(c->instructions, inst);
            }
            inst =x64_make_inst_M(&rela, mul, dst->var, NULL);
            // 乘以目的運算元
            X64_INST_ADD_CHECK(c->instructions, inst);
            X64_RELA_ADD_CHECK(f->data_relas, rela, c, dst->var, NULL);
        } else { // 若來源運算元也在記憶體，則先載入目的運算元
            mov2 =x64_find_OpCode(SCF_X64_MOV, size, size, SCF_X64_E2G);
            inst =x64_make_inst_M2G(&rela, mov2, rl, NULL, dst->var);
            X64_INST_ADD_CHECK(c->instructions, inst);
            X64_RELA_ADD_CHECK(f->data_relas, rela, c, dst->var, NULL);

            int ret =_int_mul_src(mul, rh, src, c, f);    // 乘以來源運算元
            if (ret <0)
                return ret;
        }
    }
    if (rd) { // 若目的運算元與結果暫存器不一致，則將結果移動到目的暫存器
        if (rd->id !=rl->id) {
            inst =x64_make_inst_G2E(mov, rd, rl);
            X64_INST_ADD_CHECK(c->instructions, inst);
        }
    } else { // 若目的運算元在記憶體，則將結果儲存到記憶體
        inst =x64_make_inst_G2M(&rela, mov, dst->var, NULL, rl);
        X64_INST_ADD_CHECK(c->instructions, inst);
        X64_RELA_ADD_CHECK(f->data_relas, rela, c, dst->var, NULL);
```

```
    }
    return 0;
}
```

在生成乘法的機器碼時，目的運算元和來源運算元都可能在記憶體或暫存器中。

（1）若目的運算元在結果暫存器，則只需乘以來源運算元，目的運算元不怕被覆蓋。

（2）若目的運算元不在結果暫存器中，則要把結果暫存器溢位以儲存其中的變數。

（3）若兩個運算元之一在結果暫存器，則只需乘以另一個。

（4）若兩個運算元都在其他暫存器，則要把目的運算元移到結果暫存器的低位元，然後乘以來源運算元。

（5）若一個運算元在暫存器，而另一個在記憶體，則要把暫存器中的那個移到結果暫存器的低位元，然後乘以另一個。

（6）若兩個運算元都在記憶體，則將目的運算元載入到結果暫存器的低位元，然後乘以來源運算元。

X86_64 屬於複雜指令集，乘法指令也是可以讀取記憶體的。當第 2 個運算元在記憶體時它可能是全域變數，若為全域變數，則要為它生成重定位資訊。重定位資訊在機器碼生成時儲存在函數結構 scf_function_t 的 text_relas 或 data_relas 動態陣列中，在生成目的檔案時寫入重定位節。

9. 函數呼叫的生成細節

函數呼叫是機器碼生成時最複雜的部分，涉及主呼叫函數和被調函數各自的暫存器儲存、主被調函數之間的傳入參數、傳回結果的存放、重定位符號的

9.3 X86_64 的機器碼生成

處理等。若參數過多，則需透過堆疊傳遞，參數在堆疊上的排列也是細節之一。在 X86_64 上函數呼叫的機器碼由 _x64_inst_call_handler() 函數生成，主要步驟如下：

（1）首先儲存傳回值暫存器組。

（2）然後確定傳入參數所需的暫存器組和堆疊空間。

（3）分配堆疊空間並載入參數，其中浮點參數的數量要載入到 RAX 暫存器中。

（4）儲存需要主呼叫函數儲存的暫存器組。

（5）呼叫被調函數並生成可重定位符號。

（6）恢復函數堆疊，儲存傳回值，最後恢復主呼叫函數儲存的暫存器，程式如下：

```
// 第 9 章 /scf_x64_inst.c
#include "scf_x64.h"

int _x64_inst_call_handler(scf_native_t* ctx, scf_3ac_code_t* c){
// 函數呼叫
    scf_x64_context_t*      x64 =ctx->priv;
    scf_function_t*         f =x64->f;
    scf_3ac_operand_t*      src0 =c->srcs->data[0];
    scf_variable_t*         var_pf =src0->dag_node->var;
    scf_function_t*         pf =var_pf->func_ptr;          // 被調函數
    scf_register_t*         rsp =x64_find_register("rsp"); // 堆疊頂暫存器
    scf_register_t*         rax =x64_find_register("rax"); // 結果暫存器
    scf_x64_OpCode_t*       mov;
    scf_x64_OpCode_t*       sub;
    scf_x64_OpCode_t*       add;
    scf_x64_OpCode_t*       call;
    scf_instruction_t*      inst;
```

第 9 章　機器碼的生成

```c
scf_instruction_t*      inst_rsp =NULL;
int data_rela_size =f->data_relas->size;       // 資料區段的重定位符號的個數
int text_rela_size =f->text_relas->size;       // 程式碼部分的重定位符號的個數
int ret;
int i;
    if (pf->rets) {                             // 儲存多值函數的傳回暫存器組
        ret =_x64_call_save_ret_regs(c, f, pf);
        if (ret <0)
            return ret;
    }
    ret =x64_overflow_reg(rax, c, f);           // 儲存 RAX 暫存器
    if (ret <0)
        return ret;
    x64_call_rabi(NULL, NULL, c);               // 計算所用的傳入參數暫存器組

    // 計算傳入參數所需的堆疊大小
    int32_t stack_size =_x64_inst_call_stack_size(c);
    if (stack_size >0) {                        // 若需要堆疊傳入參數，則分配實際參數的記憶體
        sub =x64_find_OpCode(SCF_X64_SUB, 4,4, SCF_X64_I2E);
        inst_rsp =x64_make_inst_I2E(sub, rsp, (uint8_t*)&stack_size, 4);
        X64_INST_ADD_CHECK(c->instructions, inst_rsp);
    }
    ret =_x64_inst_call_argv(c, f); // 傳入
    if (ret <0)
        return ret;
    uint64_t imm =ret >0;                       // 浮點數參數的個數在 RAX 中
    mov =x64_find_OpCode(SCF_X64_MOV, 8,8, SCF_X64_I2G);
    inst =x64_make_inst_I2G(mov, rax, (uint8_t*)&imm, sizeof(imm));
    X64_INST_ADD_CHECK(c->instructions, inst);

    // 儲存需要主呼叫函數儲存的暫存器組
    scf_register_t* saved_regs[X64_ABI_CALLER_SAVES_NB];
    int save_size =x64_caller_save_regs(c->instructions,
                                x64_abi_caller_saves, X64_ABI_CALLER_SAVES_NB,
```

9.3 X86_64 的機器碼生成

```c
                            stack_size, saved_regs);
if (save_size <0)
    return save_size;

if (stack_size >0) {                            // 修改堆疊空間的大小
    int32_t size =stack_size +save_size;
    assert(inst_rsp);
    memcpy(inst_rsp->code +inst_rsp->len -4, &size, 4);
}
if (var_pf->const_literal_flag) {               // 普通函數呼叫
    assert(0 ==src0->dag_node->color);
    int32_t offset =0;
    call =x64_find_OpCode(SCF_X64_CALL, 4,4, SCF_X64_I);// 呼叫的機器碼
    inst =x64_make_inst_I(call, (uint8_t*)&offset, 4);
    X64_INST_ADD_CHECK(c->instructions, inst);

    inst->OpCode =(scf_OpCode_t*)call;
    scf_rela_t* rela =calloc(1, sizeof(scf_rela_t));    // 呼叫的重定位符號
    if (!rela)
        return -ENOMEM;
    rela->inst_offset =1;
    X64_RELA_ADD_CHECK(f->text_relas, rela, c, NULL, pf);
} else {                                        // 函數指標呼叫
    assert(0 !=src0->dag_node->color);
    call =x64_find_OpCode(SCF_X64_CALL, 8,8, SCF_X64_E);
    if (src0->dag_node->color >0) {             // 暫存器中的呼叫
        scf_register_t* r_pf =NULL;
        ret =x64_select_reg(&r_pf, src0->dag_node, c, f, 1);
        if (ret <0)
            return ret;

        inst =x64_make_inst_E(call, r_pf);      // 呼叫的機器碼
        X64_INST_ADD_CHECK(c->instructions, inst);
        inst->OpCode =(scf_OpCode_t*)call;
```

9-31

```c
        } else {
            scf_rela_t* rela =NULL;
            inst =x64_make_inst_M(&rela, call, var_pf, NULL);
            // 記憶體中的呼叫
            X64_INST_ADD_CHECK(c->instructions, inst);
            X64_RELA_ADD_CHECK(f->text_relas, rela, c, NULL, pf);
            // 重定位符號
            inst->OpCode =(scf_OpCode_t*)call;
        }
    }
    if (stack_size >0) {                                    // 恢復參數堆疊
        add =x64_find_OpCode(SCF_X64_ADD, 4, 4, SCF_X64_I2E);
        inst =x64_make_inst_I2E(add, rsp, (uint8_t*)&stack_size, 4);
        X64_INST_ADD_CHECK(c->instructions, inst);
    }


    int nb_updated =0;
    scf_register_t* updated_regs[X64_ABI_RET_NB * 2];
    if (pf->rets && pf->rets->size >0 && c->dsts) {         // 更新傳回值
        nb_updated =_x64_call_update_dsts(c, f, updated_regs,
                                        X64_ABI_RET_NB * 2);
        if (nb_updated <0)
            return nb_updated;
    }


    if (save_size >0) {                                     // 恢復主呼叫函數儲存的暫存器
        ret =x64_pop_regs(c->instructions, saved_regs, save_size >>3,
                            updated_regs, nb_updated);
        if (ret <0)
            return ret;
    }
    return 0;
}
```

生成函數呼叫的機器碼時因為要處理的暫存器很多，所以非常容易互相覆蓋。在撰寫程式時一定要考慮到所有細節，避免排錯了指令順序而導致執行時錯誤，其他類型的機器碼生成並不複雜，不再一一詳述。

10. 位置無關程式

機器碼生成之後要計算它與函數開頭的偏移量，即它在函數內的位址。所有控制敘述的跳躍都是函數內的局部跳躍，這類跳躍的偏移量只與函數內的機器碼排列有關，與函數在目的檔案和可執行檔中的排列無關。也就是說這類跳躍都是位置無關程式（Position Independent Code，PIC）。函數、全域變數、常數都是與位置相關的，它們的記憶體位址要到連接時確定，在這裡只能記錄下重定位資訊。

注意：靜態變數也是全域變數，它的作用域是由語法分析控制的，在編譯器後端依然要放在資料區段內。

9.3.3 目的檔案

目的檔案是編譯階段的最後一步，它要把各個函數的機器碼整理成程式碼部分（.text），把所規律數整理成隻讀取資料區段（.rodata），把所有全域變數整理成資料區段（.data），並為這三類全域資料撰寫符號表（.symtab）和字串表（.strtab），然後把它們寫入目的檔案。在 Linux 上目的檔案和可執行程式都使用可執行與可連接格式（Executable and Linking Format，ELF），它由一個個節組成，程式碼部分、資料區段等都是其中的節。

1. 程式碼部分

對整個抽象語法樹使用寬度優先搜尋就能獲得所有函數，然後按照函數、基本區塊、三位址碼、機器碼的順序從大到小分層填充程式碼部分，範例如下：

第 9 章 機器碼的生成

```c
// 第 9 章 /make_text.c
#include "scf_parse.h"
#include "scf_x64.h"
#include "scf_basic_block.h"
    int make_text(scf_vector_t* functions, scf_string_t* text){
scf_list*          bq;
scf_list*          cq;
scf_instruction_t* inst;
scf_basic_block_t*     bb;
scf_3ac_code_t*        c;
scf_function_t*        f;
int i;
int j;
    for (i =0; i<functions->size; i++) { // 遍歷函數
            f =functions->data[i];
            for (bq =scf_list_head(&f->basic_block_list_head);
                bq!=scf_list_sentinel(&f->basic_block_list_head);
                bq =scf_list_next(bq)) { // 遍歷基本區塊
                bb =scf_list_data(bq, scf_basic_block_t, list);
                for (cq =scf_list_head(&bb->code_list_head);
                    cq!=scf_list_sentinel(&bb->code_list_head);
                    cq =scf_list_next(cq)) {       // 遍歷三位址碼
                    c =scf_list_data(cq);
                    for (j =0; j <c->instructions->size; j++){      // 遍歷機器碼
                        inst =c->instructions->data[j];
                        // 將機器碼填充到程式碼片段
                        scf_string_cat_cstr_len(text, inst->code, inst->len);
                    }
                }
            }
            if (text->len & 0x7) {         // 把每個函數都填充到 8 位元組對齊
                int n =8-(text->len & 0x7);
                scf_string_fill_zero(text, n);
            }
```

```
    }
    return 0;
}
```

　　在編譯器中因為要同時生成重定位資訊、符號表、偵錯資訊,所以其程式長度遠大於上述範例,但主要流程不變。scf_string_t 也可以儲存二進位資料,它有緩衝區指標、長度、容量共 3 個欄位,能當作普通緩衝區使用。在 SCF 編譯器中同時用它儲存字串和二進位資料。

```
// 第 9 章 /scf_string.h
#include "scf_vector.h"
typedef struct {
    int capacity;              // 容量
    size_t len;                // 長度
    char* data;                // 緩衝區指標
} scf_string_t;
```

2. 資料區段

　　資料區段由程式中的全域變數(含靜態變數)組成,其獲取方法也是對抽象語法樹進行寬度優先搜尋。每個變數都宣告在一個作用域中,在語法分析時它被增加到作用域的 vars 動態陣列中,並且為每個變數設置了全域、靜態、成員、局部等標識。搜尋全域變數的程式如下:

```
// 第 9 章 /scf_parse.c
// 選自 SCF 編譯器
#include "scf_parse.h"
    int _find_global_var(scf_node_t* node, void* arg, scf_vector_t* vec){
int i;
        if (SCF_OP_BLOCK ==node->type
                || (node->type >=SCF_STRUCT && node->class_flag)) {
        // 檔案區塊、函數區塊或類中
            scf_block_t* b =(scf_block_t*)node;
```

```c
            if (!b->scope || !b->scope->vars)
                return 0;
            for (i =0; i <b->scope->vars->size; i++) {
                scf_variable_t* v =b->scope->vars->data[i];
                if (v->global_flag || v->static_flag) {// 全域或靜態標識
                    int ret =scf_vector_add(vec, v);
                    if (ret <0)
                        return ret;
                }
            }
        }
        return 0;
    }

    int scf_parse_compile(scf_parse_t* parse, const char* out, const char* arch,
int _3ac){                                        // 編譯的總函數
int ret =0;                                       // 傳回值
    scf_block_t* b =parse->ast->root_block;       // 抽象語法樹的根節點
    if (!b)
        return -EINVAL;
    global_vars =scf_vector_alloc();              // 全域變數的動態陣列
    if (!global_vars) {
        ret =-ENOMEM;
        goto global_vars_error;
    }
    ret =scf_node_search_bfs((scf_node_t*)b, NULL, global_vars,
            -1, _find_global_var);                // 寬度優先搜尋
    if (ret <0)
        goto code_error;
    // 其他程式省略
    return ret;
}
```

9.3 X86_64 的機器碼生成

獲取所有的全域變數之後就可以填充資料區段，並確定它們在該區段中的偏移量。該偏移量並不是最終的偏移量，程式碼部分中使用全域變數的地方依然需要連接器填寫最終的記憶體地址，即重定位（Relocation）。為了給重定位提供資訊，在填充資料區段的同時要把全域變數增加到符號表中。

3. 符號表和字串表

符號表是目的檔案和可執行檔中的一個節（Section），它記錄了所有全域資料的索引包括函數、全域變數、常數等，如圖 9-4 所示。

```
Symbol table '.symtab' contains 12 entries:      符號表
   Num:    Value          Size Type    Bind   Vis      Ndx Name
     0: 0000000000000000     0 NOTYPE  LOCAL  DEFAULT  UND
     1: 0000000000000000     0 FILE    LOCAL  DEFAULT  ABS ../examples/do_while.c
     2: 0000000000000000     0 SECTION LOCAL  DEFAULT    1 .text          //程式碼片段
     3: 0000000000000000     0 SECTION LOCAL  DEFAULT    2 .rodata        //只讀取資料區段
     4: 0000000000000000     0 SECTION LOCAL  DEFAULT    3 .data          //資料區段
     5: 0000000000000000     0 SECTION LOCAL  DEFAULT    4 .debug_abbrev
     6: 0000000000000000     0 SECTION LOCAL  DEFAULT    5 .debug_info
     7: 0000000000000000     0 SECTION LOCAL  DEFAULT    6 .debug_line
     8: 0000000000000000     0 SECTION LOCAL  DEFAULT    7 .debug_str
     9: 0000000000000000    56 FUNC    GLOBAL DEFAULT    1 main           //主函數
    10: 0000000000000000     4 OBJECT  GLOBAL DEFAULT    2 "%d\n"         //格式字串
    11: 0000000000000000     0 NOTYPE  GLOBAL DEFAULT  UND printf         //外部庫函數
```

▲ 圖 9-4 符號表

程式碼部分、資料區段、只讀取資料區段也是目的檔案和可執行檔中的節，圖 9-4 中的 Ndx 列是每個節的編號，可以看出程式碼部分（.text）的編號為 1，而 main() 函數的節編號也為 1，即它位於程式碼部分中。printf() 函數的節編號不確定（Undefined，UND），即它是一個外部函數，並沒有在該目的檔案中實現。

符號表並不記錄函數、字串或節的名稱，而是把它們統一存放在字串表中，只記錄字串表中的偏移量。因為字串的長度不確定，所以把它們統一存放並只記錄偏移量可以使符號表更規整。另外，若兩個字串重複或其中一個是另一個的尾綴，則在字串表中只需記錄一次。

4. 只讀取資料區段

只讀取資料區段用於記錄程式中的常數字串、浮點數字面額或其他不可修改的資料。只讀取資料區段因為和程式碼部分一樣，即都是唯讀的，所以在目的檔案中緊鄰著程式碼部分。只讀取資料區段與資料區段類似，在填充時也要確定每項的區段內偏移量並把資訊增加到符號表中，程式碼部分中用到它的地方也要連接器確定最終記憶體位址。

注意：只讀取資料區段在執行時期不寫入，一旦執行時期修改就會觸發區段錯誤而導致處理程式終止，這是它與資料區段的主要區別。

5. 重定位節

程式碼部分中使用全域資料的地方都需要連接器確定最終記憶體位址，包括函數呼叫、常數的載入、全域變數的讀寫等。連接器能確定記憶體位址的前提是目的檔案中含有重定位資訊，這些資訊組成了目的檔案中的重定位節（Relocation Section），如圖 9-5 所示。

圖 9-5 的重定位節中記錄了需要連接器確定的兩筆資訊，即 printf() 函數和格式字串的記憶體位址。

```
重定位節 '.rela.text' at offset 0x57d contains 2 entries:
  偏移量            資訊              類型                    符號值                   符號名稱 + 加數
000000000023    000b00000002  R_X86_64_PC32    0000000000000000   printf - 4
000000000012    000a00000002  R_X86_64_PC32    0000000000000000   "%d\n" - 4
```

▲ 圖 9-5 重定位節

把程式碼部分、只讀取資料區段、資料區段、符號表、字串表、重定位節的內容按 ELF 格式寫入就獲得了目的檔案。等連接器把一個或多個目的檔案連同靜態程式庫、動態函數庫一起連接之後就獲得了可執行檔。

9.4 ARM64 的機器碼生成

ARM64 有 32 個 64 位元暫存器 X0~X31，其中 X31 用於堆疊頂暫存器 SP、X30 用於連接暫存器 LR、X29 用於堆疊底暫存器 FP（詳見 8.1.2 節）。ARM64 屬於精簡指令集（RISC），指令和暫存器之間的耦合度很低，暫存器分配演算法比 X86_64 簡單。

9.4.1 指令特點

1. 指令特點

（1）ARM64 的每行指令固定為 4 位元組 (32 位元)。

（2）暫存器使用 5 位元編碼，編號 0~31 共 32 個，指令中一般攜帶 3 個暫存器即三位址碼其中包括兩個來源運算元和一個目的運算元。

（3）指令處理的運算元只分 32 位元或 64 位元兩種，指令的最高位元為 1 表示 64 位元運算元、指令的最高位元為 0 表示 32 位元運算元，8 位元或 16 位元資料需擴充到 32 位元處理。

（4）因為 MOV 指令最多只能攜帶 16 位元的立即數，所以載入一個 64 位元常數可能要 4 行指令。

（5）符號擴充或零擴充在載入指令中進行，可把運算元從 8 位元、16 位元、32 位元擴充到 64 位元。

2. 全域變數和常數

全域變數和常數的載入由 3 行指令進行，首先獲取其所在記憶體分頁的偏移量，再獲取分頁內偏移量，最後讀寫變數內容。這是因為指令長度被固定在 32 位元，其載入、儲存、加法、減法指令最多只能攜帶 12 位元的立即數，正好是一個記憶體分頁的範圍。

3. 函數呼叫

函數呼叫的直接定址範圍只有 -128~128MB，即 26 位元的偏移量乘以 4 位元組，另外 6 位元被指令碼佔據了。絕對跳躍的定址範圍與函數呼叫一樣，兩者的區別只在於函數呼叫會把傳回位址儲存到連接暫存器（LR），而絕對跳躍不儲存傳回位址。

4. 條件跳躍

條件跳躍的定址範圍只有 -1~1MB，即 19 位元的偏移量乘以 4 位元組共 21 位元的有符號整數。這是因為 16 個條件碼佔據了其中 4 位元，另有 3 位元作為同系列指令碼的擴充標識，然後只剩下了 19 位元用於編碼偏移量。

注意：因為指令固定為 4 位元組，所以記憶體位址的最低兩位元固定為 0，不必編入機器碼。

9.4.2 機器碼生成

ARM64 的機器碼生成步驟與 X86_64 類似，也是先計算區域變數和形參的堆疊內偏移量，然後以基本區塊組為單位分配各變數的暫存器，接著生成機器碼，之後計算跳躍指令的偏移量，最後增加函數的初始化和退出程式。

1. 區域變數和形參

區域變數、形參的記憶體分配與 X86_64 類似，只是 ARM64 有 32 個暫存器，可以讓更多參數透過暫存器傳遞。根據 ARM64 的應用程式二進位介面前 8 個參數透過暫存器 X0~X7 傳遞，超過 8 個的透過堆疊傳遞。區域變數和形參也是分配堆疊記憶體，定址方式為 FP 暫存器加偏移量。

2. 函數呼叫的步驟

（1）先儲存需要主呼叫函數儲存的暫存器，在 ARM64 中是 X0~X7 和 X9~X15。

（2）把前 8 個參數放到 X0~X7 中，超過 8 個的依次放到堆疊頂。

（3）使用 BL 指令跳躍到目標函數，該指令會把傳回位址存入連接暫存器 LR。

（4）被調函數要儲存的暫存器是 X19~X30，若使用了它們，則要在開頭儲存、在末尾恢復。

（5）傳回值儲存在 X0 中，SCF 編譯器的多值函數使用 X0~X3 最多傳遞 4 個傳回值。

注意：X16~X17 在 ARM64 中用作臨時暫存器，可能被各種膠水程式使用，在普通函數中儘量不要用它們。X8 和 X18 同理。

3. 暫存器分配

因為指令和暫存器之間沒有耦合度，所以 ARM64 的暫存器分配可以直接對變數衝突圖使用著色演算法，不必考慮特殊暫存器問題。為了在更大的範圍內使用圖的著色演算法，暫存器分配以基本區塊組為單位。這樣可以減少單一基本區塊出入口的載入和儲存指令。

4. 機器碼生成

ARM64 的機器碼生成也是遍歷組內的每個基本區塊的每筆三位址碼，用指令碼和暫存器代替變數和操作符號，然後按照指令格式撰寫機器碼。機器碼的格式如圖 9-6 所示。

位元數	長度標識	指令碼	擴充選項	第二來源暫存器	移位元數字	第一來源暫存器	目的暫存器
	31	30~21		20~16	15~10	9~5	4~0
	1 位元			5 位元	6 位元 範圍 0~63	5 位元	5 位元

▲ 圖 9-6　ARM64 的指令格式

不同指令的指令碼和擴充選項變化較大，在實際撰寫機器碼時要查看 CPU 手冊。在有的指令中第二來源暫存器、移位數字、甚至第一來源暫存器可能用於編碼其他內容，例如 MOV 指令在載入立即數時只有目的暫存器是必需的，兩個來源暫存器和移位部分可以編碼 16 位元整數。

因為指令攜帶的立即數範圍有限，ARM64 在定址時多使用第 2 個暫存器存放偏移量，而不像 X86_64 一樣直接把偏移量寫在指令中。第 2 個暫存器需要臨時分配一個空閒暫存器，好在 ARM64 的暫存器夠多。

注意：因為圖的著色演算法只是初步的暫存器分配方案，它在機器碼生成時還可能調整，所以每個基本區塊入口的暫存器狀態取決於它的所有前序。

因為精簡指令集的 CPU 種類較多，所以 SCF 編譯器用結構 scf_regs_ops_t 儲存與暫存器有關的函數指標，用結構 scf_inst_ops_t 儲存與機器碼有關的函數指標。它們分別存放在兩個陣列 regs_ops_array 和 inst_ops_array 中，用 CPU 名稱查詢這兩個陣列就能獲得相應的介面函數，程式如下：

```
//第9章/scf_risc.c
#include "scf_risc.h"
#include "scf_elf.h"
#include "scf_basic_block.h"
```

9.4 ARM64 的機器碼生成

```c
#include "scf_3ac.h"

extern scf_regs_ops_t    regs_ops_arm64;          // 暫存器操作
extern scf_regs_ops_t    regs_ops_arm32;
extern scf_regs_ops_t    regs_ops_naja;

extern scf_inst_ops_t    inst_ops_arm64;          // 機器碼編碼
extern scf_inst_ops_t    inst_ops_arm32;
extern scf_inst_ops_t    inst_ops_naja;

static scf_inst_ops_t*  inst_ops_array[] =
{
    &inst_ops_arm64,
    &inst_ops_arm32,
    &inst_ops_naja,
    NULL
};
static scf_regs_ops_t* regs_ops_array[] =
{
    &regs_ops_arm64,
    &regs_ops_arm32,
    &regs_ops_naja,
    NULL
};
int scf_risc_open(scf_native_t* ctx, const char* arch){      // 開啟上下文
scf_inst_ops_t* iops =NULL;
scf_regs_ops_t* rops =NULL;
int i;
    for (i =0; inst_ops_array[i]; i++) {                      // 查詢指令編碼的結構
        if (!strcmp(inst_ops_array[i]->name, arch)) {
            iops = inst_ops_array[i];
            break;
        }
    }
    for (i =0; regs_ops_array[i]; i++) {                      // 查詢暫存器操作的結構
```

第 9 章　機器碼的生成

```
        if (!strcmp(regs_ops_array[i]->name, arch)) {
            rops = regs_ops_array[i];
            break;
        }
    }
    if (!iops || !rops)
        return -EINVAL;

    // 申請精簡指令集的上下文
    scf_risc_context_t* risc =calloc(1, sizeof(scf_risc_context_t));
    if (!risc)
        return -ENOMEM;

    ctx->iops =iops; // 初始化
    ctx->rops =rops;
    ctx->priv =risc;
    return 0;
}
```

　　填充 scf_regs_ops_t 和 scf_inst_ops_t 結構就能實現某種 CPU 的機器碼生成。這兩個結構中的函數指標由 SCF 框架呼叫，主要流程與 X86_64 的機器碼生成幾乎完全相同。生成機器碼之後，跳躍的偏移量計算和目的檔案的格式與 X86_64 一樣。目的檔案並不是可執行檔，其中全域變數、常數、函數呼叫的記憶體位址並不是實際位址，這些都需要在連接時重定位。

10

ELF 格式和可執行程式的連接

在 Linux 系統中目的檔案、可執行程式、動態函數庫都使用 ELF 格式（Executable and Linking Format，ELF），它是編譯器、連接器、作業系統三者之間的資訊傳輸協定。目的檔案的生成、可執行程式的連接和載入都以該格式為中心。

第10章　ELF 格式和可執行程式的連接

10.1 ELF 格式

　　ELF 格式由檔案標頭、節標頭表、程式標頭表、資料共 4 部分組成。檔案標頭是整個檔案的總目錄記錄了所屬的系統平臺、檔案類型、入口位址、節標頭表和程式標頭表的位置和大小。節標頭表是資料部分的目錄，它的每項都是某個節的節標頭，節標頭記錄了該節的位置、大小和其他主要屬性。檔案中的資料分屬不同的節，獲取資料之前要先獲取節標頭資訊。程式標頭表描述了檔案和記憶體之間的對應關係，它是作業系統載入可執行程式的主要依據。

10.1.1 檔案標頭

　　檔案標頭記錄了整個檔案的關鍵資訊，透過它就能找到檔案中每區段資料的位置和用途，其資料結構的程式如下：

```
// 第 10 章 /elf.h
// 節選自 Linux 的說明手冊
#define EI_NIDENT 16

typedef struct { //ELF 檔案標頭
    unsigned char   e_ident[EI_NIDENT];     // 檔案標識
    uint16_t        e_type;                 // 檔案類型
    uint16_t        e_machine;              //CPU 類型
    uint32_t        e_version;              // 版本編號
    ElfN_Addr       e_entry;                // 入口位址
    ElfN_Off        e_phoff;                // 程式標頭表的位置
    ElfN_Off        e_shoff;                // 節標頭表的位置
    uint32_t        e_flags;
    uint16_t        e_ehsize;               // 檔案標頭的位元
    uint16_t        e_phentsize;            // 每個程式標頭的位元組數
    uint16_t        e_phnum;                // 程式標頭的個數
    uint16_t        e_shentsize;            // 每個節標頭的位元組數
    uint16_t        e_shnum;                // 節標頭的個數
```

```
    uint16_t              e_shstrndx;              // 節名字串所在的節號
} ElfN_Ehdr;
```

1. 檔案標識

檔案標識（e_ident）是 ELF 區別於其他檔案的辨識標識，作業系統或應用程式透過該標識判斷某檔案是不是 ELF 檔案。若是，則按照 ELF 格式解析，若不是，則按照其他格式解析。

（1）檔案標識的前 4 位元組分別為 0x7f、E、L、F，這是 ELF 格式的固定標識。

（2）第 5 位元組表示所屬的 CPU 是 32 位元還是 64 位元，分別用巨集常數 ELFCLASS32 和 ELFCLASS64 表示。

（3）第 6 位元組表示檔案資料是小端序或大端序，分別用巨集常數 ELFDATA2LSB 和 ELFDATA2MSB，大多數 CPU 使用小端序。

（4）第 7 位元組表示版本編號，固定為巨集常數 EV_CURRENT。

（5）第 8 位元組表示檔案使用的應用程式二進位介面，該欄位有多個選擇，但在 Linux 上常用的是 ELFOSABI_SYSV，即 UNIX 系統的第 5 版（UNIX System V）。

（7）第 9 位元組為第 8 位元組的附加資料，表示二進位介面的子版本編號，一般可設置為 0。

（8）之後的位元組是對齊填充項，可一律設置為 0。

2. 檔案類型

檔案類型（e_type）分為目的檔案（可重定位檔案）、可執行程式、動態函數庫、CORE 檔案共 4 種，分別以巨集常數 ET_REL、ET_EXEC、ET_

DYN、ET_CORE 表示。編譯器、連接器常用的是前 3 種，作業系統、偵錯器常用的是後 3 種。

3. 平臺類型

平臺類型（e_machine）指的是 CPU 類型，其中 EM_X86_64 最常用，另外 EM_AARCH64 表示 ARM64。

4. 版本編號

版本編號（e_version）固定為巨集常數 EV_CURRENT。

5. 入口位址

入口位址（e_entry）是程式的第 1 行指令的記憶體位址，它不是 main() 函數的位址，而是 main() 函數之前的初始化程式的位址，執行完這段程式之後才會跳躍到 main() 函數。如果檔案是由組合語言程式碼生成的，則該位址一般是 _start 標號的位址。

6. 程式標頭表

程式標頭表在作業系統將可執行程式或動態函數庫載入到處理程式的記憶體空間時使用，它在檔案標頭中由 3 個欄位描述，其中 e_phoff 表示它在檔案中的位元組偏移量，e_phentsize 表示表中每個程式標頭的位元組數，e_phnum 表示程式標頭的個數。

7. 節標頭表

節標頭表用於記錄資料在各節中的分佈情況，它在檔案標頭中也由 3 個欄位描述，其中 e_shoff 表示它在檔案中的位元組偏移量，e_shentsize 表示表中每個節標頭的位元組數，e_shnum 表示節標頭的個數。節標頭的個數也是節的個數，資料分佈在各個節中，資料的起始位置和長度被記錄在節標頭中。

8. 節名字串

每個節都有一個專門的名稱，所有節的名稱組成了一個字串表，該字串表也是檔案中的節（.shstrtab）。在透過名稱查詢某個節之前先要找到該字串節，它在節標頭表中的序號由 e_shstrndx 表示。

10.1.2 節標頭表

節標頭表是由節標頭組成的陣列，每個節標頭的位元組數相同，節標頭表的總位元組數可由節標頭位元組數乘以節數計算。每個節標頭都記錄了某個節的資料部分在檔案中的位置、大小和用途，例如 .text 節的資料都是程式，.data 節的資料都是變數。

1. 資料結構

64 位元機上節標頭的資料結構的程式如下：

```
// 第 10 章 /elf.h
// 節選自 Linux 的說明手冊

typedef struct {                    // 節標頭
    uint32_t sh_name;               // 節的名稱在節名字串表中的偏移量
    uint32_t sh_type;               // 節的類型
    uint64_t sh_flags;              // 許可權標識
    Elf64_Addr sh_addr;             // 節的資料在處理程序中的記憶體載入位址
    Elf64_Off sh_offset;            // 節的資料在檔案中的偏移量
    uint64_t sh_size;               // 位元組數
    uint32_t sh_link;               // 連結節的節號
    uint32_t sh_info;               // 連結節的資訊
    uint64_t sh_addralign;          // 對齊方式
    uint64_t sh_entsize;            // 當節的內容是陣列時每項的位元組數
} Elf64_Shdr;
```

第10章　ELF 格式和可執行程式的連接

2. 名稱

節標頭中並不直接記錄節的名稱，而是記錄它在節名字串表中的偏移量。節的名稱有長有短而偏移量的長度固定，記錄後者可以讓資料結構更規整，該方式在 ELF 檔案中被大量採用。在獲取節的名稱時先要獲取節名字串表的內容，然後根據 sh_name 欄位獲取真正的節名稱。

3. 類型

節的類型 sh_type 包括空節、程式資料節、符號表、字串表、重定位節、動態符號表、動態函數庫資訊等。

（1）空節（SHT_NULL）只用來在節標頭表中佔據 0 號位元，並不含有實際資料。

（2）程式資料節（SHT_PROGBITS）是實際載入到處理程式中的資料，例如程式碼部分、資料區段、只讀取資料區段都屬於該類型。

（3）符號表（SHT_SYMTAB）是由符號項組成的陣列，它是函數、全域變數、常數等的摘要資訊。

（4）字串表（SHT_STRTAB）是以 0 結尾的字串組成的序列，其中每個字串都表示符號表中的符號名稱，例如函數名稱、全域變數名稱、常數名稱等。

（5）重定位節（SHT_RELA）是由重定位項組成的陣列，每項都記錄了目的檔案中需要連接器填寫的位置和位元組數，該節是連接時的主要依據。

（6）動態符號表（SHT_DYNSYM）記錄了程式中使用的動態函數庫函數，它在可執行程式和動態函數庫中常見，在目的檔案中不需要。

（7）動態連接資訊（SHT_DYNAMIC）記錄了動態連接的摘要資訊，若函數庫函數使用的是動態連接，則該節是必需的。

4. 許可權標識

許可權標識 sh_flags 記錄了各節在處理程式中的許可權，其中 SHF_WRITE 表示寫入，SHF_EXECINSTR 表示可執行，SHF_ALLOC 表示在處理程式執行時期要佔用記憶體。不是每個節都要載入到處理程式的記憶體空間，例如符號表並不包含程式和資料，它只是給連接器、偵錯器和程式設計師看的，作業系統在執行程式時並不需要它。

5. 記憶體載入位址

記憶體載入位址 sh_addr 是節的資料部分在處理程式記憶體空間中的起始位置，在可執行程式中該位址是實際記憶體位址，在動態函數庫中該位址是記憶體偏移量，動態函數庫的載入位置由作業系統決定。目的檔案中的該項為 0，因為目的檔案不可執行，自然也不能載入到處理程式的記憶體空間。

6. 檔案偏移量

檔案偏移量 sh_offset 是節的資料部分在檔案中的起始位置，以檔案開頭為起點並以位元組數計算。

7. 位元組數

位元組數 sh_size 是節的資料部分的長度，它與檔案偏移量一起確定了節的資料部分。

8. 連結節

連結節 sh_link 記錄了與當前節有關的其他節的節編號，例如，如果符號表中的符號名稱在字串表中，則符號表的連結節欄位就設置為字串節的節編號。

9. 連結資訊

連結資訊 sh_info 是連結節的附加資訊，例如，如果重定位節 .rela.text 定位的是程式碼部分 .text 中 printf() 函數的位址而 printf() 函數的名稱記錄在符號表中，則將重定位節的連結節編號設置為符號表的節編號並將連結資訊設置為程式碼部分的節編號，如圖 10-1 所示。

```
節標頭：
    [號]名稱                類型             位址              偏移量
        大小               全體大小          旗標    連結     資訊    對齊
    [ 0]                   NULL            0000000000000000         00000000
        0000000000000000   0000000000000000         0        0       0
    [ 1] .text             PROGBITS        0000000000000000         00000040
        0000000000000038   0000000000000000 AX      0        0       8
    [ 2] .rela.text        RELA            0000000000000000         00000140
        0000000000000030   0000000000000018 I       5        1       8
    [ 3] .rodata           PROGBITS        0000000000000000         00000078
        0000000000000008   0000000000000000 A       0        0       8
    [ 4] .data             PROGBITS        0000000000000000         00000080
        0000000000000000   0000000000000000 WA      0        0       8
    [ 5] .symtab           SYMTAB          0000000000000000         00000080
        00000000000000a8   0000000000000018         6        4       8
    [ 6] .strtab           STRTAB          0000000000000000         00000128
        0000000000000014   0000000000000000         0        0       1
    [ 7] .shstrtab         STRTAB          0000000000000000         00000170
        0000000000000034   0000000000000000         0        0       1
```

▲ 圖 10-1 節的連結資訊

10. 每項的位元組數

當節的內容是陣列時 sh_entsize 表示每個元素的位元組數，例如，符號表是由符號項組成的陣列，所以它的該欄位要設置為 sizeof（Elf64_Sym）位元組，其中 Elf64_Sym 是 ELF 格式中符號項的資料結構。

11. 記憶體對齊方式

記憶體對齊方式 sh_addralign 是節的資料在處理程式記憶體中的對齊位元組數，即該節的起始和結束位址都是該項的整數倍。

注意：節標頭表是目的檔案、可執行檔、動態函數庫檔案的主要內容，它可看作 ELF 系統的核心資料結構，編譯器、連接器、作業系統都是圍繞它的演算法實現。

10.1.3 程式標頭表

程式標頭表是由連接器生成的表示可執行程式和動態函數庫如何載入的陣列。它記錄了檔案中的哪些內容要載入到處理程式中、載入到什麼記憶體位址、載入多少位元組數、記憶體的許可權如何設置等。它的每項都是一個程式標頭，其中記錄了部分檔案內容的載入方式，整個程式標頭表一起記錄了整個檔案的載入方式。

1. 資料結構

64 位元機上程式標頭的資料結構的程式如下：

```
// 第 10 章 /elf.h
// 節選自 Linux 的說明手冊

typedef struct {                // 程式標頭
    uint32_t p_type;            // 類型
    uint32_t p_flags;           // 許可權標識
    Elf64_Off p_offset;         // 檔案偏移量
    Elf64_Addr p_vaddr;         // 虛擬記憶體位址
    Elf64_Addr p_paddr;         // 實體記憶體位址
    uint64_t p_filesz;          // 檔案中的位元組數
    uint64_t p_memsz;           // 記憶體中的位元組數
```

```
    uint64_t p_align;                // 對齊方式
} Elf64_Phdr;
```

2. 類型

p_type 欄位是程式標頭的類型，其中巨集常數 PT_NULL 表示空類型，僅用於佔位作用，PT_LOAD 表示對應的檔案內容需要載入到記憶體，PT_DYNAMIC 表示對應的檔案內容是動態函數庫資訊，PT_INTERP 表示動態載入器的路徑。另外，PT_PHDR 表示程式標頭表本身的長度和大小，它一般位於程式標頭表的第 1 項。

3. 檔案偏移量和虛擬記憶體位址

（1）p_offset 欄位是程式標頭對應的內容在 ELF 檔案中的位元組偏移量，它是要載入的檔案內容的來源位置。

（2）p_vaddr 是程式標頭對應的內容在處理程式中的虛擬記憶體位址，它是載入的目標位置。

4. 檔案位元組數和記憶體位元組數

p_filesz 表示要載入的內容在檔案中所佔的位元組數，p_memsz 是要載入的內容在記憶體中所佔的位元組數，絕大多數情況兩者相同。這兩項與檔案偏移量和虛擬記憶體位址一起確定了檔案內容在處理程式中的載入位置。

5. 許可權標識

p_flags 表示目標區塊的讀取（PF_R）、寫入（PF_W）、執行（PF_X）許可權，例如，因為處理程式的程式碼部分唯讀可執行，所以把其程式標頭許可權設置為 PF_R|PF_X，因為資料區段讀取寫入，所以把程式標頭許可權設置為 PF_R|PF_W。不同的許可權設置必須對應不同的程式標頭，相同的許可權設置則可對應同一個程式標頭，如圖 10-2 所示。

10.1 ELF 格式

```
程式標頭:
  Type           Offset              VirtAddr            PhysAddr
                 FileSiz             MemSiz              Flags  Align
  PHDR           0x0000000000000040  0x0000000000400040  0x0000000000400580
                 0x0000000000000150  0x0000000000000150  R      0x8
  INTERP         0x00000000000006d0  0x00000000004006d0  0x00000000004006d0
                 0x000000000000001c  0x000000000000001c  R      0x1
      [Requesting program interpreter: /lib64/ld-linux-x86-64.so.2]
  LOAD           0x0000000000000000  0x0000000000400000  0x0000000000400000  程式碼
                 0x00000000000010c6  0x00000000000010c6  R E    0x200000    片段
  LOAD           0x00000000000010c6  0x00000000006010c6  0x00000000006010c6
                 0x0000000000000118  0x0000000000000118  R      0x200000
  LOAD           0x00000000000011de  0x00000000008011de  0x00000000008011de  資料
                 0x0000000000000110  0x0000000000000110  RW     0x200000    區段
  DYNAMIC        0x00000000000011de  0x00000000008011de  0x00000000008011de
                 0x00000000000000e0  0x00000000000000e0  RW     0x8

 Section to Segment mapping:   檔案的各節與記憶體的各段
  段節 ...                      之間的對應關係
   00
   01     .interp
   02     .interp .dynsym .dynstr .rela.plt .plt .text
   03     .rodata
   04     .dynamic .got.plt
   05     .dynamic
```

▲ 圖 10-2 程式標頭表

程式標頭表是可執行程式和動態函數庫在處理程式中的載入依據，作業系統在執行程式時以它為藍本建立處理程式的使用者態記憶體空間。

10.1.4 ELF 格式的實現

為了支援多種 CPU，ELF 格式的程式實現採用了 C 風格的物件導向設計。這是 C 語言從 C++ 中參考來的設計模式，用結構表示通用的資料結構，用函數指標表示不同情況下的實現，用函數指標的不同初始化實現多態。SCF 編譯器對 ELF 格式的支援也使用了這種模式。

1. 框架設計

scf_elf_context_s 表示 ELF 檔案的上下文結構，scf_elf_ops_s 表示針對不同 CPU 的介面函數，程式如下：

```
// 第 10 章 /scf_elf.h
// 節選自    SCF   編譯器
```

10-11

```c
#include <elf.h>
#include "scf_list.h"
#include "scf_vector.h"
typedef struct scf_elf_context_s  scf_elf_context_t;       // 上下文結構
typedef struct scf_elf_ops_s      scf_elf_ops_t;           // 函數指標結構
struct scf_elf_context_s {                                 // 檔案上下文
    scf_elf_ops_t*      ops;                               // 函數指標結構
    void*               priv;                              // 不同平臺的私有資料
    FILE*               fp;                                // 檔案指標
    int64_t             start;                             // 起始位置
    int64_t             end;                               // 結束位置
};
struct scf_elf_ops_s
{
    const char* machine; //CPU 名稱
    int (*open )(scf_elf_context_t* elf);                  // 開啟檔案
    int (*close)(scf_elf_context_t* elf);                  // 關閉檔案
    int (*add_sym)(scf_elf_context_t* elf, const scf_elf_sym_t* sym,
                const char* sh_name);                      // 增加符號
    int (*read_syms)(scf_elf_context_t* elf, scf_vector_t* syms,
                const char* sh_name);                      // 讀取符號表
    int (*read_relas)(scf_elf_context_t* elf, scf_vector_t* relas,
                const char* sh_name);                      // 讀取重定位節
    int (*read_phdrs)(scf_elf_context_t* elf,scf_vector_t* phdrs);// 讀取程式標頭
    int (*add_section)(scf_elf_context_t* elf,             // 增加節
                const scf_elf_section_t* section);
    int (*read_section)(scf_elf_context_t* elf,scf_elf_section_t**psection,
                const char* name);                         // 讀取節
    int (*add_rela_section)(scf_elf_context_t* elf,        // 增加重定位節
                const scf_elf_section_t* section, scf_vector_t* relas);
    int (*add_dyn_need)(scf_elf_context_t* elf,            // 增加動態函數庫名稱
                const char* soname);
    int (*add_dyn_rela)(scf_elf_context_t* elf,            // 增加動態重定位節
                const scf_elf_rela_t* rela);
```

```
    int (*write_rel )(scf_elf_context_t* elf);              // 生成目的檔案
    int (*write_exec)(scf_elf_context_t* elf);              // 生成可執行檔
};
```

scf_elf_ops_s 結構中的函數指標就是編譯器和連接器常用的功能，它們對不同的 CPU 類型有不同的實現。CPU 類型由常數字串 machine 表示，編譯器和連接器透過該欄位為目的檔案選擇不同的 CPU，程式如下：

```
// 第 10 章 /scf_elf.c
#include "scf_elf.h"

extern scf_elf_ops_t    elf_ops_x64;
extern scf_elf_ops_t    elf_ops_arm64;
extern scf_elf_ops_t    elf_ops_arm32;
extern scf_elf_ops_t    elf_ops_naja;

scf_elf_ops_t* elf_ops_array[] ={
    &elf_ops_x64,
    &elf_ops_arm64,
    &elf_ops_arm32,
    &elf_ops_naja,
    NULL,
};
int scf_elf_open(scf_elf_context_t**pelf, const char* machine,
                 const char* path, const char* mode){
scf_elf_context_t* elf;                             // 檔案上下文
int i;
    elf =calloc(1, sizeof(scf_elf_context_t));
    if (!elf)
        return -ENOMEM;
    for (i =0; elf_ops_array[i]; i++) {             // 查詢對應 CPU 的介面函數
        if (!strcmp(elf_ops_array[i]->machine, machine)) {
            elf->ops =elf_ops_array[i];
            break;
```

第10章　ELF 格式和可執行程式的連接

```
        }
    }
    if (!elf->ops) {                              // 如果找不到，則不支援該 CPU 類型
        free(elf);
        return -1;
    }
    elf->fp =fopen(path, mode);                   // 開啟目的檔案
    if (!elf->fp) {
        free(elf);
        return -1;
    }
    if (elf->ops->open && elf->ops->open(elf) ==0) { // 以 ELF 格式開啟其內容
        *pelf =elf;                               // 輸出參數，返給主呼叫函數
        return 0;
    }
    fclose(elf->fp);                              // 出錯處理
    free(elf);
    return -1;
}
```

　　介面函數指標的初始化在對應 CPU 的 scf_elf_ops_s 結構中，只要為不同的結構填充不同的實現函數就能支援不同的 CPU 類型。X86_64 的結構 elf_ops_x64 的程式如下：

```
// 第 10 章 /scf_elf_x64.c
#include "scf_elf_x64.h"
#include "scf_elf_link.h"

scf_elf_ops_t elf_ops_x64 ={
    .machine        ="x64",
    .open           =elf_open,
    .close          =elf_close,
    .add_sym        =elf_add_sym,
    .add_section    =elf_add_section,
```

```
    .add_rela_section   =elf_add_rela_section,
    .add_dyn_need       =elf_add_dyn_need,
    .add_dyn_rela       =elf_add_dyn_rela,
    .read_syms          =elf_read_syms,
    .read_relas         =elf_read_relas,
    .read_section       =elf_read_section,
    .write_rel          =_x64_elf_write_rel,
    .write_exec         =_x64_elf_write_exec,
};
```

因為 ELF 檔案分為 32 位元和 64 位元，當位元數相同時資料結構相同，所以大多數介面函數可以通用。write_exec() 函數因為要為可執行程式增加過程連接表 (PLT) 而不得不做專門實現。過程連接表是呼叫動態函數庫函數的一段膠水程式，因 CPU 類型的不同而不同。

2. 介面函數的實現

64 位元 ELF 格式的細節結構，程式如下：

```
// 第 10 章 /scf_elf_native.h
#include "scf_elf.h"
#include "scf_vector.h"
#include "scf_string.h"

struct elf_section_s // 節
{
    elf_section_t*      link;           // 連結節
    elf_section_t*      info;           // 連結資訊
    scf_string_t*       name;           // 節名
    Elf64_Shdr          sh;             // 檔案中的節標頭內容
    uint64_t            offset;         // 檔案偏移量
    uint16_t            index;          // 索引號
    uint8_t*            data;           // 資料區指標
    int                 data_len;       // 資料長度
```

```c
};

typedef struct {                                    // 符號
    elf_section_t*      section;                    // 符號表所在的節
    scf_string_t*       name;                       // 符號名稱
    Elf64_Sym           sym;                        // 檔案中的符號內容
    int                 index;                      // 符號表中的索引號
    uint8_t             dyn_flag:1;                 // 是否來自動態函數庫
} elf_sym_t;

typedef struct { // 檔案
    Elf64_Ehdr          eh;                         // 檔案標頭
    Elf64_Shdr          sh_null;                    // 空節
    scf_vector_t*       sections;                   // 檔案的各節
    scf_vector_t*       phdrs;                      // 程式標頭表
    Elf64_Shdr          sh_symtab;                  // 檔案中的符號表
    scf_vector_t*       symbols;                    // 所有號的陣列
    Elf64_Shdr          sh_strtab;                  // 檔案中的字串表
    Elf64_Shdr          sh_shstrtab;                // 節名字串的節標頭
    scf_string_t*       sh_shstrtab_data;           // 節名字串
    scf_vector_t*       dynsyms;                    // 動態符號陣列
    scf_vector_t*       dyn_needs;                  // 動態函數庫清單
    scf_vector_t*       dyn_relas;                  // 動態重定位陣列
    elf_section_t*      interp;                     // 載入器
    elf_section_t*      dynsym;                     // 動態符號表所在的節
    elf_section_t*      dynstr;                     // 動態字串節
    elf_section_t*      gnu_version;
    elf_section_t*      gnu_version_r;
    elf_section_t*      rela_plt;                   // 動態重定位節
    elf_section_t*      plt;                        // 過程連接表
    elf_section_t*      dynamic;                    // 動態函數庫所在的節
    elf_section_t*      got_plt;                    // 全域偏移量表
} elf_native_t;
```

10.1 ELF 格式

　　讀取某個節是最常用的介面函數，其實現過程為首先讀取檔案標頭，然後讀取節名字串（見 10.1.1.8 節，.shstrtab）獲得各節的名稱，之後根據節的名稱讀取節標頭，最後讀取資料部分，程式如下：

```
// 第 10 章 /scf_elf_native.c
#include "scf_elf_native.h"
#include "scf_elf_link.h"
int _elf_read_section(scf_elf_context_t* elf, elf_section_t** psection,
                      const char* name){           // 讀取某個節
    elf_native_t* e =elf->priv;                    // 細節結構為上下文的私有資料
    elf_section_t* s;
    int i;
    int j;
    if (!e || !elf->fp)                            // 參數檢查
        return -1;
    if (!e->sh_shstrtab_data) {
        int ret =elf_read_shstrtab(elf);           // 讀取節名字串
        if (ret <0)
            return ret;
    }
    for (j =1; j <e->eh.e_shnum; j++) {            // 讀取節標頭表
        for (i =0; i <e->sections->size; i++) {    // 去重處理
            s =e->sections->data[i];
            if (j ==s->index)
                break;
        }
        if (i <e->sections->size)
            continue;
        s =calloc(1, sizeof(elf_section_t));       // 申請節的資料結構
        if (!s)
            return -ENOMEM;
        long offset =e->eh.e_shoff +e->eh.e_shentsize * j; // 節標頭的偏移量
        fseek(elf->fp, elf->start +offset, SEEK_SET);
        int ret =fread(&s->sh, sizeof(Elf64_Shdr), 1, elf→fp); // 讀取節標頭
```

```
            if (ret !=1) {
                free(s);
                return -1;
            }


            s->index =j;                            // 節的序號
            s->name =scf_string_cstr(e->sh_shstrtab_data->data +s->sh.sh_name);
            if (!s->name) {                         // 節的名稱是它在節名字串中的偏移量
                free(s);
                return -1;
            }
            ret =scf_vector_add(e->sections, s);    // 增加到各節的陣列
            if (ret <0) {
                scf_string_free(s->name);
                free(s);
                return -1;
            }


            if (!scf_string_cmp_cstr(s->name, name))  // 比較節的名稱是否相同
                break;
        }
        if (j <e->eh.e_shnum) {
            if (!s->data) {                         // 若資料部分不存在, 則讀取
                if (_ _elf_read_section_data(elf, s) ==0) {
                    *psection =s;                   // 輸出參數
                    return 0;
                }
                return -1;
            }
            *psection =s;                           // 輸出參數
            return 0;
        }
        return -404;                                // 找不到所需的節
}
```

10.1 ELF 格式

__elf_read_section() 函數在讀取成功時傳回 0，當找不到所需的節時傳回 -404，其他錯誤傳回 -1 或對應的錯誤碼。符號表、字串表、重定位節都是 ELF 檔案中的一個節，連接器需要讀取它們的內容，而編譯器在生成目的檔案時則要增加這些內容。往 ELF 檔案中增加一個節的程式如下：

```
// 第 10 章 /scf_elf_native.c
#include "scf_elf_native.h"
#include "scf_elf_link.h"
int elf_add_section(scf_elf_context_t* elf,
                    const scf_elf_section_t* section){// 增加某個節
    elf_native_t* e =elf->priv;              // 細節結構為上下文的私有資料
    elf_section_t* s;
    elf_section_t* s2;
    int i;
    if (section->index >0) {                 // 若指定序號，則不能與已有的節重複
        for (i =e->sections->size -1; i >=0; i--) {
            s =e->sections->data[i];
            if (s->index ==section->index) {
                scf_loge("s->index: %d\n", s->index);
                return -1;
            }
        }
    }
    s =calloc(1, sizeof(elf_section_t));     // 申請節的結構
    if (!s)
        return -ENOMEM;
    s->name =scf_string_cstr(section->name); // 節名字串
    if (!s->name) {
        free(s);
        return -ENOMEM;
    }
    s->sh.sh_type =section->sh_type;         // 類型
    s->sh.sh_flags =section->sh_flags;       // 標識
    s->sh.sh_addralign =section->sh_addralign; // 對齊
```

```c
    if (section->data && section->data_len >0) {    // 若存在資料部分，則複製
        s->data =malloc(section->data_len);
        if (!s->data) {
            scf_string_free(s->name);
            free(s);
            return -ENOMEM;
        }
        memcpy(s->data, section->data, section->data_len);
        s->data_len =section->data_len;
    }
    if (scf_vector_add(e->sections, s) <0) {        // 增加到各節的陣列
        if (s->data)
            free(s->data);
        scf_string_free(s->name);
        free(s);
        return -ENOMEM;
    }
    if (0 ==section->index)                         // 若未設置序號，則序號為當前最大節數
        s->index =e->sections->size;
    else {                                          // 若設置了序號，則排序
        s->index =section->index;
        for (i =e->sections->size -2; i >=0; i--) {
            s2 =e->sections->data[i];
            if (s2->index <s->index)
                break;
            e->sections->data[i +1] =s2;
        }
        e->sections->data[i +1] =s;
    }
    return s->index;                                // 傳回節的序號
}
```

10.1 ELF 格式

因為在增加節時有時還需指定一些屬性，例如節的序號、連結節的序號等，所以設計了一個結構 scf_elf_section_t，用於在各模組之間傳遞資訊，其程式如下：

```
// 第 10 章 /scf_elf.h
#include <elf.h>
#include "scf_list.h"
#include "scf_vector.h"
typedef struct {                    // 節的關鍵屬性
    char*       name;               // 名稱
    uint32_t    index;              // 序號
    uint8_t*    data;               // 資料指標
    int         data_len;           // 資料長度
    uint32_t    sh_type;            // 類型
    uint64_t    sh_flags;           // 標識
    uint64_t    sh_addralign;       // 對齊
    uint32_t    sh_link;            // 連結節的序號
    uint32_t    sh_info;            // 連結節的資訊
} scf_elf_section_t;
```

注意：scf_elf_section_t 中的指標並不申請記憶體，只是指向所需的位置，例如 name 指向節名字串表中的對應位置。

符號表和重定位節的讀取要同時參考字串表，它們之間的連結前文已經陳述，限於篇幅不再一一提供程式和註釋，有興趣的讀者可以查看 SCF 編譯器的原始程式。

3. 目的檔案的生成

編譯器在生成了機器碼之後先為目的檔案建立一個 scf_elf_context_t 結構，然後把機器碼增加到該結構的 .text 節、把常數增加到 .rodata 節、把全域變數增加到 .data 節，最後呼叫 scf_elf_write_rel() 函數生成目的檔案。該函數會呼叫對應 CPU 的 write_rel() 函數指標寫入檔案標頭、節標頭表和各節的資料。生成目的檔案之後編譯器的工作就結束了,接下來是連接器的內容。

4. 偵錯資訊

偵錯資訊是編譯器在生成目的檔案時增加的原始程式碼與機器碼之間的連結資訊。當可執行程式出錯後可以透過該資訊追蹤其執行過程,查詢錯誤位置。偵錯資訊一般分為 4 個節:

.debug_abbrev、.debug_line、.debug_info、.debug_str。

(1).debug_abbrev 是函數、變數、基本類型、結構或類別的摘要,用於說明它們的偵錯資訊包含哪些內容及這些內容的存放格式。

(2).debug_line 是機器碼的記憶體位址與原始程式碼的行號之間的對應關係,偵錯器會根據該資訊確定中斷點的位置。

(3).debug_info 是更細緻的資料結構資訊,例如函數的名稱、起始記憶體位址、總位元組數、區域變數的名稱、位元組數、堆疊上的偏移量,以及結構的名稱、位元組數、成員變數的偏移量等。

(4).debug_str 是偵錯資訊的字串表,跟字串有關的資訊在其他三項中一般只記錄偏移量,字串內容被統一放在該項中。

偵錯資訊使用屬性記錄格式(Debug With Attribute Record Format,DWARF),該格式的細節可查看 DWARF 標準。

10.2 連接器

連接器（Linker）是把一個或多個目的檔案、動態函數庫、靜態程式庫一起生成可執行程式的工具軟體。因為可執行程式可能包含多個目的檔案且可能呼叫外部函數庫函數，所以在編譯時無法確定函數、全域變數、常數的記憶體位址，只能在連接時確定。連接器確定這些記憶體位址並生成可執行程式或動態函數庫的過程叫作連接。

10.2.1 連接

連接器首先把所有目的檔案的各節分類合併，然後確定普通函數、全域變數和常數在合併之後的記憶體位址，最後為動態函數庫函數建構全域偏移量表（Global Offset Table，GOT）和過程連接表（Procedure Linking Table，PLT）。若使用靜態程式庫，則把函數庫函數的程式複製到最終程式中，不需要建構 GOT 和 PLT。

1. 可執行程式的資料結構

可執行程式也是一個 ELF 檔案，它在連接器中的資料結構的程式如下：

```
// 第 10 章 /scf_elf_link.h
// 節選自    SCF   編譯器
#include "scf_elf.h"
#include "scf_string.h"
#include <ar.h>

typedef struct { // 可執行檔的結構
    scf_elf_context_t*  elf;                    // 不同平臺的檔案上下文
    scf_string_t*       name;                   // 檔案名稱

    int                 text_idx;               // 程式碼片段編號
    int                 rodata_idx;             // 只讀取資料區段編號
```

第10章　ELF 格式和可執行程式的連接

```
    int              data_idx;              // 資料區段編號

// 以下 4 項為偵錯資訊
    int              abbrev_idx;            // 目錄節的編號
    int              info_idx;              // 偵錯資訊節的編號
    int              line_idx;              // 行號節的編號
    int              str_idx;               // 偵錯字串節的編號

    scf_string_t*    text;                  // 程式碼片段
    scf_string_t*    rodata;                // 只讀取資料區段
    scf_string_t*    data;                  // 資料區段
    scf_string_t*    debug_abbrev;          // 偵錯資訊的目錄
    scf_string_t*    debug_info;            // 偵錯資訊
    scf_string_t*    debug_line;            // 行號
    scf_string_t*    debug_str;             // 偵錯字串

    scf_vector_t*    syms;                  // 符號陣列
    scf_vector_t*    text_relas;            // 程式碼片段的重定位陣
    scf_vector_t*    data_relas;            // 資料區段的重定位陣列
    scf_vector_t*    debug_line_relas;      // 行號的重定位陣列
    scf_vector_t*    debug_info_relas;      // 偵錯資訊的重定位陣列
    scf_vector_t*    dyn_syms;              // 動態函數庫的符號陣列
    scf_vector_t*    rela_plt;              // 過程連接表的重定位陣列
    scf_vector_t*    dyn_needs;             // 所需的動態函數庫清單
} scf_elf_file_t;
```

（1）scf_elf_context_t*elf 欄位是 ELF 檔案的上下文結構，它用於處理與 ELF 格式有關的細節操作。

（2）程式碼部分、資料區段、只讀取資料區段及它們的重定位資訊是連接時的重點。

10.2 連接器

（3）函數、全域變數、常數在連接時通常叫作符號（Symbol），可執行程式和動態函數庫的符號表都是一個陣列，即在上述程式中的 syms 和 dyn_syms。

（4）目的檔案、可執行程式、動態函數庫在連接時都由該資料結構表示。

2. 節的分類合併

連接器首先為可執行程式建立一個 scf_elf_file_t 結構，然後讀取每個目的檔案並把各節的資料 (不含節標頭) 追加到對應的成員變數中，例如目的檔案 .text 節要被追加到成員變數 text 中，.data 節要被追加到成員變數 data 中。SCF 框架合併目的檔案的程式如下：

```c
// 第 10 章 /scf_elf_link.c
#include "scf_elf_link.h"
    int merge_obj(scf_elf_file_t* exec, scf_elf_file_t* obj, const int bits){
int nb_syms =exec->syms->size;                     // 當前的符號數量

        #define MERGE_RELAS(dst, src, offset) \
            do { \
                int ret =merge_relas(dst, src, offset, nb_syms, bits); \
                if (ret <0) \
                    return ret; \
            } while (0)
        // 合併重定位資訊
        MERGE_RELAS(exec->text_relas, obj->text_relas, exec->text->len);
        MERGE_RELAS(exec->data_relas, obj->data_relas, exec->data->len);
        MERGE_RELAS(exec->debug_line_relas, obj->debug_line_relas,
                exec->debug_line->len);
        MERGE_RELAS(exec->debug_info_relas, obj->debug_info_relas,
                exec->debug_info->len);

    if (merge_syms(exec, obj) <0)                  // 合併符號表
```

```
        return -1;
    nb_syms +=obj->syms->size;                    // 合併之後的符號數量


    #define MERGE_BIN(dst, src) \
            do { \
                if (src->len >0) { \
                    int ret =scf_string_cat(dst, src); \
                    if (ret <0) \
                        return ret; \
                } \
            } while (0)


    MERGE_BIN(exec->text, obj->text);             // 合併程式碼片段
    MERGE_BIN(exec->rodata, obj->rodata);         // 合併只讀取資料段
    MERGE_BIN(exec->data, obj->data);             // 合併資料段

    // 合併偵錯資訊
    MERGE_BIN(exec->debug_abbrev, obj->debug_abbrev);
    MERGE_BIN(exec->debug_info, obj->debug_info);
    MERGE_BIN(exec->debug_line, obj->debug_line);
    MERGE_BIN(exec->debug_str, obj->debug_str);
    return 0;
}
```

上述程式的 exec 表示可執行程式，obj 表示目的檔案，它們的程式碼部分對應程式碼部分而資料區段對應資料區段，其他各節依次對應分類合併。之所以分類合併而非首尾拼接是因為不同節在處理程式中的記憶體許可權不同。分類合併之後就可以只用程式標頭表中的一項表示一類節的加載方式。目的檔案合併之後函數、全域變數、常數的位置也發生了變化，需要更新它們在符號表和重定位節中的記錄，否則會導致連接錯誤。

3. 函數、全域變數、常數的記憶體位址

　　函數、全域變數、常數在編譯時無法確定記憶體位址，只能把它們在目的檔案中的名稱、位元組數和偏移量記錄在符號表中，對它們的使用情況則記錄在重定位節中。連接器在合併了所有目的檔案之後已經可以確定它們的記憶體位址了，如圖 10-3 所示。

　　因為在可執行檔中程式碼部分、只讀取資料區段、資料區段是緊鄰的，但在處理程式中它們之間有對齊填充，所以檔案中的偏移量不一定是處理程式中的偏移量。如果檔案載入的起始記憶體位址是 0x400000，main() 函數的檔案偏移量是 0x400，則 main() 函數的記憶體位址是 0x400400。如果對齊方式為 0x200000，則只讀取資料區段的起始位址為 0x600000，資料區段的起始位址為 0x800000，若全域變數 a 的檔案偏移量是 0x500，則它的記憶體位址是 0x800500。因為程式碼部分和只讀取資料區段都是唯讀的，有時也會把兩者放在同一個區段。

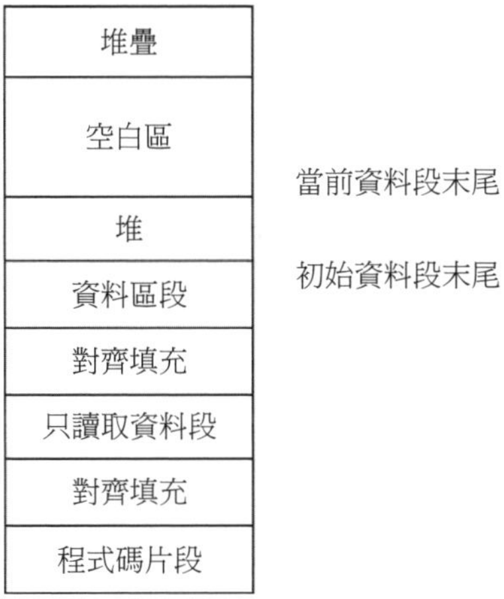

堆疊	
空白區	
堆	當前資料段末尾
資料區段	初始資料段末尾
對齊填充	
只讀取資料段	
對齊填充	
程式碼片段	

▲ 圖 10-3 處理程式的記憶體分配

注意：因為連接器重定位的是記憶體位址，但修改的是檔案內容，所以在計算時要使用處理程式角度，在修改時要使用檔案角度。處理程式的程式碼部分不能修改，但檔案的程式節可以修改。

4. 符號表

函數、全域變數、常數的主要資訊都記錄在符號表中。符號表是一個陣列，其中每項都是一個符號，在 64 位元機上的資料結構的程式如下：

```
// 第 10 章 /elf.h
// 節選自 Linux 的說明手冊

typedef struct {                        // 符號的結構
    uint32_t         st_name;           // 符號名稱在字串表中的偏移量
    unsigned char    st_info;           // 符號資訊
    unsigned char    st_other;
    uint16_t         st_shndx;          // 實體內容所在的節號
    Elf64_Addr       st_value;          // 實體內容的地址
    uint64_t         st_size;           // 實體內容的位元組數
} Elf64_Sym;
```

（1）符號的名稱記錄在字串表中，符號表中只記錄它在字串表中的偏移量，這是為了讓參差不齊的符號名稱變得規整。

（2）st_info 用於身份證字號的類型和作用域，其中 STB_LOCAL 用於身份證字號屬於當前檔案作用域（靜態函數或靜態變數），STB_GLOBAL 為全域變數或全域函數，STT_OBJECT 用於身份證字號內容是資料，STT_FUNC 用於身份證號內容是函數，STT_SECTION 用於身份字證字號內容是節。

（3）st_shndx 用於表示符號內容所在的節編號，例如函數的該項設置為程式碼部分 .text 的節編號。

（4）st_value 用於表示符號內容的位址，在目的檔案中表示檔案偏移量，在可執行程式和動態函數庫中表示記憶體位址。

（5）st_size 表示位元組數，即函數的機器碼長度、變數的位元組數、常數字串的長度等。

5. 重定位節

重定位節記錄了需要連接器修改的檔案偏移量、修改長度和修改方式。它也是一個陣列，每項是一個重定位項，在 64 位元機上的資料結構的程式如下：

```
// 第 10 章 /elf.h
// 節選自 Linux 的說明手冊

typedef struct {                // 重定位項
    Elf64_Addr r_offset;        // 重定位的偏移量
    uint64_t r_info;            // 修改方式和在符號表中的索引
    int64_t r_addend;           // 計算修改位置的加數
} Elf64_Rela;
```

（1）r_offset 確定了修改位置在可執行檔中的偏移量。

（2）r_info 表示修改方式和對應的符號在符號表中的索引。

（3）r_addend 是計算修改位置的加數，在 X86_64 上一般為 -4，因為函數呼叫的機器碼為 5 位元組，指令碼佔據最低位元組，記憶體位址的偏移量佔 4 位元組，所以指令末尾的位元組數減 4 就是修改位置。

6. 可執行程式的連接

連接器遍歷 scf_elf_file_t 資料結構的重定位陣列，查詢每個重定位項對應的符號。若在該資料結構的符號陣列中找不到某符號，則去靜態程式庫或動態函數庫中查詢。若找不到，則連接失敗，若在靜態程式庫中找到，則將所需的目的檔案合併到 scf_elf_file_t 資料結構中，若在動態函數庫中找到，則記錄動態函數庫的路徑。把資料結構 scf_elf_file_t 的內容序列化成 ELF 檔案，該檔案即為可執行程序，整個連接過程如圖 10-4 所示。

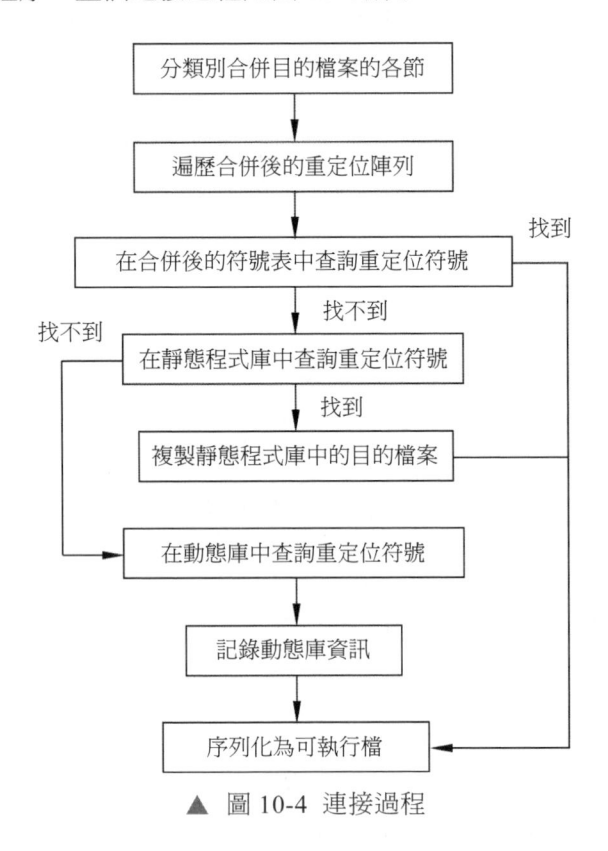

▲ 圖 10-4 連接過程

若連接的檔案只有目的檔案 .o 和靜態程式庫（.a），則為靜態連接，若還有動態函數庫（.so），則為動態連接。靜態連接的可執行檔中包含執行所需的所有程式和資料，可以單獨執行。動態連接的可執行檔在執行時期必須載入動態函數庫，並對函數庫函數做動態載入，若找不到動態函數庫，則執行失敗。

隨著磁碟和記憶體的容量越來越大，動態函數庫在節省空間方面的優勢不再明顯，反而因為版本不匹配會導致風險增大。連接器在生成可執行程式時多採用靜態程式庫，一般只在連接系統函數庫（例如 C 標準函數庫）、第三方函數庫或跨語言介面時使用動態函數庫。

10.2.2 靜態連接

1. 靜態程式庫的格式

靜態程式庫檔案是一組目的檔案的歸檔檔案，它以標識碼「!<arch>\n」開始，之後的每個成員檔案前都有一個歸檔檔案標頭，該檔案標頭記錄了成員檔案的名稱和長度，其資料結構的程式如下：

```
// 第10章/ar.h
#include <sys/cdefs.h>
#define ARMAG "!<arch>\n"            // 標識碼
#define SARMAG 8                      // 標識碼長度
struct ar_hdr                         // 歸檔檔案標
    {
        char ar_name[16];             // 成員檔案名稱
        char ar_date[12];
        char ar_uid[6], ar_gid[6];
        char ar_mode[8];
        char ar_size[10];             // 成員檔案長度
        char ar_fmag[2];
    };
```

靜態程式庫除了增加歸檔檔案標頭和標識碼外並不改變其中的目的檔案，目的檔案依然是 ELF 格式的可重定位檔案。標識碼之後的第 1 個歸檔檔案標頭是整個靜態程式庫的檔案標頭，它記錄了所有函數庫函數的名稱及其目的檔案在靜態程式庫中的偏移量。靜態程式庫及其符號的資料結構的程式如下：

第10章　ELF 格式和可執行程式的連接

```c
// 第 10 章 /scf_elf_link.h
#include "scf_elf.h"
#include "scf_string.h"
#include <ar.h>
typedef struct {                        // 靜態程式庫的符號
    scf_string_t*    name;              // 符號名稱
    uint32_t         offset;            // 目的檔案的偏移量
} scf_ar_sym_t;


typedef struct {                        // 靜態程式庫
    scf_vector_t*    symbols;           // 符號陣列
    scf_vector_t*    files;             // 目的檔案陣列
    FILE*            fp;                // 函數庫檔案的指標
} scf_ar_file_t;
```

SCF 框架使用 scf_ar_file_open() 函數開啟靜態程式庫，程式如下：

```c
// 第 10 章 /scf_elf_link.c
#include "scf_elf_link.h"
int scf_ar_file_open(scf_ar_file_t**par, const char* path){
scf_elf_file_t* ar;
int ret;
    ar =calloc(1, sizeof(scf_ar_file_t));      // 申請記憶
    if (!ar)
        return -ENOMEM;

    ar->symbols =scf_vector_alloc();           // 申請符號陣列
    if (!ar->symbols) {
        ret =-ENOMEM;
        goto sym_error;
    }
    ar->files =scf_vector_alloc();             // 申請目的檔案陣列
    if (!ar->files) {
        ret =-ENOMEM;
        goto file_error;
```

```
    }

    ar->fp =fopen(path, "rb");                    // 開啟函數庫
    if (!ar->fp) {
        ret =-1;
        goto open_error;
    }

    ret =ar_symbols(ar);                          // 讀取所有的符號
    if (ret <0)
        goto error;
    *par =ar;                                     // 輸出參數
    return 0;
error:                                            // 錯誤處理
    fclose(ar->fp);
open_error:
    scf_vector_free(ar->files);
file_error:
    scf_vector_free(ar->symbols);
sym_error:
    free(ar);
    return ret;
```

ar_symbols() 函數用於讀取第 1 個歸檔檔案標頭，以便獲得靜態程式庫的所有符號資訊。

2. 靜態連接

當連接器用到某個函數庫函數時就把它所在的目的檔案追加到可執行程式中，之後的連接過程與不含靜態程式庫時一樣。以下是靜態連接的例子，程式如下：

第10章　ELF 格式和可執行程式的連接

```
// 第 10 章 /add.c
int add(int a, int b){

    return a +b;
}
// 第 10 章 /sub.c
int sub(int a, int b){

    return a -b;
}
// 第 10 章 /test.c
int printf(const char* fmt, ...);
int add(int a, int b);
int sub(int a, int b);

int main() {

    printf("%d, %d\n", add(1, 2), sub(3, 4));
    return 0;
}
```

　　首先只編譯 add.c 和 sub.c，再把獲得的 add.o 和 sub.o 歸檔為靜態程式庫 libtest.a，然後編譯並連接 test.c 以獲得可執行檔 ./1.out，命令如下：

```
./scf -c add.c -o add.o
./scf -c sub.c -o sub.o
ar -r libtest.a add.o sub.o
./scf test.c libtest.a
```

用 readelf-a1.out 讀取可執行檔中的符號表，如圖 10-5 所示。

```
Symbol table '.dynsym' contains 2 entries:
   Num:    Value          Size Type    Bind   Vis      Ndx Name
     0: 0000000000000000     0 NOTYPE  LOCAL  DEFAULT  UND
     1: 0000000000000000     0 FUNC    GLOBAL DEFAULT  UND printf

Symbol table '.symtab' contains 16 entries:
   Num:    Value          Size Type    Bind   Vis      Ndx Name
     0: 0000000000000000     0 NOTYPE  LOCAL  DEFAULT  UND
     1: 0000000000000000     0 FILE    LOCAL  DEFAULT  ABS test.c
     2: 0000000000000000     0 FILE    LOCAL  DEFAULT  ABS add.c    // 靜態程式庫的檔案名稱
     3: 0000000000000000     0 FILE    LOCAL  DEFAULT  ABS sub.c
     4: 0000000000400782   168 SECTION LOCAL  DEFAULT    6 .text
     5: 000000000060082a     8 SECTION LOCAL  DEFAULT    7 .rodata
     6: 0000000000800932     0 SECTION LOCAL  DEFAULT   10 .data
     7: 00000000000000b0   201 SECTION LOCAL  DEFAULT   11 .debug_abbrev
     8: 0000000000000179   321 SECTION LOCAL  DEFAULT   12 .debug_info
     9: 00000000000002ba   177 SECTION LOCAL  DEFAULT   13 .debug_line
    10: 000000000000036b   311 SECTION LOCAL  DEFAULT   14 .debug_str
    11: 0000000000400782     0 NOTYPE  GLOBAL DEFAULT    6 _start
    12: 000000000040079a   128 FUNC    GLOBAL DEFAULT    6 main
    13: 000000000060082a     8 OBJECT  GLOBAL DEFAULT    7 "%d, %d\n"
    14: 000000000040081a     8 FUNC    GLOBAL DEFAULT    6 add     // 靜態程式庫中的函數
    15: 0000000000400822     8 FUNC    GLOBAL DEFAULT    6 sub
```

▲ 圖 10-5 增加系統變數

可以看到最終可執行檔的符號表中多了兩個函數庫函數 add() 和 sub()，函數庫函數的原始檔案名稱分別為 add.c 和 sub.c。

10.2.3 動態連接

如果可執行程式使用了動態函數庫函數，則要做動態連接，動態連接的可執行程式在執行時期需要載入動態函數庫。

第10章　ELF 格式和可執行程式的連接

1. 動態連接步驟

（1）動態連接首先要在程式標頭中增加動態載入器的檔案名稱，在烏班圖系統（Ubuntu）中一般為 ld-linux-x86-64.so.2。

（2）其次增加動態資訊 .dynamic 節，該節記錄了動態連接和動態載入的所有資訊。

（3）再次增加動態符號表 .dynsym 和動態字串表 .dynstr，它們與一般符號表和字元串表的結構相同，兩者一起記錄了函數庫函數的關鍵資訊。

（4）最後增加過程連接表（Procedure Linking Table，PLT）、全域偏移量表（Global Offset Table，GOT）、動態重定位節（.rela.plt）。

2. 動態連接資訊

動態連接資訊、動態連接資訊存放在可執行檔的 .dynamic 節中，它包括程式執行所需的動態函數庫名稱動態符號表和動態字串表的記憶體位置、全域偏移量表和動態重定位節的記憶體位置等。它是一個陣列，每個元素都由標籤和資料組成，程式如下：

```
// 第 10 章 /elf.h
#include <elf.h>

typedef struct {
    Elf64_Sxword d_tag;          // 標籤
    union {
        Elf64_Xword d_val;
        Elf64_Addr d_ptr;
    } d_un;                      // 資料
} Elf64_Dyn;
```

（1）標籤都是以 DT 開頭的巨集常數，其中 DT_NULL 表示空標籤，它是 .dynamic 節的結束標識。

（2）標籤 DT_NEEDED 表示該項是程式所需的動態函數庫名稱，其資料部分是函數庫名稱在動態字串表 .dynstr 中的偏移量。

（3）DT_STRTAB 表示該項的資料是動態字串表 .dynstr 節的記憶體位址。

（4）DT_SYMTAB 表示該項的資料是動態符號表 .dynsym 節的記憶體位址。

（5）DT_PLTGOT 表示該項的資料是全域偏移量表的記憶體位址。

（6）DT_JMPREL 表示該項的資料是動態重定位節 .rela.plt 的記憶體位址，該節的每項記錄一個動態函數庫函數的名稱和它在全域偏移量表中的位置。

可執行檔執行時期作業系統首先會讀取 .dynamic 節的內容，查詢所需的動態函數庫。若找不到動態函數庫，則程式無法執行。

3. 過程連接表和全域偏移量表

過程連接表 PLT 是呼叫動態函數庫函數的膠水程式，它要有執行許可權，在可執行檔中位於程式碼部分 .text 之前。全域偏移量表 GOT 是記錄函數庫函數記憶體位址的陣列，它讀取寫入，在可執行檔中與資料區段 .data 放在一起。過程連接表 PLT 的內容如圖 10-6 所示。

過程連接表的第 1 項是載入器的膠水程式，在函數庫函數第 1 次被呼叫時先由載入器完成動態函數庫的載入和函數庫函數的查詢，並把函數庫函數的記憶體位址寫入全域偏移量表（GOT），該位址的寫入位置由動態重定位節 .rela.plt 指定。當函數庫函數再次被呼叫時使用 GOT 中的記憶體位址（不必二次查詢），這就是動態函數庫的延遲載入模式（Lazy Load）。

```
Disassembly of section .plt:    // 過程連接表

00000000004007ce <calloc@plt-0x10>:   //動態載入器的膠水程式
  4007ce:   ff 35 e2 0a 40 00       pushq  0x400ae2(%rip)
  4007d4:   ff 25 e4 0a 40 00       jmpq   *0x400ae4(%rip)
  4007da:   0f 1f 40 00             nopl   0x0(%rax)

00000000004007de <calloc@plt>:        //calloc() 函數的膠水程式
  4007de:   ff 25 e2 0a 40 00       jmpq   *0x400ae2(%rip)
  4007e4:   68 00 00 00 00          pushq  $0x0
  4007e9:   e9 e0 ff ff ff          jmpq   4007ce <calloc@plt-0x10>

00000000004007ee <printf@plt>:        //printf() 函數的膠水程式
  4007ee:   ff 25 da 0a 40 00       jmpq   *0x400ada(%rip)
  4007f4:   68 01 00 00 00          pushq  $0x1
  4007f9:   e9 d0 ff ff ff          jmpq   4007ce <calloc@plt-0x10>

00000000004007fe <free@plt>:          //free() 函數的膠水程式
  4007fe:   ff 25 d2 0a 40 00       jmpq   *0x400ad2(%rip)
  400804:   68 02 00 00 00          pushq  $0x2
  400809:   e9 c0 ff ff ff          jmpq   4007ce <calloc@plt-0x10>

Disassembly of section .text:   // 以下為程式碼片段
```

▲ 圖 10-6 過程連接表

　　從第 2 項開始都是函數庫函數的膠水程式，每項對應一個函數庫函數的呼叫，可執行程式用了多少個函數庫函數就有多少項。該膠水程式只有 3 行指令，共 16 位元組，第 1 行指令是跳躍到全域偏移量表（GOT）中記錄的記憶體位址執行，在首次執行時期該記憶體位址就是下一行指令，例如，如果圖 10-7 中 printf() 函數的第 1 筆膠水程式位於 0x4007ee，則全域偏移量表中記錄的位址就是 0x4007f4，然後它把立即數 0x1 壓堆疊並跳躍到載入器的膠水程式，立即數 0x1 就是 printf() 函數在全域偏移量表中的陣列索引。

注意：全域偏移量表的實質是指標陣列。

　　過程連接表的膠水程式與全域偏移量表的記憶體位址之間的偏移量由連接器計算。在不同平臺上兩表的內容不同。

4. 動態連接的實現

　　動態連接與靜態連接的不同在於要為可執行程式增加目的檔案中不存在的節。因為編譯器在生成目的檔案時並不知道函數庫函數位於動態函數庫還是靜

10.2 連接器

態程式庫,所以它並不會增加動態連接資訊,這些資訊只能由連接器增加。因為過程連接表(PLT)需要執行許可權、全域偏移量表(GOT)需要寫入許可權,所以它們不能直接增加在可執行檔的末尾,只能將前者增加在程式碼部分之前,將後者增加在只讀取資料區段之後。這樣程式標頭表才可以為一段檔案內容設置一個記憶體許可權。X86_64 增加動態連接資訊的程式如下:

```c
// 第10 章/scf_elf_x64_so.c
#include "scf_elf_x64.h"
#include "scf_elf_link.h"
int _ _x64_elf_add_dyn(elf_native_t* x64){
elf_section_t*  s;
elf_sym_t*      sym;
Elf64_Rela*     rela;
int i;
    for (i =x64->symbols->size -1; i >=0; i--) {// 記錄各個符號所在節的指標
        sym =x64->symbols->data[i];
        uint16_t shndx =sym->sym.st_shndx;
        if (STT_SECTION ==ELF64_ST_TYPE(sym->sym.st_info)) {
            if (shndx >0) {
                assert(shndx -1 <x64->sections->size);
                sym->section =x64->sections->data[shndx -1];
            }
        } else if (0 !=shndx) {
            if (shndx -1 <x64->sections->size)
                sym->section =x64->sections->data[shndx -1];
        }
    } // 增加動態連接的節並重新排序之後,各節的序號可能變化,但資料結構指標不變
    char* sh_names[] ={ // 各節在檔案中的排序
        ".interp",                          // 載入器
        ".dynsym",                          // 動態符號表
        ".dynstr",                          // 動態字串表
        ".rela.plt",                        // 動態重定位表
        ".plt",                             // 過程連接表
        ".text",
```

```c
        ".rodata",
        ".dynamic",                              // 動態連接資訊
        ".got.plt",                              // 全域偏移量表
        ".data",
    };
    for (i =0; i <x64->sections->size; i++) {    // 記錄各個連結節的指標
        s =x64->sections->data[i];
        s->index =x64->sections->size +1 +sizeof(sh_names)
                  / sizeof(sh_names[0]);
        if (s->sh.sh_link >0) {
            assert(s->sh.sh_link -1 <x64->sections->size);
            s->link =x64->sections->data[s->sh.sh_link -1];
        }
        if (s->sh.sh_info >0) {
            assert(s->sh.sh_info -1 <x64->sections->size);
            s->info =x64->sections->data[s->sh.sh_info -1];
        }
    } // 增加動態連接的節並排序後，連結節的序號也可能變化，但指標不變

    _x64_elf_add_interp(x64, &x64->interp);      // 增加載入器
    _x64_elf_add_dynsym(x64, &x64->dynsym);      // 增加動態符號表
    _x64_elf_add_dynstr(x64, &x64->dynstr);      // 增加動態字串表
    _x64_elf_add_rela_plt(x64, &x64->rela_plt);  // 增加動態重定位節
    _x64_elf_add_plt(x64, &x64->plt);            // 增加過程連接表
    _x64_elf_add_dynamic(x64, &x64->dynamic);    // 增加動態連接資訊
    _x64_elf_add_got_plt(x64, &x64->got_plt);    // 增加全域偏移量表
    scf_string_t* str =scf_string_alloc();

    // 以下建構動態符號表和動態字串表的資料部分
    scf_string_t* str =scf_string_alloc();       // 動態字串表的資料部分
    char c ='\0';
    scf_string_cat_cstr_len(str, &c, 1);
    Elf64_Sym* syms =(Elf64_Sym*)x64->dynsym->data; // 符號表的資料部分
    Elf64_Sym sym0 ={0};
```

```c
sym0.st_info =ELF64_ST_INFO(STB_LOCAL, STT_NOTYPE);
// 符號表的第 1 項為空類型
memcpy(&syms[0], &sym0, sizeof(Elf64_Sym));
for (i =0; i <x64->dynsyms->size; i++) {
    elf_sym_t* xsym =x64->dynsyms->data[i];
    memcpy(&syms[i +1], &xsym->sym, sizeof(Elf64_Sym));
    syms[i +1].st_name =str->len;
    scf_string_cat_cstr_len(str, xsym->name->data, xsym->name->len +1);
    // 符號名稱要記錄在字串表的資料部分
}

Elf64_Dyn* dyns =(Elf64_Dyn*)x64->dynamic->data;// 動態連接資訊
size_t prefix =strlen("../lib/x64/");
for (i =0; i <x64->dyn_needs->size; i++) {      // 增加動態函數庫的名稱
    scf_string_t* needed =x64->dyn_needs->data[i];
    dyns[i].d_tag =DT_NEEDED;
    dyns[i].d_un.d_val =str->len;
    scf_string_cat_cstr_len(str, needed->data +prefix,
                            needed->len -prefix +1);
}
dyns[i].d_tag =DT_STRTAB;                       // 以下是動態連接資訊的其他項
dyns[i +1].d_tag =DT_SYMTAB;
dyns[i +2].d_tag =DT_STRSZ;
dyns[i +3].d_tag =DT_SYMENT;
dyns[i +4].d_tag =DT_PLTGOT;
dyns[i +5].d_tag =DT_PLTRELSZ;
dyns[i +6].d_tag =DT_PLTREL;
dyns[i +7].d_tag =DT_JMPREL;
dyns[i +8].d_tag =DT_NULL;
dyns[i].d_un.d_ptr =(uintptr_t)x64->dynstr;
dyns[i +1].d_un.d_ptr =(uintptr_t)x64->dynsym;
dyns[i +2].d_un.d_val =str->len;
dyns[i +3].d_un.d_val =sizeof(Elf64_Sym);
dyns[i +4].d_un.d_ptr =(uintptr_t)x64->got_plt;
```

```c
    dyns[i +5].d_un.d_ptr =sizeof(Elf64_Rela);
    dyns[i +6].d_un.d_ptr =DT_RELA;
    dyns[i +7].d_un.d_ptr =(uintptr_t)x64->rela_plt;
    dyns[i +8].d_un.d_ptr =0;

    x64->dynstr->data =str->data;               // 設置動態字串表的資料
    x64->dynstr->data_len =str->len;
    str->data =NULL;
    str->len =0;
    str->capacity =0;
    scf_string_free(str);
    str =NULL;

    x64->rela_plt->link =x64->dynsym;           // 動態重定位節的連結資訊
    x64->rela_plt->info =x64->got_plt;
    x64->dynsym ->link =x64->dynstr;            // 動態符號表的連結資訊
    // 以下重新排列各節的序號
    for (i =0; i <x64->sections->size; i++) {
        s =x64->sections->data[i];
        int j;
        for (j =0; j <sizeof(sh_names) / sizeof(sh_names[0]); j++) {
            if (!strcmp(s->name->data, sh_names[j]))
                break;
        }
        if (j <sizeof(sh_names) / sizeof(sh_names[0]))
            s->index =j +1;
    }
    qsort(x64->sections->data, x64->sections->size, sizeof(void*),
            _section_cmp);
    int j =sizeof(sh_names) / sizeof(sh_names[0]);
    for (i =j; i <x64->sections->size; i++) {
            s =x64->sections->data[i];
            s->index =i +1;
    }
```

```
        for (i =0; i <x64->sections->size; i++) {          // 重新設置連結節的序號
            s =x64->sections->data[i];
            if (s->link) {
                s->sh.sh_link =s->link->index;
            }
            if (s->info) {
                s->sh.sh_info =s->info->index;
            }
        }
        for (i =0; i <x64->symbols->size; i++) {    // 重新設置符號所在的節編號
            sym =x64->symbols->data[i];
            if (sym->section) {
                sym->sym.st_shndx =sym->section->index;
            }
        }
    return 0;
}
```

增加動態連接資訊及其之後的連接過程由各類 CPU 對應的 write_exec() 函數指標實現，其詳細步驟如下：

（1）若為動態連接，則增加所需的各節。

（2）計算節標頭表、程式標頭表、節的資料部分的檔案偏移量。

（3）查詢程式碼部分、資料區段、只讀取資料區段及它們的重定位資訊。

（4）計算處理程式的記憶體分配和程式碼部分、資料區段、只讀取資料區段的記憶體起始位址。

（5）更新符號表中各個符號的記憶體位址。

（6）修改程式碼部分、資料區段、偵錯資訊中的記憶體位址，即靜態連接。

（7）修改動態資訊中的記憶體位址，即動態連接。

第 10 章　ELF 格式和可執行程式的連接

（8）查詢可執行檔的入口位址，即第 1 行程式所在的位址。

（9）把檔案標頭、節標頭表、程式標頭表、各節的資料依次寫入可執行檔。

在 X86_64 上該函數指標對應的是 _x64_elf_write_exec() 函數，程式如下：

```
// 第 10 章 /scf_elf_x64.c
#include "scf_elf_x64.h"
#include "scf_elf_link.h"
static int _x64_elf_write_exec(scf_elf_context_t* elf){
    elf_native_t* x64 =elf->priv;           // 檔案細節的結構
    elf_section_t* s;
    elf_section_t* cs =NULL;                // 程式碼部分
    elf_section_t* ros =NULL;               // 只讀取資料區段
    elf_section_t* ds =NULL;                // 資料區段
    elf_section_t* crela =NULL;             // 程式碼部分的重定位節
    elf_section_t* drela =NULL;             // 資料區段的重定位節
    elf_sym_t* sym;
    int nb_phdrs =3;                        // 預設程式標頭的個數
        if (x64->dynsyms && x64->dynsyms->size) {
            _ _x64_elf_add_dyn(x64);        // 若用了動態函數庫函數，則增加動態連接資訊
            nb_phdrs =6;                    // 當有動態連接資訊時程式標頭的個數為 6
        }
        int nb_sections =1 +x64->sections->size +1 +1 +1;
        // 總節數
        uint64_t shstrtab_offset =1;        // 節名字串表的起始偏移量
        uint64_t strtab_offset =1;
        // 各個字串表的首位元組為 0，正文從第二位元組開始
        uint64_t dynstr_offset =1;
        Elf64_Off phdr_offset =sizeof(x64->eh)   // 程式標頭表的偏移量
                        +sizeof(Elf64_Shdr) * nb_sections;
        Elf64_Off section_offset =phdr_offset    // 節的資料部分偏移量
                        +sizeof(Elf64_Phdr) * nb_phdrs;
        int i;
        for (i =0; i <x64->sections->size; i++) {
```

10.2 連接器

```c
// 查詢程式碼部分、資料區段、只讀取資料區段
    s =x64->sections->data[i];    // 及其重定位信息
    if (!strcmp(".text", s->name->data)) {
        assert(s->data_len >0);
        assert(!cs);
        cs =s;
    } else if (!strcmp(".rodata", s->name->data)) {
        assert(s->data_len >=0);
        assert(!ros);
        ros =s;
    } else if (!strcmp(".data", s->name->data)) {
        assert(s->data_len >=0);
        assert(!ds);
        ds =s;
    } else if (!strcmp(".rela.text", s->name->data)) {
        assert(!crela);
        crela =s;
    } else if (!strcmp(".rela.data", s->name->data)) {
        assert(!drela);
        drela =s;
    }
        s->offset =section_offset;           // 計算各節資料部分的偏移量
        section_offset +=s->data_len;
}
assert(crela);
// 以下計算可執行檔在處理程式中的記憶體排列
uint64_t cs_align =(cs ->offset +cs ->data_len +0x200000 -1)
                    >>21 <<21;
uint64_t ro_align =(ros->offset +ros->data_len +0x200000-1)
                    >>21 <<21;
uint64_t rx_base =0x400000;                  // 唯讀可執行的記憶體起始位址
uint64_t r_base =0x400000 +cs_align;         // 唯讀的記憶體起始位址
uint64_t rw_base =0x400000 +cs_align +ro_align;
// 讀取寫入的起始位址
```

```c
    uint64_t cs_base =cs->offset +rx_base;         // 程式碼部分的記憶體起始位址
    uint64_t ro_base =ros->offset +r_base;         // 只讀取資料區段的記憶體起始位址
    uint64_t ds_base =ds->offset +rw_base;         // 資料區段的記憶體起始位址
    uint64_t _start = 0;

    for (i =0; i <x64->symbols->size; i++) {       // 更新各個符號的記憶體位址
        sym =x64->symbols->data[i];
        uint32_t shndx =sym->sym.st_shndx;
        if (shndx ==cs->index)
            sym->sym.st_value +=cs_base;
            else if (shndx ==ros->index)
                sym->sym.st_value +=ro_base;
            else if (shndx ==ds->index)
                sym->sym.st_value +=ds_base;
    }
    // 以下為靜態連接
    int ret =_x64_elf_link_cs(x64, cs, crela, cs_base);    // 連接程式碼部分
    if (ret <0)
        return ret;
    if (drela) {
        ret =_x64_elf_link_ds(x64, ds, drela);             // 連接資料區段
        if (ret <0)
            return ret;
    }
    ret =_x64_elf_link_sections(x64, cs->index, ds->index);
    // 連接偵錯資訊
    if (ret <0)
        return ret;
    _x64_elf_process_syms(x64, cs->index);
    cs ->sh.sh_addr =cs_base;                              // 設置節標頭中的記憶體
    ds ->sh.sh_addr =ds_base;
    ros->sh.sh_addr =ro_base;

    if (6 ==nb_phdrs) { // 若存在動態資訊，則修改其中的記憶體位址，即動態連接
```

10.2 連接器

```
        _x64_elf_post_dyn(x64, rx_base, rw_base, cs);
    }
    for (i =0; i <x64->symbols->size; i++) { // 查詢可執行檔的入口位址
        sym =x64->symbols->data[i];
        if (!strcmp(sym->name->data, "_start")) {
            if (0 !=_start) {
                scf_loge("\n");
                return -EINVAL;
            }
            _start =sym->sym.st_value;
            break;
        }
    }
    // 以下為寫入檔案內容，首先寫入檔案標頭
    elf_header(&x64->eh, ET_EXEC, EM_X86_64, _start, phdr_offset,
            nb_phdrs, nb_sections, nb_sections -1);
    fwrite(&x64->eh, sizeof(x64->eh), 1, elf->fp);

    // 寫入節標頭表的空節，它是節標頭表的第 1 項
    fwrite(&x64->sh_null, sizeof(x64->sh_null), 1, elf->fp);

    // 計算各節的資料偏移量，並寫入節標頭表
    section_offset =phdr_offset +sizeof(Elf64_Phdr) * nb_phdrs;
    for (i =0; i <x64->sections->size; i++) {

        s =x64->sections->data[i];
        if (SHT_RELA ==s->sh.sh_type && 0 ==s->sh.sh_link)
            s->sh.sh_link =nb_sections -3;
        section_header(&s->sh, shstrtab_offset, s->sh.sh_addr,
            section_offset, s->data_len,
            s->sh.sh_link, s->sh.sh_info, s->sh.sh_entsize);
        if (SHT_STRTAB !=s->sh.sh_type)
            s->sh.sh_addralign =8;
        section_offset +=s->data_len;
        shstrtab_offset +=s->name->len +1;
```

```c
        fwrite(&s->sh, sizeof(s->sh), 1, elf->fp);
    }

    // 計算符號表的符號個數
    int nb_local_syms =1;
    for (i =0; i <x64->symbols->size; i++) {
        sym =x64->symbols->data[i];
        if (sym->name) {
            sym->sym.st_name =strtab_offset;
            strtab_offset +=sym->name->len +1;
        } else
            sym->sym.st_name =0;
        if (STB_LOCAL ==ELF64_ST_BIND(sym->sym.st_info))
            nb_local_syms++;
    }
    // 寫入符號表的節標頭
    section_header(&x64->sh_symtab, shstrtab_offset, 0,
        section_offset, (x64->symbols->size +1) * sizeof(Elf64_Sym),
        nb_sections -2, nb_local_syms, sizeof(Elf64_Sym));
    fwrite(&x64->sh_symtab, sizeof(x64->sh_symtab), 1, elf->fp);

    // 寫入字串表的節標頭
    section_offset +=(x64->symbols->size +1) * sizeof(Elf64_Sym);
    shstrtab_offset +=strlen(".symtab") +1;
    section_header(&x64->sh_strtab, shstrtab_offset, 0,
        section_offset, strtab_offset,
        0, 0, 0);
    fwrite(&x64->sh_strtab, sizeof(x64->sh_strtab), 1, elf → fp);

    // 寫入節名字串表的節標頭
    section_offset +=strtab_offset;
    shstrtab_offset +=strlen(".strtab") +1;
    uint64_t shstrtab_len =shstrtab_offset +strlen(".shstrtab") +1;
    section_header(&x64->sh_shstrtab, shstrtab_offset, 0,
```

10.2 連接器

```
                section_offset, shstrtab_len, 0, 0, 0);
    fwrite(&x64->sh_shstrtab, sizeof(x64->sh_shstrtab), 1, elf->fp);

    if (6 ==nb_phdrs) { // 若為動態連接,則寫入程式標頭表和動態載入器的程式標頭
        _x64_elf_write_phdr(elf, rx_base, phdr_offset, nb_phdrs);
        _x64_elf_write_interp(elf, rx_base, x64->interp->offset,
                                            x64->interp->data_len);
    }

    // 寫入程式碼部分和只讀取資料區段的程式標頭
    _x64_elf_write_text(elf, rx_base, 0, cs->offset +cs->data_len);
    _x64_elf_write_rodata(elf, r_base, ros->offset, ros->data_len);

    if (6 ==nb_phdrs) { // 若為動態連接,則寫入資料區段和動態資訊的程式標頭
        _x64_elf_write_data(elf, rw_base, x64->dynamic->offset,
             x64->dynamic->data_len +x64->got_plt->data_len +ds->data_len);
        _x64_elf_write_dynamic(elf, rw_base, x64->dynamic->offset,
                                              x64->dynamic->data_len);
    } else {                            // 靜態連接只寫入資料區段的程式標頭
        _x64_elf_write_data(elf, rw_base, ds->offset, ds->data_len);
    }
    elf_write_sections(elf);        // 寫入各節的資料
    elf_write_symtab (elf);         // 寫入符號表的資料
    elf_write_strtab (elf);         // 寫入字串表的資料
    elf_write_shstrtab(elf);        // 寫入節名字串表的資料,它作為最後一個節
    return 0;
}
```

連接器主要用於合併目的檔案和靜態程式庫中的目的檔案並確定需要哪些動態函數庫函數,處理程式的記憶體分配和可執行檔中記憶體位址的修改由各類 CPU 的 write_exec() 處理。write_exec() 呼叫的各個子函數是跟 CPU 相關的細節實現,有興趣的讀者可以查看 SCF 編譯器的原始程式碼,這裡不再一一細說。

第10章　ELF格式和可執行程式的連接

10.2.4 編譯器的主流程

1. 連接函數

SCF 框架的連接主流程由函數 scf_elf_link() 實現，其執行步驟與圖 10-4 一致，程式如下：

```
// 第 10 章 /scf_elf_link.c
#include "scf_elf_link.h"
int scf_elf_link(scf_vector_t* objs, scf_vector_t* afiles,
                 scf_vector_t* sofiles, const char* arch, const char* out){
    scf_elf_file_t* exec =NULL;
    scf_elf_file_t* so =NULL;
    scf_elf_rela_t* rela =NULL;
    scf_elf_sym_t* sym =NULL;
    int ret;
    int i;

        ret =scf_elf_file_open(&exec, out, "wb", arch);
        // 開啟可執行程式的資料結構
        if (ret <0)
            return ret;

    ret =merge_objs(exec, (char**)objs->data, objs->size, arch);
    // 合併目的檔案
    if (ret <0)
        return ret;
    // 查詢所有的重定位符號
    ret =link_relas(exec, (char**)afiles->data, afiles->size,
                          (char**)sofiles->data, sofiles->size, arch);
    if (ret <0)
        return ret;

    for (i =0; i <exec->syms->size; i++) {         // 將符號表增加到 ELF 上下文
        sym = exec->syms->data[i];
```

```c
        if (scf_elf_add_sym(exec->elf, sym, ".symtab") <0)
            return -1;
    }
    for (i =0; i <exec->dyn_syms->size; i++) {    // 增加動態函數庫的符號表
        sym = exec->dyn_syms->data[i];

        if (scf_elf_add_sym(exec->elf, sym, ".dynsym") <0)
            return -1;
    }
    for (i =0; i <exec->rela_plt->size; i++) {    // 增加過程連接表的重定位節
        rela = exec->rela_plt->data[i];

    if (scf_elf_add_dyn_rela(exec->elf, rela) <0)
        return -1;
    }


    for (i =0; i <exec->dyn_needs->size; i++) {    // 增加所需的動態函數庫名稱
        so = exec->dyn_needs->data[i];


    if (scf_elf_add_dyn_need(exec->elf, so->name->data) <0)
        return -1;
    }
    // 增加程式碼部分、只讀取資料區段、資料區段
    ADD_SECTION(text,   SHF_ALLOC | SHF_EXECINSTR, 1, 0);
    ADD_SECTION(rodata, SHF_ALLOC, 8, 0);
    ADD_SECTION(data,   SHF_ALLOC | SHF_WRITE, 8, 0);

    // 增加偵錯資訊
    ADD_SECTION(debug_abbrev, 0, 8, bytes);
    ADD_SECTION(debug_info,   0, 8, bytes);
    ADD_SECTION(debug_line,   0, 8, bytes);
    ADD_SECTION(debug_str,    0, 8, bytes);
```

```
    // 增加重定位節
    ADD_RELA_SECTION(text, SCF_ELF_FILE_SHNDX(text));
    ADD_RELA_SECTION(data, SCF_ELF_FILE_SHNDX(data));
    ADD_RELA_SECTION(debug_info, SCF_ELF_FILE_SHNDX(debug_info));
    ADD_RELA_SECTION(debug_line, SCF_ELF_FILE_SHNDX(debug_line));
    ret =scf_elf_write_exec(exec->elf); // 序列化成可執行檔
    if (ret <0)
        return ret;
    scf_elf_file_close(exec, free, free);          // 釋放資料結構
    return 0;
}
```

程式標頭表、節標頭表、各節的資料在可執行程式中的排列由函數 scf_elf_write_exec() 確定，該函數在不同平臺上對應不同的 write_exec() 函數指標（見 10.2.3 節）。

2. 主函數

整個編譯、連接的全過程由 main() 函數控制，其主要步驟如下：

（1）首先分析命令列參數，確定是只生成三位址碼（-t）、只編譯（-c），還是編譯連接，其次確定目標 CPU 架構（-a）和目的檔案名稱（-o），然後把輸入的檔案按照原始程式碼檔案、目的檔案、靜態程式庫、動態函數庫分成 4 類。

（2）開啟語法分析器，依次分析每個原始程式碼檔案，建構抽象語法樹。

（3）把抽象語法樹轉換成三位址碼並進行中間程式最佳化，若只生成三位址碼，則到此結束。

（4）把三位址碼編譯為目標 CPU 的機器碼並生成目的檔案，若只編譯，則到此結束。

（5）連接所有目的檔案、靜態程式庫、動態函數庫生成可執行程式，程式如下：

```c
// 第 10 章 /main.c
// 節選自    SCF    編譯器
#include "scf_parse.h"
#include "scf_3ac.h"
#include "scf_x64.h"
#include "scf_elf_link.h"
int main(int argc, char* argv[]){
scf_vector_t* afiles    =scf_vector_alloc();     // 靜態程式庫
scf_vector_t* sofiles   =scf_vector_alloc();     // 動態函數庫
scf_vector_t* srcs      =scf_vector_alloc();     // 原始檔案
scf_vector_t* objs      =scf_vector_alloc();     // 目的檔案
scf_parse_t* parse      =NULL;                    // 語法分析器

char* out =NULL; // 最終程式名稱
char* arch ="x64"; // 預設平臺
int link =1; // 預設連接
int _3ac =0;
    // 命令列參數的解析省略
    if (scf_parse_open(&parse) <0)               // 開啟語法分析器
        return -1;
    for (i =0; i <srcs->size; i++) {             // 遍歷分析每個原始檔案，生成抽象語法樹
        char* file =srcs->data[i];
        if (scf_parse_file(parse, file) <0)
            return -1;
    }
    char* obj ="1.elf";                          // 預設目的檔案名稱
    char* exec ="1.out";                         // 預設可執行檔名稱
    if (out) {
        if (!link)
            obj =out;
        else
```

第10章　ELF 格式和可執行程式的連接

```
            exec =out;
    }
    if (scf_parse_compile(parse, obj, arch, _3ac) <0)     // 編譯抽象語法樹
        return -1;                                          // 生成目的檔案
    scf_parse_close(parse);                                 // 關閉語法分析器
    if (!link) {                                            // 若不需連接，則退出
        printf("%s(),%d, main ok\n", _ _func_ _, _ _LINE_ _);
        return 0;
    }
#define MAIN_ADD_FILES(_objs, _sofiles) \
    do { \
        for (i =0; i <sizeof(_objs) / sizeof(_objs[0]); i++) { \
            \
            int ret =scf_vector_add(objs, _objs[i]); \
            if (ret <0) \
            return ret; \
        } \
        \
        for (i =0; i <sizeof(_sofiles) / sizeof(_sofiles[0]); i++) { \
            \
            int ret =scf_vector_add(sofiles, _sofiles[i]); \
            if (ret <0) \
            return ret; \
        } \
    } while (0)
// 增加不同平臺上的系統函數庫
if (!strcmp(arch, "arm64") || !strcmp(arch, "naja"))
    MAIN_ADD_FILES(_ _arm64_objs, _ _arm64_sofiles);
else if (!strcmp(arch, "arm32"))
    MAIN_ADD_FILES(_ _arm32_objs, _ _arm32_sofiles);
else
    MAIN_ADD_FILES(_ _objs, _ _sofiles);

if (scf_vector_add(objs, obj) <0)                       // 增加目的檔案
```

```
        return -1;
    if (scf_elf_link(objs, afiles, sofiles, arch, exec) <0)  // 連接
        return -1;
    return 0;
}
```

在編譯連接之後就獲得了可執行檔,預設檔案名稱為 1.out,給它增加執行許可權之後就可在命令列中執行。

10.3 可執行檔的執行

編譯連接之後的可執行檔透過命令直譯器(Shell)執行,其主要過程由 fork() 和 execve() 兩個系統呼叫來實現,它們是作業系統用於建立處理程式和載入可執行檔的介面函數。

10.3.1 處理程式建立

可執行檔在處理程式的使用者空間中執行,運行之前首先要建立一個新的處理程式。Linux 透過 fork() 系統呼叫建立處理程式,該呼叫在子處理程式中傳回 0,在父處理程式中傳回子處理程式編號。fork() 之後的流程根據傳回值的不同進入不同的執行分支,程式如下:

```
// 第 10 章 /fork.c
#include <stdio.h>
#include <sys/types.h>
#include <unistd.h>
    int main(){
pid_t cpid;                                          // 子處理程序號
        cpid =fork();
        if (cpid <0) {
            printf("fork failed\n");                 // 建立失敗
            return -1;
```

```
    } else if (0 ==cpid) {                              // 子處理程序分支
        printf("child: %d\n", getpid());                // 列印子處理程序號
        return 0;
    } else {                                            // 父處理程序
        printf("parent: %d, child: %d\n", getpid(), cpid); // 列印子處理程序號
    }
    return 0;
}
```

剛建立的新處理程式與父處理程式具有完全相同的程式和資料，只有 fork() 的傳回值不同。若想執行新程式，則需要在子處理程式中使用 execve() 系統呼叫，該系統呼叫負責把可執行檔載入到處理程式的記憶體空間中執行。

10.3.2 程式的載入和執行

在 ELF 格式中程式標頭表示檔案內容與處理程式記憶體之間的對應關係，檔案標頭則記錄了執行的入口位址。將可執行檔的內容分段讀取到程式標頭指定的記憶體位置並設置相應的讀、寫、執行許可權，然後跳躍到入口位址，之後的執行流程由可執行檔的程式和資料決定，不再與父處理程式相關。這個過程在 Linux 上由 execve() 系統呼叫來實現，其在使用者態的用法的程式如下：

```
// 第 10 章 /execve.c
#include <stdio.h>
#include <stdlib.h>
#include <sys/types.h>
#include <sys/wait.h>
#include <unistd.h>
  int main(){
pid_t cpid;                                              // 子處理程序號
    cpid =fork();
```

10.3 可執行檔的執行

```
    if (cpid <0) {
        printf("fork failed\n");                // 建立失敗
        return -1;
    } else if (0 ==cpid) {                      // 子處理程序分支
        char* argv[] ={"/bin/ls", "-al", NULL};
        execve(argv[0], argv, NULL);            // 執行新程式
        exit(-1);                               // 若執行失敗，則退出，正常不會到達這裡
    } else {                                    // 父處理程序分支
        int status;
        wait(&status);                          // 等待子處理程序退出
        printf("parent: %d, child: %d, status: %d\n", getpid(), cpid, status);
    }
    return 0;
}
```

上述程式的子處理程式分支執行了列目錄命令，該命令的實現在可執行檔 /bin/ls 中與以上程式無關，它是被 execve() 系統呼叫載入進子處理程式的記憶體空間的，其執行效果如圖 10-7 所示。

```
yu@yu-Z170-D3H:~/Documents/編譯原理/code/10$ ./a.out
total 32
drwxrwxr-x 2 yu yu   4096 Dec 11 22:52 .
drwxr-xr-x 6 yu yu   4096 Dec 11 21:56 ..
-rwxrwxr-x 1 yu yu  12720 Dec 11 22:41 a.out
-rw-rw-r-- 1 yu yu    653 Dec 11 22:41 execve.c
-rw-rw-r-- 1 yu yu    443 Dec 11 21:58 fork.c
parent: 3398, child: 3399, status: 0
```

▲ 圖 10-7 可執行檔的執行效果

10.3.3 動態函數庫函數的載入

動態函數庫資訊都在可執行檔的 .dynamic 節中，其中 PLTGOT 項就是全域偏移量表，它在本例中的起始記憶體位址為 0x8008aa，如圖 10-8 所示。

第10章　ELF 格式和可執行程式的連接

```
Dynamic section at offset 0x7ca contains 11 entries:
  標記            類型                        名稱/值
 0x0000000000000001 (NEEDED)                 共用函數庫:[libc.so.6]
 0x0000000000000001 (NEEDED)                 共用函數庫:[/lib64/ld-linux-x86-64.so.2] 程式解譯器
 0x0000000000000005 (STRTAB)                 0x40071c
 0x0000000000000006 (SYMTAB)                 0x4006ec
 0x000000000000000a (STRSZ)                  46 (bytes)
 0x000000000000000b (SYMENT)                 24 (bytes)
 0x0000000000000003 (PLTGOT)                 0x8008aa          // 全域偏移量表
 0x0000000000000002 (PLTRELSZ)               24 (bytes)
 0x0000000000000014 (PLTREL)                 RELA
 0x0000000000000017 (JMPREL)                 0x40074a
 0x0000000000000000 (NULL)                   0x0
```

▲ 圖 10-8　動態函數庫資訊

該全域偏移量表對應的過程連接表如圖 10-9 所示。

```
Disassembly of section .plt:

0000000000400762 <printf@plt-0x10>:
  400762:    ff 35 4a 01 40 00    pushq  0x40014a(%rip)        # 8008b2
  400768:    ff 25 4c 01 40 00    jmpq   *0x40014c(%rip)       # 8008ba    // 動態載入器
  40076e:    0f 1f 40 00          nopl   0x0(%rax)

0000000000400772 <printf@plt>:
  400772:    ff 25 4a 01 40 00    jmpq   *0x40014a(%rip)       # 8008c2 <printf>
  400778:    68 00 00 00 00       pushq  $0x0
                                                                // 函數庫函數在全域偏移量表中的位置
  40077d:    e9 e0 ff ff ff       jmpq   400762 <printf@plt-0x10>
```

▲ 圖 10-9　可執行程式的過程連接表

動態函數庫函數在執行時期使用延遲載入模式。本例中 printf() 函數在全域偏移量表（GOT）中的位置為 0x8008c2，它在連接時被填成過程連接表（PLT）中 printf() 項的第 2 行指令位址 0x400778，用 GDB 追蹤的結果如圖 10-10 所示。

最終 printf() 函數在第 1 次被呼叫時會跳躍到 0x400762，這是動態載入器的啟動程式，它位於過程連接表的開頭，每個函數庫函數只在第 1 次被呼叫時執行它。動態載入器會載入所需的動態函數庫，查詢函數庫函數的位址，並寫入該函數庫函數的全域偏移量表。把 GDB 的中斷點打在 printf() 前後，兩次查看 0x8008c2 的結果如圖 10-11 所示。

10.3 可執行檔的執行

列印了 helloworld 之後 printf() 在全域偏移量表中的位址變成了 0x7ffff7a46e40，這就是它在動態函數庫中的真正位址，第 2 次再呼叫時就不必使用載入器查詢了。從圖 10-9 可以看出本例中載入器函數的位址存放在 0x8008ba 中，它由 Linux 的 execve() 系統呼叫在載入可執行程式時填寫。

```
(gdb) disassemble 0x400762,+30
Dump of assembler code from 0x400762 to 0x400780:
   0x0000000000400762:  pushq  0x40014a(%rip)        # 0x8008b2
   0x0000000000400768:  jmpq   *0x40014c(%rip)       # 0x8008ba
   0x000000000040076e:  nopl   0x0(%rax)
   0x0000000000400772 <printf@plt+0>:   jmpq   *0x40014a(%rip)        # 0x8008c2
   0x0000000000400778 <printf@plt+6>:   pushq  $0x0
   0x000000000040077d <printf@plt+11>:  jmpq   0x400762
End of assembler dump.
(gdb) x/8x 0x8008c2           //連接器設置的初始值
0x8008c2:       0x00400778      0x00000000      0x25011101      0x030b130e
0x8008d2:       0x110e1b0e      0x10071201      0x02000017      0x193f012e
(gdb)
```

▲ 圖 10-10 全域偏移量表的初始值

```
(gdb) x/8x 0x8008c2
0x8008c2:       0x00400778      0x00000000      0x25011101      0x030b130e
0x8008d2:       0x110e1b0e      0x10071201      0x02000017      0x193f012e
(gdb) c
Continuing.
hello world

Breakpoint 2, main () at ../examples/hello.c:7
7               return 0;      //printf()的記憶體位址
(gdb) x/8x 0x8008c2
0x8008c2:       0xf7a46e40      0x00007fff      0x25011101      0x030b130e
0x8008d2:       0x110e1b0e      0x10071201      0x02000017      0x193f012e
```

▲ 圖 10-11 動態函數庫函數的載入

動態函數庫函數的延遲載入有時也被叫作動態連接，它與連接器的動態連接是互相配合的。連接器設置了過程連接表（PLT）和全域偏移量表（GOT），動態載入器則在執行時期修改全域偏移量表，從而導致過程連接表的不同跳躍。動態載入器的路徑在可執行檔的 i.nterp 節中，並在程式標頭中標注。

第10章　ELF 格式和可執行程式的連接

10.3.4 原始程式碼的編譯、連接、執行

最後用一個例子表明一門程式語言的誕生，原始程式碼如下：

```c
// 第 10 章 /hello.c
int printf(const char* fmt, ...);
  int main(){

    printf("hello world\n");
    return 0;
}
```

其編譯連接命令如下：

```
./scf hello.c
```

執行結果如圖 10-12 所示。

```
__x64_elf_post_dyn(), 668,   error: rw_base: 0x800000, offset: 0x8aa
__x64_elf_post_dyn(), 669,   error: got_addr: 0x8008aa
__x64_elf_post_dyn(), 707,   error: got_addr: 0x8008c2
elf_write_sections(), 813,   error: sh->name: .interp, data: 0x55ccc01e6580, len: 28
elf_write_sections(), 813,   error: sh->name: .dynsym, data: 0x55ccc0224a90, len: 48
elf_write_sections(), 813,   error: sh->name: .dynstr, data: 0x55ccc01e8e20, len: 46
elf_write_sections(), 813,   error: sh->name: .rela.plt, data: 0x55ccc0229660, len: 24
elf_write_sections(), 813,   error: sh->name: .plt, data: 0x55ccc01ddc10, len: 32
elf_write_sections(), 813,   error: sh->name: .text, data: 0x55ccc01d99a0, len: 56
elf_write_sections(), 813,   error: sh->name: .rodata, data: 0x55ccc0223e80, len: 16
elf_write_sections(), 813,   error: sh->name: .dynamic, data: 0x55ccc0229800, len: 224
elf_write_sections(), 813,   error: sh->name: .got.plt, data: 0x55ccc02299b0, len: 32
elf_write_sections(), 813,   error: sh->name: .data, data: (nil), len: 0
elf_write_sections(), 813,   error: sh->name: .debug_abbrev, data: 0x55ccc01ea750, len: 57
elf_write_sections(), 813,   error: sh->name: .debug_info, data: 0x55ccc01eade0, len: 91
elf_write_sections(), 813,   error: sh->name: .debug_line, data: 0x55ccc01ea8e0, len: 74
elf_write_sections(), 813,   error: sh->name: .debug_str, data: 0x55ccc02244e0, len: 118
elf_write_sections(), 813,   error: sh->name: .rela.text, data: 0x55ccc01d97f0, len: 48
elf_write_sections(), 813,   error: sh->name: .rela.debug_info, data: 0x55ccc0224760, len: 192
elf_write_sections(), 813,   error: sh->name: .rela.debug_line, data: 0x55ccc02248f0, len: 24
main(),216, main ok
yu@yu-Z170-D3H:~/scf/parse$ chmod +x 1.out
yu@yu-Z170-D3H:~/scf/parse$ ./1.out
hello world
yu@yu-Z170-D3H:~/scf/parse$
```

▲ 圖 10-12　原始程式碼的編譯執行結果

10-60

11

Naja 位元組碼和虛擬機器

　　虛擬機器是模擬 CPU 執行機制的軟體，多用於作業系統和跨平臺語言的開發。它可以為作業系統提供比硬體更便捷的偵錯環境，也可以為跨平臺語言提供統一的執行時期環境，讓應用程式開發不必顧及系統差異。虛擬機器的指令集通常使用位元組碼。位元組碼是類似機器碼的二進位編碼，區別僅在於機器碼執行在 CPU 上，而位元組碼執行在虛擬機器上。SCF 框架也提供了一套 Naja 位元組碼及其虛擬機器，可以用於開發跨平臺的指令碼語言。

第11章　Naja 位元組碼和虛擬機器

11.1 Naja 位元組碼

　　Naja 位元組碼是包含了分支跳躍、整數運算、浮點運算的精簡指令集編碼。它的指令長度為 32 位元，採用了 6 位元指令碼和 5 位元暫存器編號，最多可以支援 64 類指令和 32 個暫存器。指令為三位址碼只使用 64 位元運算元。

1. 加法和減法

　　當加法指令的第 2 個來源運算元為暫存器時可以支援 8 位元的移位立即數，即暫存器的位數最大可擴充到 256 位元。第 18~19 位元用於編碼左移、邏輯右移、算術右移 3 種移位元運算，第 20 位元是立即數標識。第 2 個來源運算元為立即數時的範圍是 0~32KB，即 15 位元的無號常數，如圖 11-1 所示。

```
0, add, +, +=,                    opcode = 0
-------------------------------------------------------------------------
|31|30|29|28|27|26|25|24|23|22|21|20|19|18|17|16|15|14|13|12|11|10| 9| 8| 7| 6| 5| 4| 3| 2| 1| 0|
| 0  0  0  0  0  0|<--- rd  --->|0 | sh  |<-------- uimm8 ------->|<--- rs1 --->|<--- rs0 --->|
      //指令碼      //目的暫存器           //移位立即數      //來源暫存器 1   //來源暫存器 0
rd = rs0 + (rs1 << IMM);  // SH = 0, LSL //左移
rd = rs0 + (rs1 >> IMM);  // SH = 1, LSR //邏輯右移
rd = rs0 + (rs1 >> IMM);  // SH = 2, ASR //算術右移

|31|30|29|28|27|26|25|24|23|22|21|20|19|18|17|16|15|14|13|12|11|10| 9| 8| 7| 6| 5| 4| 3| 2| 1| 0|
| 0  0  0  0  0  0|<--- rd  --->|1|<------------------ uimm15 ------------------>|<--- rs0 --->|
                                  //立即數標識
rd = rs0 + (uint64_t)uimm15;
-------------------------------------------------------------------------
```

▲ 圖 11-1　加法指令

　　若第 2 個來源運算元為負數，則使用減法指令。減法除了指令碼為 1 之外其他項與加法一樣，如圖 11-2 所示。

```
1, sub, -, -=,       //指令碼     opcode = 1
-------------------------------------------------------------------------
|31|30|29|28|27|26|25|24|23|22|21|20|19|18|17|16|15|14|13|12|11|10| 9| 8| 7| 6| 5| 4| 3| 2| 1| 0|
| 0  0  0  0  0  1|<--- rd  --->|0 | sh  |<-------- uimm8 ------->|<--- rs1 --->|<--- rs0 --->|
      //指令碼
rd = rs0 - (rs1 << IMM);  // SH = 0, LSL
rd = rs0 - (rs1 >> IMM);  // SH = 1, LSR
rd = rs0 - (rs1 >> IMM);  // SH = 2, ASR

|31|30|29|28|27|26|25|24|23|22|21|20|19|18|17|16|15|14|13|12|11|10| 9| 8| 7| 6| 5| 4| 3| 2| 1| 0|
| 0  0  0  0  0  1|<--- rd  --->|1|<------------------ uimm15 ------------------>|<--- rs0 --->|
                                  //立即數標識
rd = rs0 - (uint64_t)uimm15;
-------------------------------------------------------------------------
```

▲ 圖 11-2　減法指令

2. 乘法和除法

乘法指令最多可以攜帶 4 個暫存器，因為除了普通乘法之外還要顧及與加減的聯合運算 乘加經常用來計算向量的內積，而乘減則用於模運算。用除法指令獲得商之後再用被除數減去商和除數的乘積就是模運算。因為乘法要顧及這 3 類情況，除法也保持了與之對稱的設計，如圖 11-3 所示。

```
2, mul, *, *=,                    opcode = 2
--------------------------------------------------------------------
|31|30|29|28|27|26|25|24|23|22|21|20|19|18|17|16|15|14|13|12|11|10| 9| 8| 7| 6| 5| 4| 3| 2| 1| 0|
| 0  0  0  0  1  0|<--- rd ---->| s| opt | 0  0  0|<---- rs2 --->|<--- rs1 ---->|<--- rs0 ---->|
s = 0, unsigned mul. // 無符號乘法            // 加數暫存器    // 乘數暫存器 1  // 乘數暫存器 0
s = 1,   signed mul. // 有符號乘法
rd = rs2 + rs0 * rs1; // opt = 0 // 乘加
rd = rs2 - rs0 * rs1; // opt = 1 // 乘減
rd =       rs0 * rs1; // opt = 2 // 乘
--------------------------------------------------------------------
3, div, *, *=,                    opcode = 3
--------------------------------------------------------------------
|31|30|29|28|27|26|25|24|23|22|21|20|19|18|17|16|15|14|13|12|11|10| 9| 8| 7| 6| 5| 4| 3| 2| 1| 0|
| 0  0  0  0  1  1|<--- rd ---->| s| opt | 0  0  0|<---- rs2 --->|<--- rs1 ---->|<--- rs0 ---->|
s = 0, unsigned div. // 無符號除法                          // 除數        // 被除數
s = 1,   signed div. // 有符號除法
rd = rs2 + rs0 / rs1; // opt = 0
rd = rs2 - rs0 / rs1; // opt = 1
rd =       rs0 / rs1; // opt = 2
--------------------------------------------------------------------
```

▲ 圖 11-3 乘法指令

3. 載入和儲存

精簡指令集的運算都在暫存器中執行，當記憶體中的運算元與暫存器的預設位數不一致時要做零擴充或符號擴充。為了在資料載入之後不必使用額外的擴充指令，擴充就被放在了載入指令中，如圖 11-4 所示。

注意：因為載入時需要零擴充或符號擴充，儲存時只需把暫存器的低 N 位元儲存到記憶體，所以儲存的選項數量比載入少。

為了處理壓堆疊（Push）和移出堆疊（Pop），載入和儲存指令中要有一個標識位元 A 表示在讀寫資料之後是否同時更新基底位址暫存器。因為精簡指令集一般不支援記憶體不對齊時的資料讀寫，所以 2 位元組、4 位元組、8 位

第 11 章　Naja 位元組碼和虛擬機器

元組的資料型態在記憶體中都要逐位元組數對齊。因為 32 位元指令長度的基底位址 + 偏移量的定址範圍很有限，所以在偏移量較大時採用基址變址定址，即偏移量欄位由立即數被替換成暫存器來定址，如圖 11-5 所示。

```
4, ldr, b[i]                   opcode = 4
---------------------------------------------------------------------------
|31|30|29|28|27|26|25|24|23|22|21|20|19|18|17|16|15|14|13|12|11|10| 9| 8| 7| 6| 5| 4| 3| 2| 1| 0|
| 0  0  0  1  0  0|<--- rd --->| A| ext   |<--------- simm12 --------------->|<---- rb ---->|
       //指令碼              //擴充項          //偏移量           //基底位址暫存器
rd = *(uint8_t* )(rs0 +  (int64_t)simm12);       // ext = 0, zbq    //零擴充
rd = *(uint16_t*)(rs0 + ((int64_t)simm12 << 1)); // ext = 1, zwq
rd = *(uint32_t*)(rs0 + ((int64_t)simm12 << 2)); // ext = 2, zlq
rd = *(uint64_t*)(rs0 + ((int64_t)simm12 << 3)); // ext = 3,        //64 位數不需擴充
rd = *( int8_t* )(rs0 +  (int64_t)simm12);       // ext = 4, sbq
rd = *( int16_t*)(rs0 + ((int64_t)simm12 << 1)); // ext = 5, swq    //符號擴充
rd = *( int32_t*)(rs0 + ((int64_t)simm12 << 2)); // ext = 6, slq
rb += simm12 << SH, if A = 1   //A 為基底位址暫存器的更新標識
---------------------------------------------------------------------------

5, str, b[i]                   opcode = 5
---------------------------------------------------------------------------
|31|30|29|28|27|26|25|24|23|22|21|20|19|18|17|16|15|14|13|12|11|10| 9| 8| 7| 6| 5| 4| 3| 2| 1| 0|
| 0  0  0  1  0  1|<--- rd --->| A| ext   |<--------- simm12 --------------->|<---- rb ---->|
       //指令碼
*(uint8_t* )(rs0 +  (int64_t)simm12)       = rd; // ext = 0, zbq
*(uint16_t*)(rs0 + ((int64_t)simm12 << 1)) = rd; // ext = 1, zwq
*(uint32_t*)(rs0 + ((int64_t)simm12 << 2)) = rd; // ext = 2, zlq
*(uint64_t*)(rs0 + ((int64_t)simm12 << 3)) = rd; // ext = 3
rb += simm12 << SH, if A = 1
---------------------------------------------------------------------------
```

▲ 圖 11-4　載入儲存指令

```
12, ldr, b[i << s]             opcode = 12
---------------------------------------------------------------------------
|31|30|29|28|27|26|25|24|23|22|21|20|19|18|17|16|15|14|13|12|11|10| 9| 8| 7| 6| 5| 4| 3| 2| 1| 0|
| 0  0  1  1  0  0|<--- rd --->|0| ext   |<-------- uimm7 ---->|<---- ri --->|<---- rb ---->|
                                                   //移位位元數    //索引暫存器  //基底位址暫存器
rd = *(uint8_t* )(rb + (ri << uimm7)); // ext = 0, zbq
rd = *(uint16_t*)(rb + (ri << uimm7)); // ext = 1, zwq    //零擴充
rd = *(uint32_t*)(rb + (ri << uimm7)); // ext = 2, zlq

rd = *(uint64_t*)(rb + (ri << uimm7)); // ext = 3,

rd = *( int8_t* )(rb + (ri << uimm7)); // ext = 4, sbq
rd = *( int16_t*)(rb + (ri << uimm7)); // ext = 5, swq    //符號擴充
rd = *( int32_t*)(rb + (ri << uimm7)); // ext = 6, slq
---------------------------------------------------------------------------

13, str, b[i << s]             opcode = 13
---------------------------------------------------------------------------
|31|30|29|28|27|26|25|24|23|22|21|20|19|18|17|16|15|14|13|12|11|10| 9| 8| 7| 6| 5| 4| 3| 2| 1| 0|
| 0  0  1  1  0  1|<--- rd --->|0| ext   |<-------- uimm7 -->|<---- ri --->|<---- rb ---->|
rd = *(uint8_t* )(rb + (ri << uimm7)); // ext = 0, zbq
rd = *(uint16_t*)(rb + (ri << uimm7)); // ext = 1, zwq
rd = *(uint32_t*)(rb + (ri << uimm7)); // ext = 2, zlq

rd = *(uint64_t*)(rb + (ri << uimm7)); // ext = 3,

rd = *( int8_t* )(rb + (ri << uimm7)); // ext = 4, sbq
rd = *( int16_t*)(rb + (ri << uimm7)); // ext = 5, swq
rd = *( int32_t*)(rb + (ri << uimm7)); // ext = 6, slq
---------------------------------------------------------------------------
```

▲ 圖 11-5　基址變址的載入儲存指令

11.1 Naja 位元組碼

基底位址 + 偏移量的載入和儲存的指令分碼別為 4 和 5，基址變址的載入和儲存的指令分碼別為 12 和 13，兩者只差一個二進位位元。

4. 比較和跳躍

比較是不儲存運算結果的減法指令，而跳躍的範圍受到 6 位元指令碼和 32 位元指令長度的限制最多只有 -128~128MB，條件跳躍因為被佔用了 4 位元條件碼和 1 位元標識導致定址範圍下降到了 -4~4MB，如圖 11-6 所示。

```
8, jmp, disp                  opcode = 8
------------------------------------------------------------------
|31|30|29|28|27|26|25|24|23|22|21|20|19|18|17|16|15|14|13|12|11|10| 9| 8| 7| 6| 5| 4| 3| 2| 1| 0|
| 0  0  1  0  0  0|<--------------------------- simm26:00 --------------------------->|
jmp disp; // -128M ~ 128M       // 精簡指令集      跳躍的 26 位偏移量
------------------------------------------------------------------

9, cmp, >, >=, <, <=, ==, !=,    opcode = 9
------------------------------------------------------------------
|31|30|29|28|27|26|25|24|23|22|21|20|19|18|17|16|15|14|13|12|11|10| 9| 8| 7| 6| 5| 4| 3| 2| 1| 0|
| 0  0  1  0  0  1  0  0  0  0  0  0| sh |<-------- uimm8 ------>|<--- rs1 --->|<--- rs0 --->|
// 比較
flags = rs0 - (rs1 << IMM);    // SH = 0, LSL     // 比較與減法的指令碼只差一個二進位位元
flags = rs0 - (rs1 >> IMM);    // SH = 1, LSR
flags = rs0 - (rs1 >> IMM);    // SH = 2, ASR

|31|30|29|28|27|26|25|24|23|22|21|20|19|18|17|16|15|14|13|12|11|10| 9| 8| 7| 6| 5| 4| 3| 2| 1| 0|
| 0  0  1  0  0  1  0  0  0  0  0  0  1|<------------------ uimm15 ------------------>|<--- rs0 --->|
flags = rs0 - (uint64_t)uimm15;
------------------------------------------------------------------

10, jmp, reg,                 opcode = 10
------------------------------------------------------------------
|31|30|29|28|27|26|25|24|23|22|21|20|19|18|17|16|15|14|13|12|11|10| 9| 8| 7| 6| 5| 4| 3| 2| 1| 0|
| 0  0  1  0  1  0|<--- rd --->| 0  0  0  0  0  0  0  0  0  0  0  0  0  0  0  0  0  0  0  0  0|
jmp *rd;        // 超過 26 位的跳躍使用暫存器
------------------------------------------------------------------

|31|30|29|28|27|26|25|24|23|22|21|20|19|18|17|16|15|14|13|12|11|10| 9| 8| 7| 6| 5| 4| 3| 2| 1| 0|
| 0  0  1  0  1  1|<--------------------- simm21:00 --------------------->|<--- cc --->| 1|
jcc simm21:00; // -4M ~ +4M     // 條件跳躍只有 21 位範圍            // 條件碼
cc = 0, z,
cc = 1, nz,
cc = 2, ge,
cc = 3, gt,
cc = 4, le,
cc = 5, lt,
```

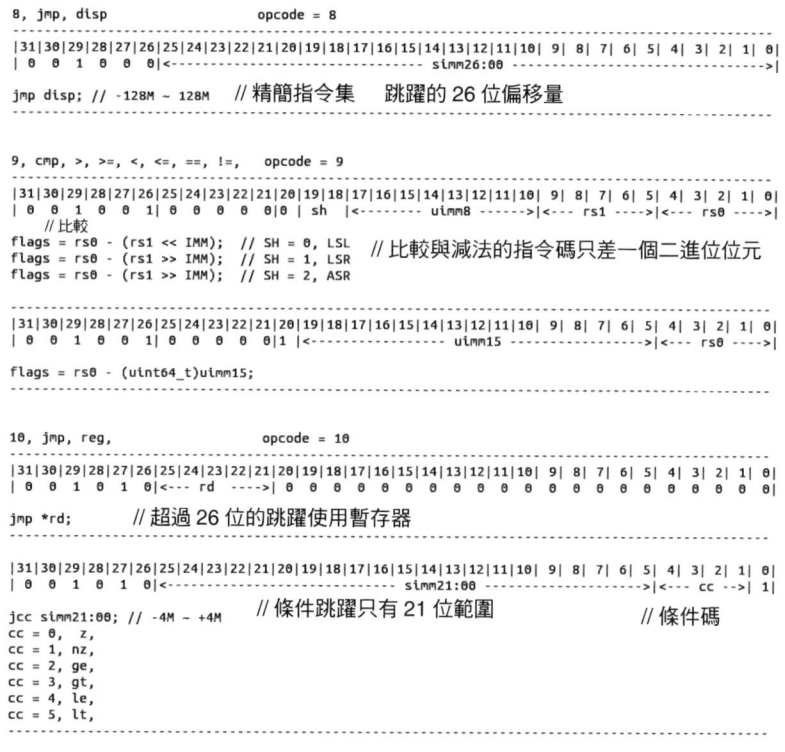

▲ 圖 11-6 比較和跳躍指令

5. 函數呼叫

函數呼叫與跳躍的定址範圍一樣也是 26 位元，超過之後則採用暫存器定址，如圖 11-7 所示。

第11章　Naja 位元組碼和虛擬機器

```
24, call, disp              opcode = 24
------------------------------------------------------------------------
|31|30|29|28|27|26|25|24|23|22|21|20|19|18|17|16|15|14|13|12|11|10| 9| 8| 7| 6| 5| 4| 3| 2| 1| 0|
| 0  1  1  0  0  0|<------------------------------ simm26:00 ------------------------------>|
call disp; // -128M ~ 128M       //函數呼叫的 26 位定址範圍
------------------------------------------------------------------------

26, call, reg,              opcode = 26
------------------------------------------------------------------------
|31|30|29|28|27|26|25|24|23|22|21|20|19|18|17|16|15|14|13|12|11|10| 9| 8| 7| 6| 5| 4| 3| 2| 1| 0|
| 0  1  1  0  1  0|<--- rd --->| 0  0  0  0  0  0  0  0  0  0  0  0  0  0  0  0  0  0  0  0  0|
call *rd;          //函數指標呼叫
------------------------------------------------------------------------
```

▲ 圖 11-7　函數呼叫指令

6. MOV 指令

MOV 指令負責暫存器之間的數值傳遞和立即數的載入，它除了普通的數值傳遞之外還要處理移位、零擴充和符號擴充、逐位元反轉、取相反數等，如圖 11-8 所示。

```
15, mov, =, ~, -,           opcode = 15
------------------------------------------------------------------------
|31|30|29|28|27|26|25|24|23|22|21|20|19|18|17|16|15|14|13|12|11|10| 9| 8| 7| 6| 5| 4| 3| 2| 1| 0|
| 0  0  1  1  1  1|<--- rd --->| 0  0|  opt  |<------------ uimm11 ----------->|<---- rs ---->|
                  //目的暫存器                  //移位立即數                      //來源暫存器
rd = rs;           // opt = 0 LSL, uimm11 = 0
rd = rs << uimm11; // opt = 0 LSL, //左移
rd = rs >> uimm11; // opt = 1 LSR, //邏輯右移
rd = rs >> uimm11; // opt = 2 ASR, //算術右移
rd = ~rs;          // opt = 3 NOT, //按位反轉
rd = -rs;          // opt = 4 NEG, //相反數
------------------------------------------------------------------------
|31|30|29|28|27|26|25|24|23|22|21|20|19|18|17|16|15|14|13|12|11|10| 9| 8| 7| 6| 5| 4| 3| 2| 1| 0|
| 0  0  1  1  1  1|<--- rs --->| 0  1|  opt  | 0  0  0  0  0  0  0 |<--- rs1 --->|<--- rs0 --->|
                                                                    //位數暫存器  //來源暫存器
rd = rs << rs1; // opt = 0 LSL, //左移
rd = rs >> rs1; // opt = 1 LSR, //邏輯右移
rd = rs >> rs1; // opt = 2 ASR, //算術右移
------------------------------------------------------------------------
|31|30|29|28|27|26|25|24|23|22|21|20|19|18|17|16|15|14|13|12|11|10| 9| 8| 7| 6| 5| 4| 3| 2| 1| 0|
| 0  0  1  1  1  1|<--- rd --->| 0| x|  opt  |<------------ uimm11 ----------->|<---- rs ---->|
rd = uint8_t(rs);  // x = 0, zbq, opt = 5,
rd = int8_t(rs);   // x = 1, sbq, opt = 5, //零擴充和符號擴充
rd = uint16_t(rs); // x = 0, zwq, opt = 6,
rd = int16_t(rs);  // x = 1, swq, opt = 6,
rd = uint32_t(rs); // x = 0, zlq, opt = 7,
rd = int32_t(rs);  // x = 1, slq, opt = 7,
------------------------------------------------------------------------
|31|30|29|28|27|26|25|24|23|22|21|20|19|18|17|16|15|14|13|12|11|10| 9| 8| 7| 6| 5| 4| 3| 2| 1| 0|
| 0  0  1  1  1  1|<--- rd --->| 1| x|  opt  |<------------ imm16 -------------------------->|
                                                   //16 位立即數的載入
rd = uint64_t(imm16);       // opt = 0 //0~15位
rd = uint64_t(imm16) << 16; // opt = 1 //16~31位
rd = uint64_t(imm16) << 32; // opt = 2 //32~47位
rd = uint64_t(imm16) << 48; // opt = 3 //48~63位
rd = uint64_t(imm16);       // opt = 7, NOT //反轉載入
rd = uint64_t(imm16);       //  x = 0, zwq //零擴充
rd = int64_t(imm16);        //  x = 1, swq //符號擴充
```

▲ 圖 11-8　MOV 指令

7. 全域定址

該指令是以指令指標暫存器 RIP 為基底位址的定址，它載入目標記憶體位址與 RIP 的差值的高 21 位元，配合加法指令可以實現 -32~32GB 的定址範圍，如圖 11-9 所示。

```
42, adrp, reg,                  opcode = 42
--------------------------------------------------------------------------------
|31|30|29|28|27|26|25|24|23|22|21|20|19|18|17|16|15|14|13|12|11|10| 9| 8| 7| 6| 5| 4| 3| 2| 1| 0|
| 1  0  1  0  1  0|<--- rd  --->|<---------------------- simm21 --------------------------->|
                                                       // 載入記憶體位址的高 21 位元
rd = RIP + ((int64_t)simm21 << 15); // load address' high 21 bits relative to current RIP, -32G:+32G
--------------------------------------------------------------------------------
```

▲ 圖 11-9 全域定址指令

若加法指令只能攜帶 12 位元的立即數，則定址範圍下降到 -4~4GB。

8. 函數返回

返回指令是返回連接暫存器 LR 指向的程式位置，因為暫存器已經預設，所以它只需指令碼，如圖 11-10 所示。

在以上位元組碼的設計中儘量讓相關指令只差一個二進位位元，例如比較運算的指令碼 9 與減法的指令碼 1 只差了 8（0b1000）。在機器碼生成時用以上位元組碼指令集代替 CPU 指令集就獲得了位元組碼檔案，它可以在虛擬機器上執行。

```
56, ret,                        opcode = 56
--------------------------------------------------------------------------------
|31|30|29|28|27|26|25|24|23|22|21|20|19|18|17|16|15|14|13|12|11|10| 9| 8| 7| 6| 5| 4| 3| 2| 1| 0|
| 1  1  1  0  0  0|<---------------------- 00 ---------------------------------->|
ret  // 傳回值的指令碼
--------------------------------------------------------------------------------
```

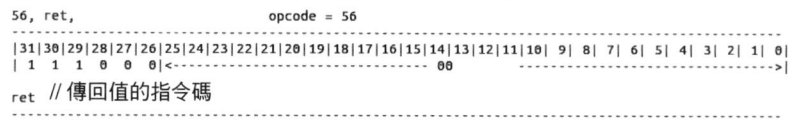

▲ 圖 11-10 函數返回指令

11.2 虛擬機器

虛擬機器的執行只需解析位元組碼檔案的格式、載入動態函數庫和處理位元組碼的解碼。位元組碼檔案也可以採用 ELF 格式，這樣就能在第 10 章的基礎上實現虛擬機器了。

11.2.1 虛擬機器的資料結構

虛擬機器的資料結構依然採用 C 風格的物件導向設計，程式如下：

```c
// 第 11 章 /scf_vm.h
#include "scf_elf.h"
#include <dlfcn.h>

#if 0
#define NAJA_PRINTF printf
#else
#define NAJA_PRINTF
#endif

#define NAJA_REG_FP 29                      // 堆疊底暫存器
#define NAJA_REG_LR 30                      // 連接暫存器
#define NAJA_REG_SP 31                      // 堆疊頂暫存器

typedef struct scf_vm_s scf_vm_t;
typedef struct scf_vm_ops_s scf_vm_ops_t;

struct scf_vm_s                             // 虛擬機器的資料結構
{
    scf_elf_context_t*   elf;               //ELF 檔案上下文
    scf_vector_t*        sofiles;           // 動態函數庫
    scf_vector_t*        phdrs;             // 程式標頭表
    scf_elf_phdr_t*      text;              // 程式碼片段
```

11.2 虛擬機器

```c
    scf_elf_phdr_t*    rodata;            // 只讀取資料段
    scf_elf_phdr_t*    data;              // 資料段
    scf_elf_phdr_t*    dynamic;           // 動態連接資訊
    Elf64_Rela*        jmprel;            // 動態重定位資訊
    uint64_t           jmprel_addr;       // 動態重定位的位址
    uint64_t           jmprel_size;       // 動態重定位的位元組數
    Elf64_Sym*         dynsym;            // 動態符號表
    uint64_t*          pltgot;            // 全域偏移量表
    uint8_t*           dynstr;            // 動態字串表

    scf_vm_ops_t*      ops;               // 介面函數結構
    void*              priv;              // 私有資料
};
struct scf_vm_ops_s                        // 虛擬機器的介面函數
{
    const char* name;
    int (*open )(scf_vm_t* vm);
    int (*close)(scf_vm_t* vm);
    int (*run  )(scf_vm_t* vm, const char* path, const char* sys);
};

typedef union {                            // 虛擬機器的暫存器
    uint8_t  b[32];
    uint16_t w[16];
    uint32_t l[8];
    uint64_t q[4];
    float    f[8];
    double   d[4];
} fv256_t;

typedef struct {                           //Naja 位元組碼的虛擬機器
    uint64_t    regs[32];                  //32 個整數暫存器
    fv256_t     fvec[32];                  //32 個浮點暫存器
    uint64_t    ip;                        // 指令指標暫存器
```

第11章　Naja 位元組碼和虛擬機器

```
    uint64_t    flags;                      // 標識暫存器
    uint8_t*    stack;                      // 堆疊
    int64_t     size;                       // 堆疊的長度
    uint64_t    _start;                     // 位元組碼的入口位址
} scf_vm_naja_t;
```

　　scf_vm_s 結構為虛擬機器的通用資料結構，它包含了 ELF 檔案的主要資訊，只要位元組碼檔案為 ELF 格式就可透過它執行。它的 priv 欄位為 scf_vm_naja_t 類型，負責 Naja 位元組碼的解碼。它的 ops 欄位為介面函數指標的結構，實現了 open()、close()、run() 共 3 個函數，其中 name 欄位為位元組碼的類型。

11.2.2 虛擬機器的執行

　　虛擬機器的執行分為兩步，第 1 步開啟位元組碼檔案並初始化虛擬機器，第 2 步進行位元組碼的解碼。虛擬機器的初始化由函數 naja_vm_init() 完成，它首先清理虛擬機器的上下文，然後開啟位元組碼檔案，按照程式標頭表載入檔案的內容和動態函數庫，最後設置動態載入器的函數指標，程式如下：

```
// 第 11 章 /scf_vm_naja.c
#include "scf_vm.h"
  int naja_vm_init(scf_vm_t* vm, const char* path, const char* sys){
scf_elf_phdr_t* ph;                                             // 程式標頭
int i;
    if (!vm || !path)
           return -EINVAL;

    // 清理虛擬機器的上下文資料
    if (vm->elf)
        scf_vm_clear(vm);
    if (vm->priv)
        memset(vm->priv, 0, sizeof(scf_vm_naja_t));
    else {
```

11.2 虛擬機器

```c
    vm->priv = calloc(1, sizeof(scf_vm_naja_t));
    if (!vm->priv)
        return -ENOMEM;
}
if (vm->phdrs)                                          // 清理或分配程式標頭
    scf_vector_clear(vm->phdrs, (void (*)(void*) )free);
else {
    vm->phdrs = scf_vector_alloc();
    if (!vm->phdrs)
    return -ENOMEM;
}
if (vm->sofiles)                                        // 清理或分配動態函數庫的控制碼陣列
    scf_vector_clear(vm->phdrs, (void (*)(void*) )dlclose);
else {
    vm->sofiles = scf_vector_alloc();
    if (!vm->sofiles)
        return -ENOMEM;
}

int ret = scf_elf_open(&vm->elf, "naja", path, "rb");   // 開啟位元組碼檔案
if (ret <0)
    return ret;

ret = scf_elf_read_phdrs(vm->elf, vm->phdrs);           // 讀取程式標頭表
if (ret <0)
    return ret;

for (i =0; i <vm->phdrs->size; i++) {                   // 按程式標頭表載入檔案內容
    ph = vm->phdrs->data[i];

    if (PT_LOAD == ph->ph.p_type) {                     // 載入程式碼部分、資料區段、
只讀取資料區段
        ph->addr = (ph->ph.p_vaddr +ph->ph.p_memsz)& ~(ph->ph.p_align -1);
        ph->len = (ph->ph.p_vaddr +ph->ph.p_memsz) -ph->addr;
```

11-11

第11章　Naja 位元組碼和虛擬機器

```c
            ph->data =calloc(1, ph->len);                    // 分配記憶體
                if (!ph->data)
                    return -ENOMEM;


                fseek(vm->elf->fp, 0, SEEK_SET);
                ret =fread(ph->data, ph->len, 1, vm->elf->fp);   // 載入檔案內容
                if (1 !=ret)
                    return -1;
                if ((PF_X | PF_R) ==ph->ph.p_flags)
                    vm->text=ph;
                else if ((PF_W | PF_R) ==ph->ph.p_flags)
                    vm->data =ph;

                else if (PF_R ==ph->ph.p_flags)
                    vm->rodata = ph;
                else {
                    scf_loge("\n");
                    return -1;
                }
            } else if (PT_DYNAMIC ==ph->ph.p_type) {          // 載入動態連接資訊
                ph->addr =ph->ph.p_vaddr;
                ph->len =ph->ph.p_memsz;
                vm->dynamic =ph;
            }
        }
        if (vm->dynamic) {
            Elf64_Dyn* d=(Elf64_Dyn*)(vm->data->data +vm->dynamic->ph.p_offset);
            vm->jmprel =NULL;
            for (i =0; i <vm->dynamic->ph.p_filesz / sizeof(Elf64_Dyn); i++) {
                switch (d[i].d_tag) {
                    case DT_STRTAB:                           // 動態字串表
                        vm->dynstr =d[i].d_un.d_ptr-vm->text->addr
                                            +vm->text->data;
                        break;
```

```
                case DT_SYMTAB:                                         // 動態符號表
                    vm->dynsym =(Elf64_Sym*)(d[i].d_un.d_ptr-vm->text->addr
                                                    +vm->text->data);
                    break;
                case DT_JMPREL:                                         // 動態可重定位節
                    vm->jmprel=(Elf64_Rela*)(d[i].d_un.d_ptr
                                        -vm->text->addr +vm->text->data);
                    vm->jmprel_addr =d[i].d_un.d_ptr;
                    break;
                case DT_PLTGOT:                                         // 全域偏移量表
                    vm->pltgot =(uint64_t*)(d[i].d_un.d_ptr
                                        -vm->data->addr +vm->data->data);
                    break;
                default:
                    break;
            };
        }
        // 以下載入動態函數庫
        for (i =0; i <vm->dynamic->ph.p_filesz / sizeof(Elf64_Dyn); i++) {
            if (DT_NEEDED ==d[i].d_tag) {
                uint8_t* name =d[i].d_un.d_ptr +vm->dynstr;
                int j;
                for (j =0; j <sizeof(somaps) / sizeof(somaps[0]); j++) {
                    if (!strcmp(somaps[j][0], sys)
                            && !strcmp(somaps[j][1], name)) {
                        name =somaps[j][2];
                        break;
                    }
                }

                void* so =dlopen(name, RTLD_LAZY);                      // 開啟動態函數
                if (!so) {
                    scf_loge("dlopen error, so: %s\n", name);
                    return -1;
```

第11章　Naja 位元組碼和虛擬機器

```
                }
                if (scf_vector_add(vm->sofiles, so) <0) {      // 增加動態函數庫控制碼
                    dlclose(so);
                    return -ENOMEM;
                }
            }
        }
        vm->pltgot[2] =(uint64_t)naja_vm_dynamic_link;          // 設置動態載入器
    }
    return 0;
}
```

初始化完成後就可以從檔案入口對應的記憶體位址開始逐筆執行位元組碼了，每筆佔 4 位元組整個位元組碼序列是 32 位元不帶正負號的整數組成的陣列。位元組碼由函數 __naja_vm_run() 運行，程式如下：

```
// 第 11 章 /scf_vm_naja.c
#include "scf_vm.h"
  int _ _naja_vm_run(scf_vm_t* vm, const char* path, const char* sys){
scf_vm_naja_t* naja =vm->priv;                         //Naja 虛擬機器的上下文
Elf64_Ehdr      eh;
Elf64_Shdr      sh;
    fseek(vm->elf->fp, 0, SEEK_SET);
    int ret =fread(&eh, sizeof(Elf64_Ehdr), 1, vm->elf->fp); // 讀取檔案標頭
    if (ret !=1)
        return -1;

    if (vm->jmprel) {                                   // 讀取動態重定位節的節標頭
        fseek(vm->elf->fp, eh.e_shoff, SEEK_SET);
        int i;
        for (i =0; i <eh.e_shnum; i++) {
            ret =fread(&sh, sizeof(Elf64_Shdr), 1, vm->elf->fp);
            if (ret !=1)
                return -1;
```

```c
            if (vm->jmprel_addr ==sh.sh_addr) {
                vm->jmprel_size =sh.sh_size;
                break;
            }
        }

        if (i ==eh.e_shnum) {
            scf_loge("\n");
            return -1;
        }
    }

    naja->stack =calloc(STACK_INC, sizeof(uint64_t));      // 分配堆疊記憶體
    if (!naja->stack)
        return -ENOMEM;
    naja->size =STACK_INC;
    naja->_start =eh.e_entry;                              // 設置程式入口
    naja->ip =eh.e_entry;                                  // 設置指標暫存器
    naja->regs[NAJA_REG_LR] =(uint64_t)__naja_vm_exit;     // 設置連接暫存器
    int n =0;
    while ((uint64_t)__naja_vm_exit !=naja->ip) {          // 當指令指標不是退出時解碼執行
        int64_t offset =naja->ip-vm->text->addr;           // 指令的記憶體位址
        if (offset >=vm->text->len) {
            scf_loge("naja->ip: %#lx, %p\n", naja->ip, __naja_vm_exit);
            return -1;
        }
        uint32_t inst =*(uint32_t*)(vm->text->data +offset); // 讀取指令

        // 最高 6 位元為指令碼，解碼函數組成一個陣列
        naja_opcode_pt pt =naja_opcodes[(inst >>26) & 0x3f]; // 解碼的函數指標
        if (!pt) {
            scf_loge("inst: %d, %#x\n", (inst >>26) & 0x3f, inst);
            return -EINVAL;
        }
        ret =pt(vm, inst);                                  // 解碼執行
```

```
        if (ret <0)
            return ret;
    }
    return naja->regs[0];                              // 傳回結果在 0 號暫存器
}
```

位元組碼的最高 6 位元為指令碼，用它查詢解碼函數。所有的解碼函數組成了一個函數指標陣列，程式如下：

```
//第 11 章/scf_vm_naja.c
#include "scf_vm.h"
static naja_opcode_pt naja_opcodes[64] =
{
    _ _naja_add,        //0
    _ _naja_sub,        //1
    _ _naja_mul,        //2
    _ _naja_div,        //3
    _ _naja_ldr_disp,   //4
    _ _naja_str_disp,   //5
    _ _naja_and,        //6
    _ _naja_or,         //7
    _ _naja_jmp_disp,   //8
    _ _naja_cmp,        //9
    _ _naja_jmp_reg,    //10
    _ _naja_setcc,      //11
    _ _naja_ldr_sib,    //12
    _ _naja_str_sib,    //13
    _ _naja_teq,        //14
    _ _naja_mov,        //15
//... 其他項省略
    _ _naja_ret,        //56
};
```

11.2 虛擬機器

精簡指令集因為指令長度固定、指令碼和暫存器的位置固定,所以解碼函數非常簡單。加法的解碼函數的程式如下:

```c
// 第 11 章 /scf_vm_naja.c
#include "scf_vm.h"
  static int _ _naja_add(scf_vm_t* vm, uint32_t inst){
scf_vm_naja_t* naja =vm->priv;                    //Naja 虛擬機器的上下文
int rs0 =inst & 0x1f;                             // 第 1 個來源暫存器的編號
int rd =(inst >>21) & 0x1f;                       // 目的暫存器的編號
int I =(inst >>20) & 0x1;                         // 立即數標識
    if (I) {                                      // 若為立即數
        uint64_t uimm15 =(inst >>5) & 0x7fff;     // 獲取立即數
        naja->regs[rd] =naja->regs[rs0] +uimm15;
        NAJA_PRINTF("add r%d, r%d, %lu\n", rd, rs0, uimm15);
    } else {
        uint64_t sh =(inst >>18) & 0x3;           // 移位標識
        uint64_t uimm8 =(inst >>10) & 0xff;       // 移位位數
        int rs1 =(inst >> 5) & 0x1f;              // 第 2 個來源暫存器的編號
        if (0 ==sh) {                             // 左移
            naja->regs[rd] =naja->regs[rs0] +(naja->regs[rs1] <<uimm8);
            NAJA_PRINTF("add r%d, r%d, r%d <<%lu\n", rd, rs0, rs1, uimm8);
        } else if (1 ==sh) {                      // 邏輯右移
            naja->regs[rd] =naja->regs[rs0] +(naja->regs[rs1] >>uimm8);
            NAJA_PRINTF("add r%d, r%d, r%d LSR %lu\n", rd, rs0, rs1, uimm8);
        } else {                                  // 算術右移
            naja->regs[rd] =naja->regs[rs0]
                        +(((int64_t)naja->regs[rs1]) >>uimm8);
            NAJA_PRINTF("add r%d, r%d, r%d ASR %lu\n", rd, rs0, rs1, uimm8);
        }
    }
    naja->ip +=4;                                 // 指令指標加 4, 指向下一筆位元組碼
    return 0;
}
```

注意：位元組碼中的暫存器是編號，要去虛擬機器的暫存器組中讀寫它的值。

11.2.3 動態函數庫函數的載入

動態函數庫函數的載入是虛擬機器中比較複雜的地方。因為虛擬機器在作業系統上執行，所以它要載入的函數庫函數來自系統上安裝的動態函數庫，只有這樣它才可以呼叫系統功能完成輸入和輸出。因為動態函數庫和虛擬機器執行在同一個處理程式中，所以它們之間的記憶體是共用的。它們的不同在於動態函數庫執行當前 CPU 的指令，虛擬機器必須把位元組碼函數和動態函數庫函數之間的參數傳遞聯繫起來。該聯繫由虛擬機器的動態載入函數 naja_vm_dynamic_link() 完成，它在虛擬機器初始化時被設置到了全域偏移量表中。當位元組碼第 1 次呼叫動態函數庫函數時它被啟動，完成動態函數庫的載入和函數庫函數的查詢，程式如下：

```c
//第 11 章/scf_vm_naja.c
#include "scf_vm.h"
    static int naja_vm_dynamic_link(scf_vm_t* vm){
scf_vm_naja_t* naja =vm->priv;                        //虛擬機
dyn_func_pt f =NULL;
int64_t sp =naja->regs[NAJA_REG_SP];                  //堆疊頂暫存器的值
uint64_t r30 =*(uint64_t*)(naja->stack -(sp + 8));    //連接暫存器的值
uint64_t r16 =*(uint64_t*)(naja->stack -(sp +16));    //R16 的值
    if (r16 >(uint64_t)vm->data->data) { //R16 用於存放函數庫函數在全域偏移量表的位置
        r16 -=(uint64_t)vm->data->data;
        r16 += vm->data->addr;
    }
    int i;
    for (i =0; i <vm->jmprel_size / sizeof(Elf64_Rela); i++) {
    //遍歷重定位節
        if (r16 ==vm->jmprel[i].r_offset) {
            int j =ELF64_R_SYM(vm->jmprel[i].r_info);
```

```
char* fname =vm->dynstr +vm->dynsym[j].st_name;
// 函數庫函數的符號名稱


int k;
for (k =0; k <vm->sofiles->size; k++) {          // 在已經開啟的動態函數庫中
    f =dlsym(vm->sofiles->data[k], fname);        // 查詢函數庫函數
    if (f)
        break;
}

if (f) { // 若找到, 則呼叫它
    int64_t offset =vm->jmprel[i].r_offset -vm->data->addr;
    if (offset <0 || offset >vm->data->len) {
        scf_loge("\n");
        return -1;
    }
    *(void**)(vm->data->data +offset) =f;         // 寫入全域偏移量表
    naja->regs[0] =f(naja->regs[0],                // 傳入參數呼叫
        naja->regs[1],
        naja->regs[2],
        naja->regs[3],
        naja->regs[4],
        naja->regs[5],
        naja->regs[6],
        naja->regs[7],
        naja->fvec[0].d[0],
        naja->fvec[1].d[0],
        naja->fvec[2].d[0],
        naja->fvec[3].d[0],
        naja->fvec[4].d[0],
        naja->fvec[5].d[0],
        naja->fvec[6].d[0],
        naja->fvec[7].d[0]);
    naja->regs[NAJA_REG_SP] +=16;                  // 清理堆疊
```

第11章　Naja 位元組碼和虛擬機器

```
            return 0;
        }
        break;
    }
}
return -1;
}
```

在完成外部動態函數庫的載入之後，位元組碼檔案就可以呼叫 C 語言的函數庫函數進行輸入和輸出了，如圖 11-11 所示。

```
yu@yu-Z170-D3H:~/scf/vm$ ./nvm ../parse/1.out
naja_vm_init(), 191, error: i: 2, ph->p_offset: 0, ph->p_filesz: 0x7d8
naja_vm_init(), 193, error: i: 2, ph->addr: 0x400000, ph->len: 0x7d8, 0x7d8, ph->flags: 0x5
naja_vm_init(), 191, error: i: 3, ph->p_offset: 0x7d8, ph->p_filesz: 0x10
naja_vm_init(), 193, error: i: 3, ph->addr: 0x600000, ph->len: 0x7e8, 0x10, ph->flags: 0x4    // 虛擬機器初始化
naja_vm_init(), 191, error: i: 4, ph->p_offset: 0x7e8, ph->p_filesz: 0x100
naja_vm_init(), 193, error: i: 4, ph->addr: 0x800000, ph->len: 0x8e8, 0x100, ph->flags: 0x6
naja_vm_init(), 214, error: ph->addr: 0x8007e8, ph->len: 0xe0, 0xe0, ph->p_offset: 0x7e8
naja_vm_init(), 218, error:

naja_vm_init(), 229, error: dynstr: 0x400720
naja_vm_init(), 234, error: dynsym: 0x4006f0
naja_vm_init(), 245, error: PLTGOT: 0x8008c8
naja_vm_init(), 239, error: JMPREL: 0x400750
naja_vm_init(), 270, error: needed: /lib/x86_64-linux-gnu/libc.so.6
naja_vm_init(), 270, error: needed: /lib64/ld-linux-x86-64.so.2
naja_vm_dynamic_link(), 61, warning: sp: -176, r16: 0x55a758846e10, r30: 0x4007c4, vm->jmprel_size: 24
naja_vm_dynamic_link(), 68, warning: r16: 0x8008e0, text: 0x55a758845150, rodata: 0x55a758845d40, data: 0x55a758846530
naja_vm_dynamic_link(), 78, warning: j: 1, printf
hello world ◀─────────────────────────────────────────── // 位元組碼的輸出
__naja_vm_run(), 1980, warning: r0: 0, sizeof(fv256_t): 32
main ok
```

▲ 圖 11-11　位元組碼的執行

SCF 框架編譯和執行圖 11-11 所示 Naja 位元組碼的命令如下：

```
./scf -a naja ../examples/hello.c
./nvm ../parse/1.out
```

以上第 1 筆命令在 scf/parse 目錄執行，它是編譯器的可執行程式的預設位置。第 2 筆命令在 scf/vm 目錄執行，它是 Naja 虛擬機器的預設位置。

位元組碼使用精簡指令集會極大地簡化虛擬機器的實現。如果為了給指令碼語言撰寫虛擬機，則建議使用 RISC 架構設計位元組碼。如果為了給 X86_64 等複雜指令集硬體撰寫虛擬機器，則它的指令怎樣虛擬機器也只能怎麼寫。指

令碼語言的虛擬機器不需要考慮核心層面的記憶體管理機制，因為它只可能執行在使用者態程式中。若要模擬核心的執行，則虛擬機器要增加更多的暫存器去實現記憶體管理、處理程式管理、中斷管理。

第11章　Naja 位元組碼和虛擬機器

MEMO

12 資訊編碼的數學哲學

　　編譯器實際上是兩種資訊編碼格式之間的轉換工具。人類認識自然的起點是先找一種編碼格式，然後用該格式為自然物體編碼。「無名天地之始，有名萬物之母」，「名」就是萬物的編碼。編碼格式從低級到高級可分為 4 層，即字母表、詞法、語法、語義。出於人類感官的生理特點，影像或聲音是人類最可能採用的編碼格式。因為前者演化的是象形文字，後者演化的是拼音文字，所以語言是一種資訊編碼格式。

第12章 資訊編碼的數學哲學

因為鍵盤只能按時間先後輸入字元（一維輸入）且按鍵個數有限，所以拼音文字簡化之後更容易作為早期的程式語言，但電路受制於三極體的狀態只適合二進位語言，即字母表只有 0 和 1 的機器語言。機器語言因為字母表太小、單字太長，非常不符合人類的使用習慣。因為人眼對連續符號的暫態辨識能力在 5 個左右而精簡指令集的指令長度為 32 位元，所以機器語言很難被大多數人使用。這就是編譯器出現的原因，它是人眼和三極體之間的自動轉碼工具。

12.1 資訊編碼格式的轉換

資訊是對事物不確定度的度量。一個事物只要有兩種可能就有了不確定度，也就有了資訊。一個事物若只有一種可能，則不存在資訊，例如精簡指令集的每行指令為 4 位元組，則指令位址必然是 4 的倍數，所以在 Call 指令中不需要編碼最低兩位元（它們一定是 0），這是 26 位元的偏移量可以定址 28 位元記憶體空間（-128~128MB）的原因。

注意：在編碼格式中不確定的內容是資訊，確定的內容是協定。

受制於發送者和接受者的客觀條件，編碼格式的選擇是多樣化的。要實現多種編碼格式之間的自動轉換，轉換器的格式應選擇二進位。二進位是最小的進制，也是資訊的最簡編碼格式。

抽象語法樹為什麼選擇樹形結構？因為二元樹就是樹形結構的。二元樹是二進位的等價表示，其他樹是二元樹的擴充。因為 if-else 敘述也是二進位的等價表示，while 迴圈是 if 敘述的擴充，for 迴圈是 while 迴圈的擴充，所以它們都可用抽象語法樹表示，如圖 12-1 所示。

12.1 資訊編碼格式的轉換

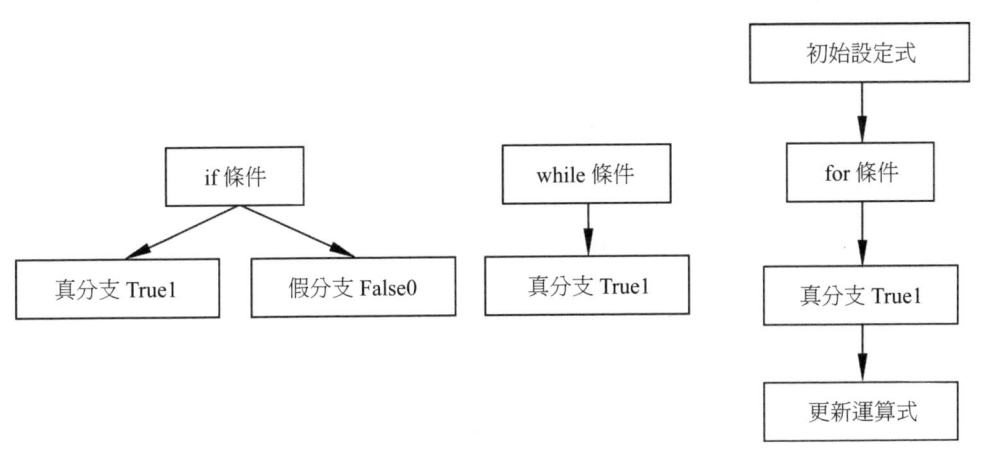

▲ 圖 12-1 if、while、for 的抽象語法樹

可以認為 while 和 for 是 else 分支為空的 if 敘述，而 if-else 敘述是典型的二進位編碼。若把它的左右分支各寫成一個函數並把這兩個函數的指標放在一個陣列中，則 if-else 敘述可轉換成以下程式：

```c
// 第 12 章 /if_else.c
#include <stdio.h>
    void _ _if();
    void _ _else();
    typedef void (*pt)();        // 函數指標
    int f(int cond){
pt array[2] ={_ _if, _ _else};   // 兩個元素的函數指標陣列
    array[cond]();               // 條件執行
    /* 等價於以下程式
        if (cond)
            _ _if();
        else
            _ _else();
    */
}
```

12-3

機器碼的設計是典型的二進位編碼問題，如果需要表示 N 種資訊則設計 $\log_2 N + 1$ 個二進位位元。各種 CPU 的指令碼通常佔 6 位元，這是因為常用指令一般不超過 64 筆，高階語言的關鍵字只有幾十個，這是因為常用的資料型態和控制敘述也就幾十種。因為前者在指令集中用二進位整數表示，後者在編譯器中也用二進位整數表示，所以程式語言都是二進位編碼問題。

程式語言之間的差異是為了縮減編碼長度而擴大了字母表導致的。當字母表擴大之後每個字元也就有了不同的「二進位形狀」，其在表達語義時變得不再靈活。就像用 1 升的杯子量出 4 升水很簡單，但用 3 升和 5 升的杯子量出 4 升水就不那麼簡單了。

編譯器設計就是用一種編碼格式去覆蓋另一種編碼格式的問題。因為兩種格式的字母表不完全重合，覆蓋過程是一個複雜的排列組合問題，至今還不確定能否在多項式時間內求得其最佳解。

12.2 多項式時間的演算法

如果一個問題能在多項式時間內解決，則認為它是一個簡單問題，例如矩陣乘法可以在 3 層 for 迴圈內解決（$O(N^3)$），矩陣加法可以在兩層 for 迴圈內解決（$O(N^2)$），但變數的暫存器分配、機器碼的指令選擇、變數衝突圖的著色等問題，至今還沒有多項式時間的最佳演算法。這 3 個問題都是編譯器中最常見的問題，編譯器中用的都是近似解。

1. 單字的辨識

在 N 個字元組成的字母表中長度為 m 的單字有 N^m 種可能。假設現有 k 個長度為 m 的單字，每個單字能否只查看遠小於 m 的字元就能知道它的語義。

2. 變數的暫存器分配

在 m 個變數和 N 個暫存器組成的衝突圖中,每個變數都相當於一個長度為 m、字母表為 $N+2$ 的單字。因為 CPU 的暫存器個數一般不超過 32,用 33 表示變數衝突、32 表示不衝突、0~31 表示暫存器編號是可行的。若某變數與另一個變數衝突,則將對應位元設置為 33,若不衝突,則設置為 32,然後暫存器分配就從圖的著色問題轉換成了最佳編碼問題,即怎麼設置變數的暫存器編號使對角線元素的和最小,如圖 12-2 所示。

變數	a	b	c	d	e	
a		32	32	33	32	32	a+=c
b			32	32	33	32	b+=d
c				32	32	32	
d					32	32	
e						32	

▲ 圖 12-2 暫存器分配的編碼問題

當每個變數都分配了暫存器且佔用的暫存器個數最少時對角線元素的和最小,即為問題的最佳解。對於圖 12-2 中的每行,能否只查看遠小於列數 m 的陣列內容就確定最佳的暫存器分配方法?

從資訊編碼的角度看以上兩個問題的答案都是否,因為排列組合的機率空間是指數或階乘,只查看少數幾個元素無法獲取全域的資訊。筆者本人對在多項式時間內求得這類問題的最佳解持否定態度,當然筆者可能是錯的。

12.3 自然指數 e 和梯度下降演算法

自然物體的運動是否是最佳的?自然物體的運動是否需要全域資訊?自然物體的運動可以認為是最佳的,但不需要全域的資訊。物體的運動以微分方程表示，微分方程的解與自然指數 e 連結。微分主要考慮的是一階導數，即梯度資訊。把 $f(x)$ 的定義域劃分成 N 份，每份長度為 dx，然後在每個 x_i 處用直線方程式 $f(x_i)+f'(x_i)dx$ 代替曲線方程式，當 N 趨向於無限大時的極限即為最佳解。在數學上若有解析解，則結果不是為多項式，就是與 e^x 相關，但在電腦上則以 $f'(x_i)$ 為梯度、dx 為步進值使用梯度下降演算法求近似解，dx 當然也不可能真正趨向於 0。

「道法自然」，從演算法角度來看自然界是具有極高主頻、極短步進值的電腦，而自然指數 e 是梯度下降演算法的極限。自然物體不必懂得思考，但其運動規律依然比人類的設計更完美。

12.4 複雜問題的簡單解法

求編譯器中的複雜排列問題的最佳解很困難，在實踐中都是透過分層、分步、分模組求近似解的。當分層、分步、分模組之後高度耦合的排列組合問題就變成了多層 for 迴圈。這些 for 迴圈之間有並列的、有巢狀結構的、有單層的。

（1）巢狀結構的 for 迴圈是多項式時間的演算法。

（2）並列的 for 迴圈是連結度很低的不同模組（不同維度）。

（3）單層的 for 迴圈是同一問題的梯度下降演算法，例如中間程式最佳化就是一個遍歷了各個最佳化器的 for 迴圈。

（4）本書大量使用了遞迴遍歷、深度優先搜尋、寬度優先搜尋、圖的著色演算法，但沒有使用任何複雜的演算法，這足以實現一個編譯器了。

完本感言：程式語言怎麼設計，編譯器就怎麼寫。What it is, write it as。

MEMO

MEMO

深智數位
股份有限公司

深智數位股份有限公司